"十二五"职业教育国家规划教材

经全国职业教育教材审定委员会审定

国家示范性高职院校工学结合系列教材

# 工程项目承揽与合同管理

（第二版）

张晓丹 郭庆阳 主 编

中国建筑工业出版社

图书在版编目（CIP）数据

工程项目承揽与合同管理/张晓丹，郭庆阳主编．—2版．—北京：中国建筑工业出版社，2014.3
"十二五"职业教育国家规划教材
国家示范性高职院校工学结合系列教材
ISBN 978-7-112-16345-8

Ⅰ.①工… Ⅱ.①张… ②郭… Ⅲ.①建筑工程-招标②建筑工程-投标③建筑工程-合同-管理 Ⅳ.①TU723

中国版本图书馆CIP数据核字（2014）第017298号

本书内容包括工程项目承揽、工程项目合同管理两个学习情境。又细分为：编制招标方案、编制工程施工招标公告、编制工程项目招标文件、编制工程施工投标文件、开标评标和中标、工程项目合同的签订、工程项目施工合同的履约管理、工程项目合同的索赔等八项工作任务。通过本课程的学习，使学生掌握工程项目承揽与合同管理的一般规律，为毕业后从事施工组织、技术管理工作奠定基础。本书可作为高职高专建筑工程技术专业和工程管理类专业教材，或者供土建类其他专业选择使用。

责任编辑：朱首明 张 健 牛 松
责任设计：陈 旭
责任校对：张 颖 关 健

"十二五"职业教育国家规划教材
国家示范性高职院校工学结合系列教材
## 工程项目承揽与合同管理
（第二版）
张晓丹 郭庆阳 主 编

\*

中国建筑工业出版社出版、发行（北京西郊百万庄）
各地新华书店、建筑书店经销
北京红光制版公司制版
廊坊市海涛印刷有限公司印刷

\*

开本：787×1092毫米 1/16 印张：17¼ 字数：380千字
2014年2月第二版 2014年9月第六次印刷
定价：**36.00**元
ISBN 978-7-112-16345-8
（25076）

**版权所有 翻印必究**
如有印装质量问题，可寄本社退换
（邮政编码100037）

# 前　言

《工程项目承揽与合同管理》是高等职业教育建筑工程技术专业和工程管理类专业的一门主干专业课程，具有较强的实践性、应用性、政策性，在培养"为施工技术及施工管理服务的高端技能型专门人才"的工作中占据重要地位。

本书内容包括工程项目承揽、工程项目合同管理两个学习情境，又细分为编制招标方案、编制工程施工招标公告、编制工程项目招标文件、编制工程施工投标文件、开标评标和中标、工程项目合同的签订、工程项目施工合同的履约管理、工程项目合同的索赔等八项工作任务。通过本课程的学习，使学生掌握工程项目承揽与合同管理的一般规律，为毕业后从事施工组织、技术管理工作奠定基础。

编者依据中华人民共和国《招投标法》、《合同法》，结合行业最新实施的各项标准招标文件、合同示范文本，结合工程实际，通过案例分析、能力训练，培养学生运用所学招投标与合同管理相关专业知识，担任招标师助理岗位、经营部助理岗位工作的能力。在编制各项招投标合同文本的工作中，渗透招标师助理岗位、经营部助理岗位的职业素质标准，养成"遵守国家法律法规、政策和行业自律规定，诚信守法、客观公正"的职业道德。

本书由江苏建筑职业技术学院张晓丹、山西建筑职业技术学院郭庆阳主编，参加本书编写工作的有：郭庆阳（工作任务1、3）、张晓丹（工作任务6、7、8）、史莲英（工作任务4）、李慧海（工作任务2）、李淑青（工作任务5）、杨青（工作任务1中的小部分）。本书在编写过程中得到了山西建筑职业技术学院、江苏建筑职业技术学院、山西建工集团有限公司等单位的大力支持，在此表示衷心的感谢。

由于编者水平有限，书中难免存在不足之处，敬请读者批评指正。

# 目 录

## 学习情境 1　工程项目承揽 …………………………………………………… 1

### 工作任务 1　编制招标方案 …………………………………………………… 2
实施 1.1　工程项目招投标入门 ………………………………………… 4
实施 1.2　招标方案 ……………………………………………………… 34
实施 1.3　案例分析 ……………………………………………………… 39
实施 1.4　能力训练 ……………………………………………………… 42

### 工作任务 2　编制工程施工招标公告 ………………………………………… 49
实施 2.1　资格审查入门 ………………………………………………… 51
实施 2.2　招标公告或资格预审公告 …………………………………… 54
实施 2.3　资格预审文件 ………………………………………………… 56
实施 2.4　案例分析 ……………………………………………………… 60
实施 2.5　能力训练 ……………………………………………………… 65

### 工作任务 3　编制工程项目招标文件 ………………………………………… 68
实施 3.1　工程招标文件 ………………………………………………… 70
实施 3.2　工程招标文件的编制 ………………………………………… 76
实施 3.3　案例分析 ……………………………………………………… 77
实施 3.4　能力训练 ……………………………………………………… 94

### 工作任务 4　编制工程施工投标文件 ………………………………………… 97
实施 4.1　工程投标文件 ………………………………………………… 99
实施 4.2　工程投标文件编制前的准备 ………………………………… 99
实施 4.3　工程投标文件的编制与递交 ………………………………… 105
实施 4.4　案例分析 ……………………………………………………… 109
实施 4.5　能力训练 ……………………………………………………… 127

### 工作任务 5　开标、评标和中标 ……………………………………………… 132
实施 5.1　开标 …………………………………………………………… 134
实施 5.2　评标 …………………………………………………………… 138
实施 5.3　中标和签约 …………………………………………………… 150
实施 5.4　案例分析 ……………………………………………………… 154

实施 5.5　能力训练 ……………………………………………………………… 159

## 学习情境 2　工程项目合同管理 ……………………………………… 165

### 工作任务 6　建设工程合同的签订 ……………………………………………… 166
　　实施 6.1　建设工程合同基础 …………………………………………………… 168
　　实施 6.2　施工合同示范文本基本内容 ………………………………………… 172
　　实施 6.3　建设工程合同的担保方式 …………………………………………… 194
　　实施 6.4　建设工程合同谈判与订立 …………………………………………… 201
　　实施 6.5　案例分析 ……………………………………………………………… 213
　　实施 6.6　能力训练 ……………………………………………………………… 215

### 工作任务 7　建筑工程施工合同的履约管理 …………………………………… 219
　　实施 7.1　施工合同履约管理的基本要求 ……………………………………… 221
　　实施 7.2　建筑工程施工合同的实施管理 ……………………………………… 222
　　实施 7.3　建筑工程施工合同的变更管理 ……………………………………… 232
　　实施 7.4　建筑工程合同的争议处理 …………………………………………… 235
　　实施 7.5　案例分析 ……………………………………………………………… 241
　　实施 7.6　能力训练 ……………………………………………………………… 244

### 工作任务 8　建设工程合同的索赔 ……………………………………………… 248
　　实施 8.1　建设工程合同索赔概述 ……………………………………………… 250
　　实施 8.2　索赔证据 ……………………………………………………………… 252
　　实施 8.3　索赔程序 ……………………………………………………………… 255
　　实施 8.4　索赔值计算 …………………………………………………………… 258
　　实施 8.5　案例分析 ……………………………………………………………… 262
　　实施 8.6　能力训练 ……………………………………………………………… 264

## 参考文献 ……………………………………………………………………………… 269

# 学习情境1　工程项目承揽

　　工程项目承揽主要通过招投标的形式完成。招标投标是一种国际上普遍运用的、有组织的市场交易行为。在这种采购方式中，买方（招标人）通过事先公开的采购要求，吸引众多的卖方（投标人）平等参与竞争，按照规定程序并组织技术、经济和法律等方面专家对众多的投标人进行综合评审，从中择优选定中标人，其实质是买方穷其办法选择卖方的过程。

　　招标投标是一种法律行为。招标是一种要约邀请，投标是一种要约行为，签发中标通知书是一种承诺行为。

　　以下，将工程建设项目招投标的真实工作场景作为学习情境，按照招投标的工作流程提炼出五个典型工作任务：

　　由学习者扮演招标人（或招标代理机构）的角色编制招标方案；

　　由学习者扮演招标人（或招标代理机构）的角色编制工程施工招标公告；

　　由学习者扮演招标人（或招标代理机构）的角色编制工程施工招标文件；

　　由学习者扮演投标人的角色编制工程施工投标文件；

　　由学习者分别扮演招标人（或招标代理机构）、投标人的角色完成开标、评标和中标的相关工作。

　　通过模拟在真实招投标情境中，实践完成各项工作任务，使学习者初步具备从事招标代理机构招标师助理、建筑业施工企业经营部门的相关岗位工作能力。

工作任务 1

# 编制招标方案

**工作任务提要：**
编制工程招标方案是招标人在招标准备阶段的重要工作。学生在学习招投标基本专业知识、法律法规的基础上，以招标师助理的岗位开展工作，结合招标项目的特点，依据有关规定完成编制工程招标方案的工作任务，包括：确定招标工作内容、招标组织形式、招标方式、标段划分等具体内容。

## 工 作 任 务 描 述

| 任务单元 | | 工作任务1：编制招标方案 | 参考学时 | 8 |
|---|---|---|---|---|
| 职业能力 | | 担任招标师助理岗位工作，初步具备编制招标方案的能力。 | | |
| 学习目标 | 素质 | 渗透招标师助理岗位工作的职业素质标准，养成"遵守国家法律法规，政策和行业自律规则，诚信守法，客观公正"的职业道德。 | | |
| | 知识 | 掌握：招标范围、类型、方式、组织形式、施工招标方案的内容。<br>熟悉：招投标概念、程序。<br>了解：招投标发展、原则、法律体系、责任。 | | |
| | 技能 | 初步具备编制"招标方案"的能力（与人交流能力，与人合作能力、信息处理能力）。 | | |
| 任务描述 | | 给出某工程案例背景，组织同学们学习有关招投标专业知识，完成工程招标方案编制的任务。 | | |
| 教学方法 | | 角色扮演法、项目驱动、启发引导、互动交流。 | | |
| 组织实施 | | 1. 资讯（明确任务、资料准备）<br>结合工程实际布置招标方案编制任务→招投标专业知识学习。<br>2. 决策（分析并确定工作方案）<br>分组讨论，依据《标准施工招标文件》，确定招标方案编制的工作分工。<br>3. 计划（制定计划）<br>制定招标方案编制计划，列出招标工作时间表。<br>4. 实施（实施工作方案）<br>编制招标方案。<br>5. 检查<br>提交招标方案。<br>6. 评估<br>教师扮演甲方专家，学生扮演招标代理机构招标师助理，对招标方案的具体内容进行答辩。 | | |
| 教学手段 | | 教学场所 | 考核方式 | 其他 |
| 实物、多媒体 | | 本班教室（外出参观招标代理机构） | 自评、互评、教师考评 | 招标代理机构企业文化教育 |

## 实施 1.1 工程项目招投标入门

1980年我国在上海、广东、福建、吉林等省市开始试行建设工程项目的招标投标。在1982年鲁布革引水工程国际招投标的冲击下，促使我国从1992年通过试点后大力推行招标投标制，立法建制逐步完善，特别是2000年1月1日起施行《中华人民共和国招标投标法》后，我国招标投标活动走上了法制化的轨道，标志着我国招标投标制进入了全面实施的新阶段。从30多年的实践看，实行招投标制度，对于推行投融资和流通体制改革、创造公平竞争的市场环境、提高资金使用效益、节省外汇、保证工程质量、防止采购中的腐败现象都具有重要意义，招投标方式的先进性和实效性已经得到了公认。

工程项目即工程建设项目，是指工程以及与工程建设有关的货物、服务。工程，是指建设工程，包括建筑物和构筑物的新建、改建、扩建及其相关的装修、拆除、修缮等；与工程建设有关的货物，是指构成工程不可分割的组成部分，且为实现工程基本功能所必需的设备、材料等；与工程建设有关的服务，是指为完成工程所需的勘察、设计、监理等服务。

所谓工程建设项目招标，是指招标人（业主）为购买物资、发包工程或进行其他活动，根据公布的标准和条件，公开或书面邀请投标人前来投标，以便从中择优选定中标人的单方行为。

所谓工程建设项目投标，是指符合招标文件规定资格的投标人按照招标文件的要求，提出自己的报价及相应条件的书面问答行为。

### 1.1.1 工程项目招投标的原则与范围

招标投标是一种有序的市场竞争交易方式，也是规范选择交易主体、订立交易合同的法律程序。它是订立合同的一个特殊程序，主要适用于大宗商品购销、承揽加工、财产租赁、技术攻关等，工程项目任务承揽已普遍地采用这种形式。招标投标具有竞争性、程序性、规范性、一次性、技术经济性等特性。

1. 工程项目招投标的原则与作用

（1）工程项目招投标的原则

《中华人民共和国招标投标法》（以下简称《招标投标法》）第5条明确规定：招标投标活动应当遵循公开、公平、公正和诚实信用的原则。

(2) 工程项目招投标的作用

1) 优化社会资源配置和项目实施方案。提高招标项目的质量、经济效益和社会效益；推动投融资管理体制和各行业管理体制的改革。

2) 促进投标企业转变经营机制，提高企业的创新活力。积极引进先进技术和管理，提高企业生产、服务的质量和效率，不断提升企业市场信誉和竞争能力。

3) 维护和规范市场竞争秩序。保护当事人的合法权益，提高市场交易的公平、满意和可信度，促进社会和企业的法治、信用建设，促进政府转变职能，提高行政效率，建立健全现代市场经济体系。

4) 有利于保护国家和社会公共利益。保障合理、有效使用国有资金和其他公共资金，防止其浪费和流失，构建从源头预防腐败交易的社会监督制约体系。

2. 工程项目招投标的范围

(1) 必须招标的项目范围和规模标准

1) 必须招标的项目范围

根据《招标投标法》第3条规定，在中华人民共和国境内进行下列工程建设项目，包括项目的勘察、设计、施工、监理以及与工程建设有关的重要设备、材料等的采购，必须进行招标：

①大型基础设施、公用事业等关系社会公共利益、公共安全的项目；

②全部或者部分使用国有资金投资或国家融资的项目；

③使用国际组织或者外国政府贷款、援助资金的项目。

原国家发展计划委员会于2000年5月1日3号令发布并实施的《工程建设项目招标范围和规模标准规定》(以下简称《规定》)，明确了具体范围，见表1-1。

必须招标的工程建设项目的具体内容一览表　　　　表1-1

| 序号 | 范围 | 具体内容 |
|---|---|---|
| 1 | 关系社会公共利益、公众安全的基础设施项目 | ①煤炭、石油、天然气、电力、新能源等能源项目；<br>②铁路、公路、管道、水运、航空以及其他交通运输业等交通运输项目；<br>③邮政、电信枢纽、通信、信息网络等邮电通信项目；<br>④防洪、灌溉、排涝、引(供)水、滩涂治理、水土保持、水利枢纽等水利项目；<br>⑤道路、桥梁、地铁和轻轨交通、污水排放及处理、垃圾处理、地下管道、公共停车场等城市设施项目；<br>⑥生态环境保护项目；<br>⑦其他基础设施项目 |
| 2 | 关系社会公共利益、公众安全的公用事业项目 | ①供水、供电、供气、供热等市政工程项目；<br>②科技、教育、文化等项目；<br>③体育、旅游等项目；<br>④卫生、社会福利等项目；<br>⑤商品住宅，包括经济适用住房；<br>⑥其他公用事业项目 |

续表

| 序号 | 范围 | 具体内容 |
|---|---|---|
| 3 | 使用国有资金投资项目 | ①使用各级财政预算资金的项目;<br>②使用纳入财政管理的各种政府性专项建设基金的项目;<br>③使用国有企业事业单位自有资金,并且国有资产投资者实际拥有控制权的项目 |
| 4 | 国家融资项目 | ①使用国家发行债券所筹资金的项目;<br>②使用国家对外借款或者担保所筹资金的项目;<br>③使用国家政策性贷款的项目;<br>④国家授权投资主体融资的项目;<br>⑤国家特许的融资项目 |
| 5 | 使用国际组织或者外国政府资金的项目 | ①使用世界银行、亚洲开发银行等国际组织贷款资金的项目;<br>②使用外国政府及其机构贷款资金的项目;<br>③使用国际组织或者外国政府援助资金的项目 |

2) 必须招标项目的规模标准

对上述各类工程建设项目,包括项目的勘察、设计、施工、监理以及与工程建设有关的重要设备、材料等的采购,达到下列标准之一的,必须进行招标:

①施工单项合同估算价在 200 万元人民币以上的;

②重要设备、材料等货物的采购,单项合同估算价在 100 万元人民币以上的;

③勘察、设计、监理等服务的采购,单项合同估算价在 50 万元人民币以上的;

④单项合同估算价低于第①、②、③项规定的标准,但项目总投资额在 3000 万元人民币以上的。

国家发展和改革委可以根据实际需要,会同国务院有关部门对已经确定的必须进行招标的具体范围和规模标准进行部分调整。省、自治区、直辖市人民政府根据实际情况,可以规定本地区必须进行招标的具体范围和规模标准,但不得缩小上述必须招标的规模标准。

(2) 应当采用公开招标的项目范围

国有资金投资占控股或者主导地位的工程建设项目,以及国务院发展和改革部门确定的国家重点项目和省、自治区、直辖市人民政府确定的地方重点项目,除符合下列邀请招标条件并依法获得批准外,应当公开招标。

(3) 可以采用邀请招标的项目范围

①技术复杂、有特殊要求或者受自然环境限制,只有少量潜在投标人可供选择;

②涉及国家安全、国家秘密或者抢险救灾,适宜招标但不宜公开招标;

③采用公开招标方式的费用占项目合同金额的比例过大。

(4) 可以不进行招标的工程建设项目

《招标投标法》第 66 条规定,涉及国家安全、国家秘密、抢险救灾或者属于利用扶贫资金实行以工代赈、需要使用农民工等特殊情况,不适宜进行招标的项目,按照国家有关规定可以不进行招标。

《中华人民共和国招标投标法实施条例》(以下简称《招标投标法实施条例》)第9条规定,除《招标投标法》第66条规定的可以不进行招标的特殊情况外,有下列情形之一的,可以不进行招标:

①需要采用不可替代的专利或者专有技术;

②采购人依法能够自行建设、生产或者提供;

③已通过招标方式选定的特许经营项目投资人依法能够自行建设、生产或者提供;

④需要向原中标人采购工程、货物或者服务,否则将影响施工或者功能配套要求;

⑤国家规定的其他特殊情形。

### 1.1.2 工程项目招投标的法律体系与法律责任

1. 工程项目招投标的法律体系

招标投标法律体系是指全部现行的与招标投标活动有关的法律法规和政策组成的有机联系的整体。

我国从20世纪80年代初开始在建设工程领域引入招标投标制度,《招标投标法》实施,标志着我国正式确立了招标投标的法律制度。其后,国务院及其有关部门陆续颁发了一系列招标投标方面的规定,地方人民政府及其有关部门也结合本地的特点和需要,相继制定了招标投标方面的地方性法规、规章和规范性文件,使我国的招标投标法律制度逐步完善,形成了覆盖全国各领域、各层级的招标投标法律法规与政策体系。

(1) 按照法律规范的渊源划分

招标投标法律体系由有关法律、法规、规章及规范性文件构成。

1) 法律

由全国人大及其常委会制定,通常以国家主席令的形式向社会公布,具有国家强制力和普遍约束力,一般以法、决议、决定、条例、办法、规定等为名称,如《招标投标法》、《中华人民共和国政府采购法》(以下简称《政府采购法》)、《中华人民共和国合同法》(以下简称《合同法》)等。

2) 法规

包括行政法规和地方性法规。

行政法规,由国务院制定,通常由总理签署国务院令公布,一般以条例、规定、办法、实施细则等为名称,如2012年2月1日起施行的《招标投标法实施条例》,是招标投标领域的一部行政法规。

地方性法规,由省、自治区、直辖市及较大的市(省、自治区政府所在地的市,经济特区所在地的市,经国务院批准的较大的市)的人大及其常委会制定,通常以地方人大公告的方式公布，一般使用条例、实施办法等名称，如《北京市招标投标条例》。

3) 规章

包括国务院部门规章和地方政府规章。

国务院部门规章，是指国务院所属的部、委、局和具有行政管理职责的直属机构制定，通常以部委令的形式公布，一般使用办法、规定等名称，如表 1-2 所示。

国务院部门规章　　　　　　　　表 1-2

| 名称 | 发布部委 | 发布日期 |
| --- | --- | --- |
| 工程建设项目招标范围和规模标准规定 | 国家发展计划委员会 | 2000 年 5 月 1 日第 3 号令公布 |
| 招标公告发布暂行办法 | 国家发展计划委员会 | 2000 年 7 月 1 日第 4 号令公布，根据 2013 年 3 月 11 日国家发展和改革委员会、工业和信息化部、财政部等 9 部委第 23 号令修订 |
| 评标委员会和评标办法暂行规定 | 建设部 | 2000 年 6 月 30 日第 79 号令公布 |
| 工程建设项目招标代理机构资格认定办法 | 建设部 | 2000 年 6 月 30 日第 79 号令公布 |
| 关于指定发布依法必须招标项目招标公告的媒介的通知 | 国家发展计划委员会 | 2000 年 6 月 30 日计政策〔2000〕868 号，据 2013 年 3 月 11 日第 23 号令修订 |
| 工程建设项目自行招标试行办法 | 国家发展计划委员会 | 2000 年 7 月 1 日第 5 号令公布，据 2013 年 3 月 11 日第 23 号令修订 |
| 实施工程建设强制性标准监督规定 | 建设部 | 2000 年 8 月 25 日第 81 号令公布 |
| 房屋建筑和市政基础设施工程施工招标投标办法 | 建设部 | 2001 年 6 月 1 日第 89 号令公布 |
| 建设项目可行性研究报告增加招标内容以及核准招标事项暂行规定 | 国家发展计划委员会 | 2001 年 6 月 18 日第 9 号令公布，据 2013 年 3 月 11 日第 23 号令修订 |
| 评标委员会和评标方法暂行规定 | 国家发展计划委员会、国家经济贸易委员会、建设部、铁道部、交通部、信息产业部、水利部 | 2001 年 7 月 5 日第 12 号令公布，据 2013 年 3 月 11 日第 23 号令修订 |
| 建筑工程施工发包与承包计价管理办法 | 建设部 | 2001 年 12 月 1 日第 107 号令公布 |

续表

| 名 称 | 发布部委 | 发布日期 |
|---|---|---|
| 国家重大建设项目招标投标监督暂行办法 | 国家发展计划委员会 | 2002年1月10日第18号令公布,据2013年3月11日第23号修订 |
| 评标专家和评标专家库管理办法 | 国家发展计划委员会 | 2003年2月22日第29号令公布,据2013年3月11日第23号修订 |
| 工程建设项目施工招标投标办法 | 国家发展计划委员会、建设部、铁道部、交通部、信息产业部、水利部、民用航空总局 | 2003年3月8日第30号令公布,据2013年3月11日第23号令修订 |
| 工程建设项目勘察设计招标投标办法 | 国家发展改革委、建设部、铁道部、交通部、信息产业部、水利部、民用航空总局、广播电影电视总局 | 2003年6月12日第2号公布,据2013年3月11日第23号令修订 |
| 工程建设项目招标投标活动投诉处理办法 | 国家发展改革委、建设部、铁道部、交通部、信息产业部、水利部、民用航空总局 | 2004年7月6日第11号令公布,据2013年3月11日第23号令修订 |
| 工程建设项目货物招标投标办法 | 国家发展改革委、建设部、铁道部、交通部、信息产业部、水利部、民用航空总局 | 2005年1月18日第27号令公布,据2013年3月11日第23号令修订 |
| 工程建设项目招标代理机构资格认定办法 | 建设部 | 2007年1月11日第154号令公布 |
| 《标准施工招标资格预审文件》和《标准施工招标文件》(2007年版) | 国家发展改革委、财政部、建设部、铁道部、交通部、信息产业部、水利部、民用航空总局、广电总局 | 2007年11月1日第56号令公布,据2013年3月11日第23号令修订 |
| 《房屋建筑和市政工程标准施工招标资格预审文件》、《房屋建筑和市政工程标准施工招标文件》(2010年版) | 住房和城乡建设部 | 上述2007年11月1日第56号令的配套文件 |
| 《水利水电工程标准施工招标资格预审文件》、《水利水电工程标准施工招标文件》(2009年版) | 水利部 | 2009年12月29日,水建管〔2009〕629号 |
| 《简明标准施工招标文件》、《标准设计施工总承包招标文件》(2012年版) | 国家发展改革委、工业和信息化部、财政部、住房和城乡建设部、交通运输部、铁道部、水利部、广电总局、民用航空总局 | 2011年12月20日,发改法规3018号 |
| 电子招标投标办法 | 国家发展改革委、工业和信息化部、监察部、住房和城乡建设部、交通运输部、铁道部、水利部、商务部 | 2013年2月4日第20号令公布 |

地方政府规章，由省、自治区、直辖市、省政府所在地的市、经国务院批准的主要城市的政府制定，通常以地方人民政府令的形式发布，一般以规定、办法等为名称，如北京市人民政府制定的《北京市工程建设项目招标范围和规模标准的规定》(北京市人民政府令2001年第89号)。

4) 行政规范性文件

是各级政府及其所属部门和派出机关在其职权范围内，依据法律、法规和规章制定的具有普遍约束力的具体规定，如《国务院办公厅印发国务院有关部门实施招标投标活动行政监督的职责分工意见的通知》(国办发〔2000〕34号)，就是依据《招标投标法》第7条的授权做出的有关职责分工的专项规定。

(2) 按照法律规范内容的相关性划分

1) 招标投标专业法律规范，即专门规范招标投标活动的法律、法规、规章及有关政策性文件，如《招标投标法》、国家发展改革委等有关部委关于招标投标的部门规章，以及各省、自治区、直辖市出台的关于招标投标的地方性法规和政府规章等。

2) 相关法律规范：《民法通则》、《合同法》、《担保法》、《建筑法》、《建设工程质量管理条例》(国务院令第279号)、《建设工程安全生产管理条例》(国务院令第393号)、《建筑工程施工许可管理办法》(建设部令第91号)的相关规定等。

2. 工程项目招投标的法律责任

招标人、投标人、招标代理机构、行政监管部门在招标投标的全过程中如果违反《招标投标法》、《招标投标法实施条例》的规定，要受到经济、行政处罚以至追究刑事责任。

(1) 招标人（招标代理机构、行政监管部门）违反招标投标法的法律责任

1) 招标投标过程

在招标投标过程中招标方如有下列行为将承担法律责任。

①依法必须进行招标的项目而不招标的，将必须进行招标的项目化整为零或者以其他任何方式规避招标的，依法必须进行招标的项目的招标人不按照规定发布资格预审公告或者招标公告，构成规避招标的，有关行政监督部门责令限期改正，可以处项目合同金额5‰以上10‰以下的罚款；对全部或者部分使用国有资金的项目，项目审批部门可以暂停项目执行或者暂停资金拨付；对单位直接负责的主管人员和其他直接负责人员依法给予处分。

②招标代理机构非法泄漏应当保密且与招标投标活动有关的情况资料的，或者与招标人、投标人串通损害国家利益、社会公共利益或者他人合法权益的，招标代理机构在所代理的招标项目中投标、代理投标或者向该项目投标人提供咨询的，接受委托编制标底的中介机构参加受托编制标底项目的投标或者为该项目的投标人编制投标文件、提供咨询的，由有关行政监督部门处5万元以上25万元以下罚款，对单位直接负责的主管人员和其他直接负责人员处单位罚款数额5%以上10%以下的罚款；有违法所得的，并处没收违法所得；情节严重的，有关行政监督部门可停止其一定时期内参与相关领域的招标代理业务，资格认定部门可暂停直至取消招标代理资格；构成犯

罪的，由司法部门依法追究刑事责任。给他人造成损失的，依法承担赔偿责任。

③招标人以不合理的条件（或者如下 A、B 所述的情况）限制或者排斥潜在投标人的，对潜在投标人实行歧视待遇的，强制要求投标人组成联合体共同投标的，或者限制投标人之间竞争的，有关行政监督部门责令改正，可处 1 万元以上 5 万元以下的罚款。

A. 依法应当公开招标的项目不按照规定在指定媒介发布资格预审公告或者招标公告；

B. 在不同媒介发布的同一招标项目的资格预审公告或者招标公告的内容不一致，影响潜在投标人申请资格预审或者投标。

④依法必须进行招标项目的招标人向他人透露以获取招标文件的潜在投标人的名称、数量或者可能影响公平竞争的有关招标投标的其他情况的，或者泄露标底的，有关行政监督部门给予警告，可以并处 1 万元以上 10 万元以下的罚款；对单位直接负责的主管人员和其他直接责任人员依法给予处分；构成犯罪的，依法追究刑事责任。

⑤招标人有下列情形之一的，由有关行政监督部门责令改正，可以处 10 万元以下的罚款：

A. 依法应当公开招标而采用邀请招标；

B. 招标文件、资格预审文件的发售、澄清、修改的时限，或者确定的提交资格预审申请文件、投标文件的时限不符合招标投标法和本条例规定；

C. 接受未通过资格预审的单位或者个人参加投标；

D. 接受应当拒收的投标文件。

招标人有前款第一项、第三项、第四项所列行为之一的，对单位直接负责的主管人员和其他直接责任人员依法给予处分。

⑥依法必须进行招标的项目，招标人违反本法规定，与投标人就投标价格、投标方案等实质性内容进行谈判的，给予警告，对单位直接负责的主管人员和其他直接责任人员依法给予处分。

⑦违规收取保证金

招标人超过法律规定的比例收取投标保证金、履约保证金或者不按照规定退还投标保证金及银行同期存款利息的，由有关行政监督部门责令改正，可以处 5 万元以下的罚款；给他人造成损失的，依法承担赔偿责任。

2) 评标过程

评标过程中，标书的评审对招标人和投标人都有着巨大的经济利益，对评标人员也提出了新的要求，客观、公正、具备良好的职业素质是必不可少的，《招标投标法》对评标过程中的法律责任也进行了明确的规定。

①违法组建评标委员会

依法必须进行招标的项目的招标人不按照规定组建评标委员会，或者确定、更换评标委员会成员违反法律规定的，由有关行政监督部门责令改正，可以处 10 万元以下的罚款，对单位直接负责的主管人员和其他直接责任人员依法给予处分；违法确定或者更换的评标委员会成员作出的评审结论无效,依法重新进行评审。

②评标成员违规行为

评标委员会成员收受投标人的财物或者其他好处的,评标委员会成员或者参加评标的有关工作人员向他人透露对投标文件的评审和比较、中标候选人的推荐以及与评标有关的其他情况的,有关行政监督部门给予警告,没收收受的财物,并处以下3千元以上5万元以下的罚款,对有所列违法行为的评标委员会成员取消担任评标委员会成员的资格并予以公告,不得再参加任何招标项目的评标;构成犯罪的,依法追究刑事责任。

③评标成员违规行为

评标委员会成员有下列行为之一的,由有关行政监督部门责令改正;情节严重的,禁止其在一定期限内参加依法必须进行招标的项目的评标;情节特别严重的,取消其担任评标委员会成员的资格:

A. 应当回避而不回避;

B. 擅离职守;

C. 不按照招标文件规定的评标标准和方法评标;

D. 私下接触投标人;

E. 向招标人征询确定中标人的意向或者接受任何单位或者个人明示或者暗示提出的倾向或者排斥特定投标人的要求;

F. 对依法应当否决的投标不提出否决意见;

G. 暗示或者诱导投标人作出澄清、说明或者接受投标人主动提出的澄清、说明;

H. 其他不客观、不公正履行职务的行为。

④招标人在评标委员会依法推荐的中标候选人以外确定中标人的,依法必须进行招标的项目在所有投标被评标委员会否决后自行确定中标人的,中标无效。有关行政监督部门责令改正,可以处中标项目金额5‰以上10‰以下的罚款;对单位直接责任的主管人员和其他直接责任人员依法给予处分。

3) 合同签订过程

招标投标活动的最终目的是招标人和投标人签订合同,在合同签订过程中要受到合同法和招标投标法的规范,如有下列行为承担一定的经济责任或行政处罚。

①必须招标项目违法行为

依法必须进行招标的项目的招标人有下列情形之一的,由有关行政监督部门责令改正,可以处中标项目金额10‰以下的罚款;给他人造成损失的,依法承担赔偿责任;对单位直接负责的主管人员和其他直接责任人员依法给予处分:

A. 无正当理由不发出中标通知书;

B. 不按照规定确定中标人;

C. 中标通知书发出后无正当理由改变中标结果;

D. 无正当理由不与中标人订立合同;

E. 在订立合同时向中标人提出附加条件。

②招标人与中标人不按照招标文件和中标人的投标文件订立合同，合同的主要条款与招标文件、中标人的投标文件的内容不一致，或者招标人、中标人订立背离合同实质性内容的协议的，责令改正；可以处中标项目金额5‰以上10‰以下的罚款。

4）在招标投标过程中的其他法律责任

①依法必须进行招标的项目违反法律规定，中标无效的，应当依照法律规定的中标条件从其余投标人中重新确定中标人或者依法重新进行招标。中标无效的，发出的中标通知书和签订的合同自始没有法律约束力，但不影响合同中独立存在的有关解决争议方法的条款的效力。

②任何单位违法限制或者排斥本地区、本系统以外的法人或者其他组织参加投标的，为招标人指定招标代理机构的，强制招标人委托招标代理机构办理招标事宜的，或者以其他方式干涉招标投标活动的，责令改正；对单位直接责任的主管人员和其他直接责任人员依法给予警告、记过、记大过的处分，情节较重的，依法给予降级、撤职、开除的处分。

③对招标投标活动依法负有行政监督职责的国家机关工作人员徇私舞弊、滥用职权或者玩忽职守，构成犯罪的，依法追究刑事责任；不构成犯罪的，依法给予行政处分。

④任何单位和个人对工程建设项目招标投标过程中发生的违法行为，有权向项目审批部门或者有关行政监督部门投诉或举报。

⑤招标人不按照规定对异议做出答复，继续进行招标投标活动的，由有关行政监督部门责令改正，拒不改正或者不能改正并影响中标结果的，依照法律的规定处理。

⑥招标师违法行为

取得招标职业资格的专业人员违反国家有关规定办理招标业务的，责令改正，给予警告；情节严重的，暂停一定期限内从事招标业务；情节特别严重的，取消招标职业资格。

⑦依法公告违法行为

国家建立招标投标信用制度。有关行政监督部门应当依法公告对招标人、招标代理机构、投标人、评标委员会成员等当事人违法行为的行政处理决定。

⑧行政监管违法行为

项目审批、核准部门不依法审批、核准项目招标范围、招标方式、招标组织形式的，对单位直接负责的主管人员和其他直接责任人员依法给予处分。

有关行政监督部门不依法履行职责，对违反《招标投标法》和本条例规定的行为不依法查处，或者不按照规定处理投诉、不依法公告对招标投标当事人违法行为的行政处理决定的，对直接负责的主管人员和其他直接责任人员依法给予处分。

项目审批、核准部门和有关行政监督部门的工作人员徇私舞弊、滥用职权、玩忽职守，构成犯罪的，依法追究刑事责任。

⑨工作人员违法干涉行为

国家工作人员利用职务便利，以直接或者间接、明示或者暗示等任何方式非法干涉招标投标活动,有下列情形之一的,依法给予记过或者记大过处分;情节严重的,依法给予降级或者撤职处分;情节特别严重的,依法给予开除处分;构成犯罪的,依法追究刑事责任:

A. 要求对依法必须进行招标的项目不招标,或者要求对依法应当公开招标的项目不公开招标;

B. 要求评标委员会成员或者招标人以其指定的投标人作为中标候选人或者中标人,或者以其他方式非法干涉评标活动,影响中标结果;

C. 以其他方式非法干涉招标投标活动。

⑩违法招标投标无效

依法必须进行招标的项目的招标投标活动违反《招标投标法》和条例的规定,对中标结果造成实质性影响,且不能采取补救措施予以纠正的,招标、投标、中标无效,应当依法重新招标或者评标。

(2) 投标人违反《招标投标法》法律责任

1) 禁止投标人实施的不正当行为的种类

根据《招标投标法》第32条、第33条的规定,投标人不得实施以下不正当竞争行为:

①投标人相互串通投标报价

《工程建设项目施工招标投标办法》第46条规定,下列行为均属于投标人串通投标报价:

投标人之间相互约定抬高或降低投标报价;

投标人之间相互约定,在招标项目中分别以高、中、低价位报价;

投标人之间先进行内部竞价,内定中标人,然后再参加投标;

投标人之间其他串通投标报价行为。

②投标人与招标人串通投标

《工程建设项目施工招标投标办法》第47条规定,下列行为均属于投标人与招标人串通投标:

招标人在开标前开启投标文件,并将投标情况告知其他投标人,或者协助投标人撤换投标文件,更改报价;

招标人向投标人泄露标底;

招标人与投标人商定,投标时压低或抬高标价,中标后再给投标人或招标人额外补偿;

招标人预先内定中标人;

其他串通投标行为。

③以行贿的手段谋取中标

《招标投标法》第32条第3款规定:"禁止投标人以向招标人或者评标委员会成员行贿的手段谋取中标。"

④以低于成本的报价竞标

《招标投标法》第 33 条规定:"投标人不得以低于成本的报价竞标。"在这里,所谓"成本",应指投标人的个别成本,该成本是根据投标人的企业定额测定的成本。如果投标人低于成本报价竞争时,将很难保证建设工程的安全和质量。

⑤以他人名义投标或其他方式弄虚作假,骗取中标

《工程建设项目施工招标投标办法》第 48 条规定,以他人名义投标是指投标人挂靠其他施工单位,或从其他单位通过转让或租借的方式获取资格或资质证书,或者由其他单位及其法定代表人在自己编制的投标文件上加盖印章或签字等行为。

2) 投标人应承担的法律责任

①串通投标的法律责任

投标人相互串通投标或者与招标人串通投标的,投标人以向招标人或者评标委员会成员行贿的手段谋取中标的,中标无效,由有关行政监督部门处中标项目金额 5‰ 以上 10‰ 以下的罚款,对单位直接负责的主管人员和其他直接责任人员除单位罚款数额 5% 以上 10% 以下的罚款;有违法所得的,并处没收违法所得;情节严重的(如下面 A~D 所述),取消其 1~2 年内的投标资格,并予以公告,直至由工商行政管理机关吊销营业执照;构成犯罪的,依法追究刑事责任。给他人造成损失的,依法承担赔偿责任。串通投标的投标人未中标的,对单位的罚款金额按照招标项目合同金额依照招标投标法规定的比例计算。

A. 以行贿谋取中标;

B. 3 年内 2 次以上串通投标;

C. 串通投标行为损害招标人、其他投标人或者国家、集体、公民的合法利益,造成直接经济损失 30 万元以上;

D. 其他串通投标情节严重的行为。

②骗取中标的法律责任

投标人以他人名义投标或者以其他方式弄虚作假,骗取中标的,中标无效,给招标人造成损失的,依法承担赔偿责任;构成犯罪的,依法追究刑事责任。

依法必须进行招标项目的投标人有前款所列行为尚未构成犯罪的,有关行政监督部门处中标项目金额 5‰ 以上 10‰ 以下的罚款,对单位直接负责的主管人员和其他直接责任人员处单位罚款数额 5% 以上 10% 以下的罚款;有违法所得的,并处没收违法所得;情节严重的(如下面 A~D 所述),取消其 1~3 年内的投标资格,并予以公告,直至由工商行政管理机构吊销营业执照。

A. 伪造、变造资格、资质证书或者其他许可证件骗取中标;

B. 3 年内 2 次以上使用他人名义投标;

C. 弄虚作假骗取中标给招标人造成直接经济损失 30 万元以上;

D. 其他弄虚作假骗取中标情节严重的行为。

③中标人将中标项目转让给他人的,将中标项目肢解后分别转让给他人的,违法将中标项目的部分主体、关键性工作分包给他人的,或者分包人再次分包的,转让、分包无效,有关行政监督部门处转让、分包项目金额 5‰ 以上 10‰ 以下的罚款;有违

法所得的,并处没收违法所得;可以责令停业整顿;情节严重的,由工商行政管理机关吊销营业执照。

出让或者出租资格、资质证书供他人投标的,依照法律、行政法规的规定给予行政处罚;构成犯罪的,依法追究刑事责任。

④中标人违规行为

中标人无正当理由不与招标人订立合同,在签订合同时向招标人提出附加条件,或者不按照招标文件要求提交履约保证金的,取消其中标资格,投标保证金不予退还。对依法必须进行招标的项目的中标人,由有关行政监督部门责令改正,可以处中标项目金额10‰以下的罚款。

⑤中标人不履行与招标人订立的合同的,履约保证金不予退还,给招标人造成的损失超过履约保证金数额的,还应当对超过部分予以赔偿;没有提交履约保证金的,应当对招标人的损失承担赔偿责任。中标人不按照与招标人订立的合同履行义务,情节严重的,有关行政监督部门取消其2~5年参加招标项目的投标资格并予以公告,直至由工商行政管理机关吊销营业执照。

⑥投标人或者其他利害关系人捏造事实、伪造材料或者以非法手段取得证明材料进行投诉,给他人造成损失的,依法承担赔偿责任。

3. 工程项目招投标的争议处理

(1) 招标投标争议及其表达

1) 招标投标争议的概念

争议又名争论,指当事各方未对某一目标达成一致结论,在招标投标活动中各当事主体因招标投标程序、人身财产权益等未达成一致结论所发生的对抗冲突,被称作招标投标争议。

2) 招标投标争议的类型

招标投标争议按照发生争议的当事主体性质不同可以分为民事争议和行政争议两种类型。民事主体主要是指招标人和投标人,如果招标人委托招标代理机构代理招标,民事主体还包括招标代理机构;行政主体指根据国家法律法规负责对招标投标活动进行行政监督的国家机关及其授权机构。招标投标民事争议是招标投标民事主体之间的争议,招标投标行政争议是招标投标民事主体与行政主体之间的争议。

3) 招标投标争议的表达

招标投标民事争议的主要表达方式有异议、投诉、提起仲裁、举报、提起民事诉讼以及其他方式;招标投标行政争议的表达方式主要有提出行政复议和提请行政诉讼两种方式。

(2) 招标投标民事争议的处理

招标投标争议大多是由民事争议发展成为行政争议的。招标人和招标代理机构应当熟悉招标投标民事争议的常见内容,掌握处理各种民事争议的程序和方法,尽量防止招标投标行政争议的出现。

1) 招标投标民事争议的基本内容

招标投标民事争议的基本内容包括招标文件争议、招标过程争议、评标结果争议、中标结果争议和招标过程其他民事侵权争议。

2）招标人（含代理机构）针对争议的处理

招标人在招标活动中经常可能接到投标人提出的异议。招标过程中出现异议并不一定代表招标活动出现了问题，招标人应该正确对待。招标人接到投标人异议后，应该首先履行接收手续，向投标人出具书面接收证明等。如果是由于投标人不了解全面情况或对一些问题发生误解而造成的，招标人应主动、耐心地向投标人澄清、说明，消除投标人的误解。如果问题确实存在，招标人应当及时采取措施予以纠正，甚至提请行政监督部门做出相应处理。

投标人对评标结果提出异议时，如果投标人提出的问题属实，属于评标委员会评标中的错误，评标委员会应纠正错误，并出具评标委员会意见；如果纠正错误导致改变中标结果的，招标人应公示改变后的中标结果。如果行政监督部门对招标项目的中标结果实行备案或审批管理的，招标人还应将评标委员会意见报行政监督部门备案或审批，然后再答复投标人，并公示纠正后的中标结果。给投标人的答复一般使用书面形式。

招标人需积极配合行政监督部门处理投诉：以正确的态度对待投标人的投诉。招标人应当认真研究投标人的投诉，配合调查。原评标委员会成员应根据行政监督部门的要求配合调查。在处理投诉期间，招标人需按照行政监督部门的要求暂停相关工作，等待处理结果。招标人应当保证向行政监督部门所提交资料的正确性。行政监督部门处理投诉过程中，招标人及其招标代理机构可以主动与投诉人联系，及时沟通，消除误解。招标人及其招标代理机构应当执行行政监督部门做出的投诉处理决定；招标人及其招标代理机构对行政监督部门做出的投诉处理决定有异议时，可以提出行政复议或行政诉讼。

4. 招标投标的行政监督与行业自律

（1）招标投标的行政监督

国务院发展和改革委、工业和信息化部、住房和城乡建设部、交通运输部、水利部、商务部等，分别属于招标投标行政指导协调和监督执法的主体；招标人、投标人、招标代理机构及有关责任人员、评标委员会成员等主体的招标投标行为均属于行政监督的对象。

（2）招标投标的行业自律

招标投标行业自律组织应结合行业实际情况宣传贯彻国家法律政策，制定和实施行业自律规则、行为规范；组织开展企业和个人从业资格培训教育；建立行业信用评价体系和信息系统，指导、评选、监督检查企业和个人的市场自律行为；不断增强企业、个人的主动、积极维护社会公共利益和行业全局、长远发展利益的自觉意识及凝聚力，形成全行业遵守招标投标市场秩序的内部有效制衡机制及企业、个人的自我约束力。

## 1.1.3 工程项目招投标的类型与方式

1. 工程项目招标的类型

（1）工程建设项目总承包招标

工程建设项目总承包招标又叫建设项目全过程招标，在国外称之为"交钥匙"承包方式。它是指从项目建议书开始，包括可行性研究报告、勘察设计、设备材料询价与采购、工程施工、生产准备、投料试车，直到竣工投产、交付使用全面实行招标。

（2）工程建设项目的设计招标

设计招标是指招标人就拟建工程的设计任务发布公告，以吸引设计单位参加竞争，经招标人审查获得投标资格的设计单位按照招标文件的要求，在规定的时间内向招标人填报投标书，招标人从中择优确定中标单位来完成工程设计任务。

（3）工程建设项目的监理招标

监理招标，是指招标人为了委托监理任务的完成，以法定方式吸引监理单位参加竞争，招标人从中选择条件优越者的行为。

（4）工程建设项目的施工招标

施工招标，是指招标人就拟建的工程发布公告或者邀请，以法定方式吸引建筑业企业参加竞争，招标人从中选择条件优越者完成工程建设任务的行为。

（5）工程建设项目的材料设备招标

材料设备招标，是指招标人就拟购买的材料设备发布公告或者邀请，以法定方式吸引材料设备供应商参加竞争，招标人从中选择条件优越者购买其材料设备的行为。

2. 工程项目招标方式

我国《招标投标法》规定，招标分为公开招标、邀请招标两种方式。

（1）公开招标

公开招标，也称无限竞争招标，是指招标人以招标公告的方式邀请不特定的法人或者其他组织投标。它是一种由招标人按照法定程序，在公开出版物上发布或者以其他公开方式发布资格预审公告（代招标公告），所有符合条件的承包人都可以平等参加投标竞争，从中择优选择中标者的招标方式。

公开招标的优点在于，可以有效地防止腐败，能够最好地达到经济性的目的，能够为潜在的投标人提供均等的机会。

公开招标的缺点是，完全以书面材料决定中标人本身的缺陷，招标成本较高，招标周期较长。

（2）邀请招标

邀请招标，也称有限竞争招标，是指招标人以投标邀请书的方式邀请特定的法人或者其他组织投标。邀请招标必须向三个以上的潜在投标人发出邀请，并且被邀请的法人或者其他组织必须具备以下条件：具备承担招标项目的能力，如施工招标，被邀请的施工企业必须具备与招标项目相应的施工资质等级，资信良好。

（3）公开招标与邀请招标的主要区别

1) 发布信息的方式不同

公开招标采用公告的形式发布，邀请招标采用投标邀请书的形式发布。

2) 选择的范围不同

公开招标因为使用资格预审公告（代招标公告）的形式，针对的是一切潜在的对招标项目感兴趣的法人或其他组织，招标人事先不知道投标人的数量；邀请招标则针对的是已经了解的法人或其他组织，而且事先已经知道投标人的数量。

3) 竞争的范围不同

公开招标针对所有符合条件的法人或其他组织都有机会参加投标，竞争的范围较广，竞争性体现得也比较充分，招标人拥有绝对的选择余地，容易获得最佳招标效果；邀请招标中投标人的数目有限，竞争的范围有限，招标人拥有的选择余地相对较小，有可能提高中标的合同价，也有可能将某些在技术上或报价上更有竞争力的承包人遗漏。

4) 公开的程度不同

公开招标中，所有的活动都必须严格按照预先确定并为大家所知的程序标准公开进行，大大减少了作弊的可能；相对而言，邀请招标的公开程度逊色一些，产生不法行为的机会也就多一些。

5) 时间和费用不同

公开招标的程序比较复杂，因而耗时较长，费用也较高；邀请招标不发公告，招标文件只送几家，使整个招标投标的时间大大缩短，招标费用也相应减少。

## 1.1.4 工程项目招投标的组织形式与主要参与者

### 1. 工程项目招投标的组织形式

工程项目招投标的组织形式包括自行招标和委托招标。

（1）自行招标

自行招标，是指招标人自身具有编制招标文件和组织评标能力，依法自行办理招标。任何单位和个人不得强制其委托招标代理机构办理招标事宜。

依法必须进行招标的项目，招标人自行办理招标事宜的，应当向有关行政监督部门备案。项目法人或者组建中的项目法人应当在向国家发展改革委上报项目可行性研究报告或者资金申请报告、项目申请报告时，一并报送符合规定的自行招标书面材料。

招标人自行办理招标事宜，应当具有编制招标文件和组织评标的能力，具体包括：

1) 具有项目法人资格（或者法人资格）；

2) 具有与招标项目规模和复杂程度相适应的工程技术、概预算、财务和工程管理等方面专业技术力量；

3) 有从事同类工程建设项目招标的经验；

4) 拥有3名以上取得招标职业资格的专职招标业务人员；

5）熟悉和掌握招标投标法及有关法规规章。

（2）委托招标

委托招标，是指招标人委托招标代理机构办理招标事宜。

招标人有权自行选择招标代理机构，委托其办理招标事宜。任何单位和个人不得以任何方式为招标人指定招标代理机构。

2. 工程项目招投标的主要参与者

工程项目招标投标活动中的主要参与者包括招标人、投标人、招标代理机构和政府监督部门。

（1）招标人

招标人是指依照法律规定提出招标项目进行工程建设的勘察、设计、施工、监理以及与工程建设有关的重要设备、材料等招标的法人或者其他组织。

正确理解招标人定义，应当把握以下两点：招标人应当是法人或者其他组织，而自然人则不能成为招标人；法人或者其他组织必须依照法律规定提出招标项目、进行招标。

（2）招标代理机构

招标代理机构是依法设立、从事招标代理业务并提供相关服务的社会中介组织。

1）招标代理机构的资质

根据《工程建设项目招标代理机构资质认定办法》（2007年1月11日建设部令154号发布），工程招标代理机构资格分为甲级、乙级和暂定级。甲级工程招标代理机构可以承担各类工程的招标代理业务。乙级工程招标代理机构只能承担工程总投资1亿元人民币以下的工程招标代理业务。暂定级工程招标代理机构，只能承担工程总投资6000万元人民币以下的工程招标代理业务。

2）招标代理机构承担的招标事宜

招标代理机构应当在招标人委托的范围内承担招标事宜。招标代理机构可以在其资格等级范围内承担下列招标事宜：

①拟定招标方案，编制和出售招标文件、资格预审文件；

②审查投标人资格；

③编制标底；

④组织投标人踏勘现场；

⑤组织开标、评标，协助招标人定标；

⑥草拟合同；

⑦招标人委托的其他事项。

（3）投标人

投标人是响应招标、参加投标竞争的法人或者其他组织。投标人应当具备承担招标项目的能力；国家有关规定对投标人资格条件或者招标人对投标人资格条件有规定的，投标人应当具备规定的资格条件。

资格预审公告或招标公告发出后，所有对资格预审公告或招标公告感兴趣的并有可能参加投标的人,称为潜在投标人。那些响应招标并购买招标文件,参加投标的潜在投标人称为投标人。

1) 企业资质等级许可制度

在我国,对从事建筑活动的建设工程企业——建筑施工企业、勘察单位、设计单位和工程监理单位,实行资质等级许可制度。

《建筑法》第 13 条规定:"从事建筑活动的建筑施工企业、勘察单位、设计单位和工程监理单位,按照其拥有的注册资本、专业技术人员、技术装备和已完成的建筑工程业绩等资质条件,划分为不同的资质等级,经资质审查合格,取得相应等级的资质证书后,方可在其资质等级许可的范围内从事建筑活动。"新设立的企业,应到工商行政管理部门登记注册手续并取得企业法人营业执照后,方可到建设行政主管部门办理资质申请手续。任何单位和个人不得涂改、伪造、出借、转让企业资质证书,不得非法扣押、没收资质证书。

①建筑业企业资质

根据《建筑业企业资质管理规定》(2007 年 6 月 26 日建设部令第 159 号发布),我国建筑业企业资质分为施工总承包、专业承包和劳务分包三个序列。这三类建筑业企业按照各自工程性质和技术特点,分别划分为若干资质类别。其中,施工总承包企业划分为 12 个类别,专业承包企业划分为 60 个类别,劳务分包企业划分为 13 个类别。各资质类别按照各自规定的条件划分为若干等级,例如:房屋建筑工程施工总承包企业资质分为特级、一级、二级、三级;地基与基础工程专业承包企业资质分为一级、二级、三级;木工作业分包企业资质分为一级、二级。

②工程勘察、设计企业资质

根据《建设工程勘察设计资质管理规定》(2007 年 6 月 26 日建设部令第 160 号发布),摘要如下:

A. 工程勘察企业资质

工程勘察资质分为工程勘察综合资质、工程勘察专业资质、工程勘察劳务资质。

工程勘察综合资质只设甲级;工程勘察专业资质设甲级、乙级,根据工程性质和技术特点,部分专业可以设丙级;工程勘察劳务资质不分等级。

取得工程勘察综合资质的企业,可以承接各专业(海洋工程勘察除外)、各等级工程勘察业务;取得工程勘察专业资质的企业,可以承接相应等级相应专业的工程勘察业务;取得工程勘察劳务资质的企业,可以承接岩土工程治理、工程钻探、凿井等工程勘察劳务业务。

B. 工程设计企业资质

工程设计资质分为工程设计综合资质、工程设计行业资质、工程设计专业资质和工程设计专项资质。

工程设计综合资质只设甲级;工程设计行业资质、工程设计专业资质、工程设计专项资质设甲级、乙级。

根据工程性质和技术特点,个别行业、专业、专项资质可以设丙级,建筑工程专业资质可以设丁级。

取得工程设计综合资质的企业，可以承接各行业、各等级的建设工程设计业务；取得工程设计行业资质的企业，可以承接相应行业相应等级的工程设计业务及本行业范围内同级别的相应专业、专项（设计施工一体化资质除外）工程设计业务；取得工程设计专业资质的企业，可以承接本专业相应等级的专业工程设计业务及同级别的相应专项工程设计业务（设计施工一体化资质除外）；取得工程设计专项资质的企业，可以承接本专项相应等级的专项工程设计业务。

③工程监理企业资质

根据《工程监理企业资质管理规定》（2007年6月26日建设部令第158号发布），工程监理企业资质分为综合资质、专业资质和事务所资质。其中，专业资质按照工程性质和技术特点划分为若干工程类别。综合资质、事务所资质不分级别。专业资质分为甲级、乙级，其中，房屋建筑、水利水电、公路和市政公用专业资质可设立丙级。

2）联合体投标人

两个以上的法人或者其他组织可以组成一个联合体，以一个投标人的身份共同投标。关于联合体主要有以下几个方面的规定：

①是否接受联合体投标

招标人应当在资格预审公告、招标公告或者投标邀请书中载明是否接受联合体投标。招标人不得强制投标人组成联合体共同投标，不得限制投标人之间的竞争。招标人不得强制资格预审合格的投标人组成联合体。

②联合体组成的时间

招标人接受联合体投标并进行资格预审的，联合体应当在提交资格预审申请文件前组成。资格预审后联合体增减、更换成员的，其投标无效。

③联合体协议书

联合体各方必须按资格预审文件（招标文件）提供的格式签订共同投标协议书，明确联合体牵头人和各方的权利义务，并将共同投标协议连同投标文件一并提交招标人。联合体各方的责任如下：

A. 履行共同投标协议书中约定的责任

共同投标协议书中约定了联合体各方应该承担的责任，各成员单位必须按照该协议的约定认真履行自己的义务，否则将对对方承担违约责任。同时，共同投标协议书中约定的责任承担也是各成员单位最终的责任承担方式。

B. 就招标项目承担连带责任

联合体中标后，联合体各方共同就中标项目向招标人承担连带责任，即发包人有权要求联合体的任何一方履行全部合同义务，既要依据联合体协议完成自己的工作职责，又要互相监督协调，保证整体工程项目的合格。

如果联合体中的一个成员单位没能按照合同约定履行义务，招标人可以要求联合体中任何一个成员单位承担不超过总债务任何比例的债务，而该单位不得拒绝。该成员单位承担了被要求的责任后,有权向其他成员单位追偿其按照共同投标协议不应当承担的债务。

C. 不得重复投标

联合体各方签订共同投标协议后,不得再以自己名义单独投标,也不得组成新的联合体或参加其他联合体在同一项目中投标。

D. 不得随意改变联合体的构成

联合体各方参加资格预审并获通过的,其组成的任何变化都必须在提交投标文件截止之日前征得招标人的同意。如果变化后的联合体削弱了竞争,含有事先未经过资格预审或者资格预审不合格的法人或者其他组织,或者联合体的资质降到资格预审文件中规定的最低标准以下,招标人有权拒绝。

E. 必须有代表联合体的牵头人

联合体各方必须指定牵头人,授权其代表所有联合体成员负责投标和合同实施阶段的主办、协调工作,并应该向招标人提交由所有联合体成员法定代表人签署的授权书。联合体投标的,应当以联合体各方或者联合体中牵头人的名义提交投标保证金。以联合体中牵头人的名义提交的投标保证金,对联合体各成员具有约束力。

④联合体资质等级的确定

招标人接受联合体形式投标的,联合体资质和业绩的认定,应以联合体协议书中规定的专业分工为依据。承担联合体协议中同一专业工程的成员,按照其较低的资质等级确定联合体申请人的资质等级。

(4) 政府监督部门

在我国,由于实行招标投标的领域较广,有的专业性较强,涉及部门较多,目前还不可能由一个部门统一进行监督,只能根据不同项目的特点,由有关部门在各自的职权范围内分别负责监督。国务院办公厅印发的《国务院有关部门实施招标投标活动行政监督的职责分工意见》(国办发〔2000〕34号)中规定:

①国家发展计划委员会指导和协调全国招标投标工作,并组织国家重大建设项目稽查特派员,对国家重大建设项目建设过程中的工程招标投标进行监督检查。

②工业(含内贸)、水利、交通、铁道、民航、信息产业等行业和产业项目的招标投标活动的监督执法,分别由经贸、水利、交通、铁道、民航、信息产业等行政主管部门负责;各类房屋建筑及其附属设施的建造和与其配套的线路、管道、设备的安装项目和市政工程项目的招标投标活动的监督执法,由建设行政主管部门负责;进口机电设备采购项目的招标投标活动的监督执法,由外经贸行政主管部门负责。

③从事各类工程建设项目招标代理业务的招标代理机构的资格,由建设行政主管部门认定;从事与工程建设有关的进口机电设备采购招标代理业务的招标代理机构的资格,由外经贸行政主管部门认定;从事其他招标代理业务的招标代理机构的资格,按现行职责分工,分别由有关行政主管部门认定。

④各省、自治区、直辖市人民政府可根据《招标投标法》的规定,从本地实际出发,制定招标投标管理办法。

## 1.1.5 工程项目招投标的程序

1. 施工公开招投标的程序

现将工程建设项目施工公开招投标过程粗略分为招标准备阶段、招标实施阶段和决标成交阶段。具体程序见图 1-1。

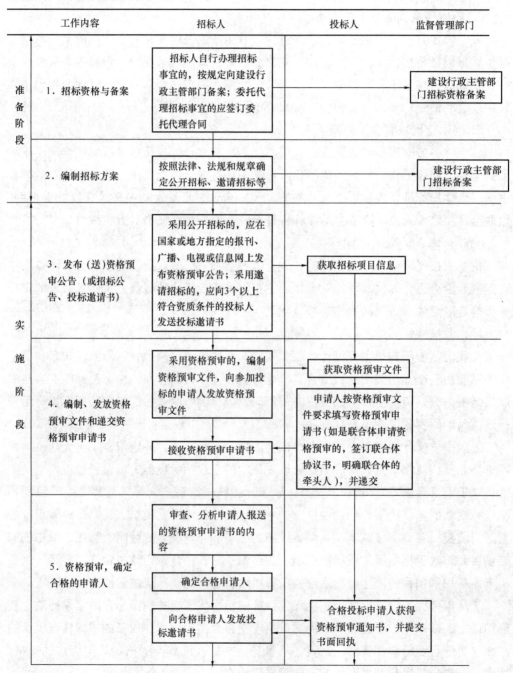

图 1-1 工程项目施工招标投标程序（一）

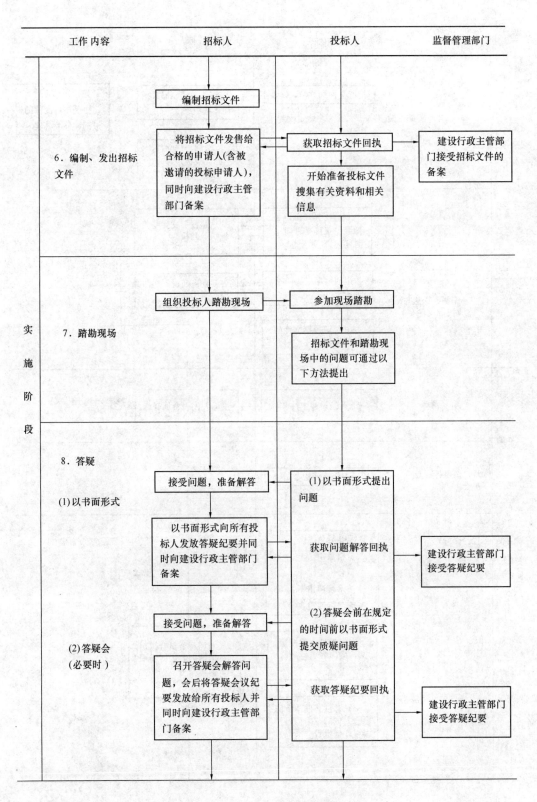

图 1-1 工程项目施工招标投标程序（二）

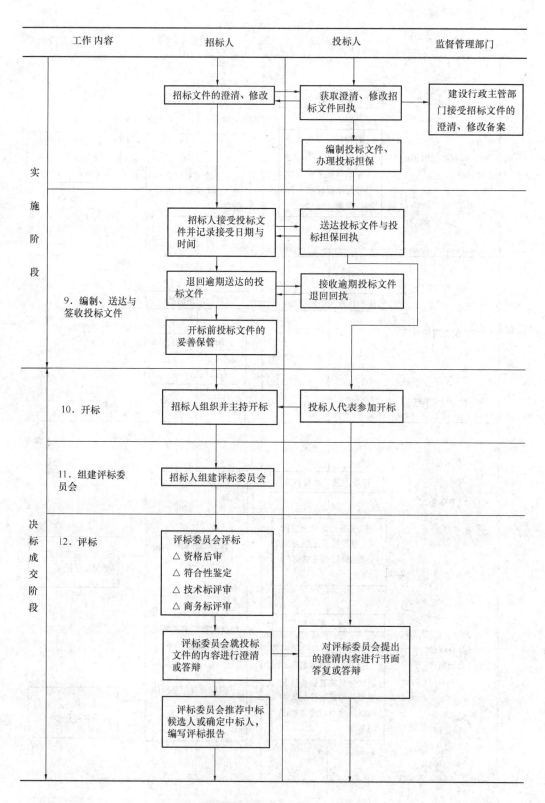

图1-1 工程项目施工招标投标程序(三)

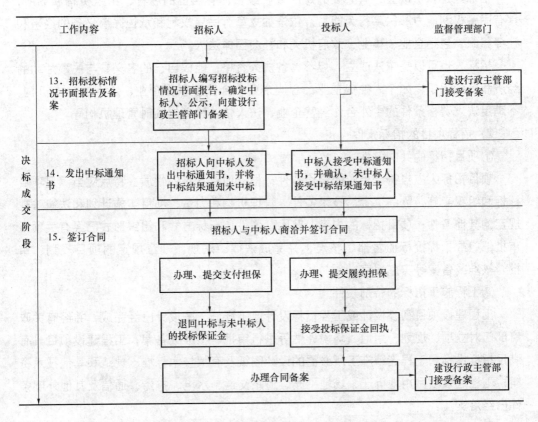

图1-1 工程项目施工招标投标程序(四)

2. 施工邀请招标程序

邀请招标程序是直接向适于本工程的施工单位发出邀请,其程序与公开招标基本相同。二者在程序上的主要区别是前者设有资格预审的环节,后者没有资格预审的环节,但增加了发出投标邀请书的环节。

3. 工程项目招投标的工作要求

(1) 招标准备工作

招标准备指招标前招标人与招标项目必须具备的前提条件,以及前期的一些准备工作,参见表1-3。

招标准备工作的内容   表1-3

| | |
|---|---|
| 1. 具备相应条件 | 招标人具备资格能力 |
| | 招标项目具有招标条件 |
| 2. 前期准备工作 | 制订招标计划、确定招标组织形式、编制招标方案、办理招标备案 |

招标准备阶段的主要工作由招标人单独完成,投标人不参与,主要工作包括以下几个方面。

1) 招标人的资格能力

招标人是依法成立，有必要的财产或者经费，有自己的名称、组织机构和场所，具有民事权利能力和民事行为能力，依法独立享有民事权利和承担民事义务的经济和社会组织，包括企业、事业、政府机关和社会团体法人。

招标人也可以是依法成立，但不具备法人资格，能以自己的名义参与民事活动的经济和社会组织，如个人独资企业、合伙企业、合伙型联营企业、法人的分支机构、不满足法人资格条件的中外合作经营企业、法人依法设立的临时管理机构等。

2) 招标项目的招标条件

①项目招标的共同条件

项目招标人应当符合相应的资格条件；根据项目本身的性质、特点应当满足项目招标和组织实施必需的资金、技术条件、管理机构和力量、项目实施计划和法律法规规定的其他条件；项目招标的内容、范围、条件、招标方式和组织形式已经有关项目审批部门或招标投标监督部门核准，并完成法律、法规、规章规定的项目规划、审批、核准或备案等实施程序。

②工程施工招标的特别条件

工程建设项目初步设计或工程招标设计或工程施工图设计已经完成，并经有关政府部门对立项、规划、用地、环境评估等进行审批、核准或备案；工程建设项目具有满足招标投标和工程连续施工所必需的设计图纸及有关技术标准、规范和其他技术资料；工程建设项目用地拆迁、场地平整、道路交通、水电、排污、通信及其他外部条件已经落实。

③工程总承包招标的特别条件

按照工程总承包不同开始阶段和总承包方式，应分别具有工程可行性研究报告或实施性工程方案设计或工程初步设计等相应的条件。

④货物招标的特别条件

工程使用的货物采购招标条件与工程施工招标基本相同；非工程使用的一般货物采购招标，应具有满足采购招标的设计图纸或技术规格，政府采购货物的采购计划和资金已经有关采购主管部门批准。

⑤服务招标的特别条件

工程设计招标的特别条件：工程概念性方案设计招标，应当具有批准的项目建议书；工程实施性方案设计招标，应当具有批准的工程建设项目规划设计条件和可行性研究报告。

工程建设监理和建设项目管理招标的特别条件：工程监理招标、含工程设计阶段的项目管理招标应该具有批准的工程可行性研究报告或工程实施性方案设计；而采用工程建设项目全过程的项目管理方式，一般自工程建设项目概念性方案设计或可行性研究阶段开始提供项目决策咨询服务，其招标条件只需批准的项目建议书。

3) 招标工作计划

明确招标内容、范围、数量、时间以及预算等内容。

4) 招标组织形式

招标组织形式可分为自行组织招标与委托代理招标，详见表 1-4。

招标组织形式　　　　　　　　　　　　　　　　　表 1-4

| 招标组织形式 | 涵　义 | 适用范围 |
|---|---|---|
| 自行组织招标 | 招标人自行办理招标事宜 | 招标人须具备组织招标的能力与资格条件，并向行政监督部门备案 |
| 委托代理招标 | 招标人委托具有相应资质的招标代理机构办理招标事宜 | 除自行组织招标外 |

5) 招标方案

招标人应根据项目的特点和自身需求，编制招标方案。详见实施 1.2 的内容。

6) 办理招标备案

招标人向建设行政主管部门办理申请招标手续。招标备案文件应说明：招标工作范围、招标方式、计划工期、对投标人的资质要求、招标项目前期准备工作的完成情况、自行招标还是委托代理招标等内容。经认可后才能开展招标工作。

(2) 组织资格审查

1) 资格预审

是招标人采用公开招标方式，在投标前按照有关规定程序和要求公布资格预审公告和资格预审文件，对获取资格预审文件并递交资格预审申请文件的潜在投标人进行资格审查的方法。注意资格预审程序按照工作任务 2 的内容为准。招标人或授权资格审查委员会确定资格预审合格申请人。

2) 资格后审

是开标后由评标委员会对投标人资格进行审查的方法。采用资格后审办法的，按规定要求发布招标公告，并根据招标文件中规定的资格审查方法、因素和标准，在评标的初步评审时审查投标人的资格。

3) 资格审查

采用邀请招标的项目可以直接向经过资格审查，满足投标资格条件的 3 个以上潜在投标人发出投标邀请书。

(3) 编制发售招标文件

1) 编制招标文件。依据招标项目的特点、需求、市场、有关规定和标准文本编制，提前调研准备。

2) 发售招标文件。包括招标文件澄清补正。

3) 编制标底或招标控制价。前者保密参考，后者应该在招标文件中公布。

(4) 现场踏勘

(5) 投标预备会

(6) 编制递交投标文件

投标人依据招标文件要求编制递交投标文件。

(7) 组建评标委员会

招标人依法组建。

(8) 开标

招标人（含其招标代理机构）应按招标文件规定的时间、地点主持开标。开标的一般程序详见工作任务5。

(9) 评标

评标由招标人依法组建的评标委员会负责。

(10) 中标

1) 公示。中标候选人公示。

国家发展改革委等九部委联合下发的《关于印发贯彻落实扩大内需促进经济增长决策部署进一步加强工程建设招标投标监管工作意见的通知》（发改法规〔2009〕1361号）规定，依法必须招标项目的招标事项核准、资格预审公告、招标公告、中标候选人、中标结果等信息，都要向社会公开。

2) 定标。招标人或授权评标委员会依法确定中标人。

3) 提交招标投标情况书面报告。招标人向监督部门提交。

4) 发中标通知书。

(11) 签订合同

招标人与中标人应当自发出中标通知书之日起30日内，依据中标通知书、招标、投标文件中的合同构成文件签订合同协议书。

### 1.1.6 国际工程招投标

国际工程的委托方式主要采用招标和投标的方式，选出理想的承包商。

1. 国际工程招投标方式

国际工程招投标方式可归纳为四种类型，即：国际竞争性招标（又称国际公开招标）；国际有限招标；两阶段招标和议标（又称邀请协商）。现分述如下。

(1) 国际竞争性招标

国际竞争性招标是指在国际范围内，采用公平竞争方式，定标时按事先规定的原则，对所有具备要求资格的投标商一视同仁，根据其投标报价及评标的所有依据，如工期要求，可兑换外汇比例（指按可兑换和不可兑换两种货币付款的工程项目），投标商的人力、财力和物力及其拟用于工程的设备等因素，进行评标、定标。

采用这种方式可以最大限度地挑起竞争，形成买方市场，使招标人有最充分的挑选余地，取得最有利的成交条件。国际竞争性招标是目前世界上最普遍采用的成交方式。国际竞争性招标的适用范围如下。

1) 按资金来源划分

根据工程项目的全部或部分资金来源，实行国际竞争性招标主要有以下情况：

①由世界银行及其附属组织国际开发协会和国际金融公司提供优惠贷款的工程项目。

②由联合国多边援助机构和国际开发组织地区性金融机构（如亚洲开发银行）提供援助性贷款的工程项目。

③由某些国家的基金会（如科威特基金会）和一些政府（如日本）提供资助的工程项目。

④由国际财团或多家金融机构投资的工程项目。

⑤两国或两国以上合资的工程项目。

⑥需要承包商提供资金即带资承包或延期付款的工程项目。

⑦以实物偿付（如石油、矿产或其他实物）的工程项目。

⑧发包国拥有足够的自有资金，而自己无力实施的工程项目。

2）按工程性质划分

按照工程的性质，国际竞争性招标主要适用于以下情况：

①大型土木工程，如水坝、电站、高速公路等。

②施工难度大，发包国在技术或人力方面均无实施能力的工程，如工业综合设施、海底工程等。

③跨越国境的国际工程，如非洲公路，连接欧亚两大洲的陆上贸易通道。

④极其巨大的现代工程，如英法海峡过海隧道，日本的海下工程等。

(2) 国际有限招标

国际有限招标是一种有限竞争招标。较之国际竞争性招标，它有其局限性，即投标人选有一定的限制，不是任何对发包项目有兴趣的承包商都有资格投标。国际有限招标包括两种方式。

1）一般限制性招标

这种招标虽然也是在世界范围内进行招标，但对投标人选有一定的限制。其具体做法与国际竞争性招标颇为近似，只是更强调投标人的资信。采用一般限制性招标方式也应该在国内外主要报刊上刊登广告，只是必须注明是有限招标和对投标人选的限制范围。

2）特邀招标

特邀招标即特别邀请性招标。采用这种方式时，一般不在报刊上刊登广告，而是根据招标人自己积累的经验和资料或由咨询公司提供的承包商名单，由招标人在征得世界银行或其他项目资助机构的同意后对某些承包商发出邀请，经过对应邀人进行资格预审后，再行通知其提出报价，递交投标书。这种招标方式的优点是经过选择的投标商在经验、技术和信誉方面比较可靠，基本上能保证招标的质量和进度。这种方式的缺点是：由于发包人所了解的承包商的数目有限，在邀请时很可能漏掉一些在技术上和报价上有竞争力的承包商。

国际有限招标是国际竞争性招标的一种修改方式。这种方式通常适用以下情况：

①工程量不大，投标商数目有限或考虑其他不宜进行国际竞争性招标的正当理由的工程项目，如对工程有特殊要求等。

②某些大而复杂的且专业性很强的工程项目，如石油化工项目。可能的投标者很少，准备招标的成本很高。为了节省时间，节省费用，还能取得较好的报价，招标可以限制在少数几家合格企业的范围内。以使每家企业都有争取合同的较好机会。

③由于工程性质特殊，要求有专门经验的技术队伍和熟练的技工以及专门技术设

备,只有少数承包商能够胜任的工程项目。

④工程规模太大,中小型公司不能胜任,只好邀请若干家大公司投标的工程项目。

⑤工程项目招标通知发出后无人投标,或投标商数目不足法定人数(至少三家),招标人可再邀请少数公司投标。

⑥由于工期紧迫,或由于保密要求或由于其他原因不宜公开招标的工程项目。

(3) 两阶段招标

两阶段招标实质上是国际竞争性招标和国际有限招标相结合的方式。第一阶段按公开招标方式招标,经过开标和评标后,再邀请其中报价较低的或较合格的三家或四家投标人进行第二次投标报价。

(4) 议标

议标亦称邀请协商。就其本意而言,议标乃是一种非竞争性招标。严格说来,这不算一种招标方式,只是一种"谈判合同"。最初,议标的习惯做法是由发包人物色一家承包商直接进行合同谈判。只是在某些工程项目的造价过低,不值得组织招标,或由于其专业为某一家或几家垄断,或因工期紧迫不宜采用竞争性招标,或者招标内容是关于专业咨询、设计和指导性服务或属保密工程,或属于政府协议工程等情况下,才采用议标方式。

议标通常在以下情况中采用:

1) 以特殊名义(如执行政府协议)签订承包合同。

2) 按临时签约且在业主监督下执行的合同。

3) 由于技术的需要或重大投资原因只能委托给特定的承包商或制造商实施的合同。这类项目在谈判之前,一般都事先征求技术或经济援助合同双方的意见。近年来,凡是提供经济援助的国家资助的建设项目大多采取议标形式,由受援国有关部门委托给供援国的承包公司实施。这种情况下的议标一般是单向议标,且以政府协议为基础。

4) 属于研究、试验或实验及有待完善的项目承包合同。

5) 项目已付诸招标,但没有中标者或没有理想的承包商。这种情况下,业主通过议标,另行委托承包商实施工程。

6) 出于紧急情况或急迫需求的项目。

7) 秘密工程。

8) 属于国防需要的工程。

9) 已为业主实施过项目且已取得业主满意的承包商重新承担技术基本相同的工程项目。

适用于按议标方式的合同基本如上所列,但这并不意味着上述项目不适用于其他招标方式。

(5) 其他招标方式

1) 排他性招标

某些援助或者贷款国给予贷款的建设项目,可能只限于向援款或贷款国的承包商招标；有的可能允许受援国或接受贷款国家的承包商与援助国或贷款国的承包商联合投标，但完全排除第三国的承包商，甚至受援国的承包商与第三国承包商联合投标也在排除之列。

2) 地区性招标

由于资金来源属于某一地区性组织，例如阿拉伯基金、沙特发展基金、地区性金融机构贷款等，虽然这些贷款项目的招标是国际性的，但限制属于该组织的成员国的承包商才能投标。

3) 多层次顺序招标

依次进行规划招标、勘察设计招标、材料设备采购招标、工程施工招标等。

4) "双边"联合招标

这种招标适用于经济援助或贷款项目，由援助和受援或贷款和借款双边联合进行招标，招标过程处于双方共同监管之下，以求公正合理。

2. 世界不同地区的工程项目招标习惯做法

从总体上讲，世界各地委托的主要方式可以归纳以下四种，即：世界银行推行的做法、英联邦地区的做法、法语地区的做法、独联体成员国的做法。

(1) 世界银行推行的做法

世界银行规定的招标方式适用于所有由世界银行参与投资或贷款的项目。

凡有世界银行参与投资或提供优惠贷款的项目，通常采用以下方式发包：

1) 国际竞争性招标（亦称国际公开招标）。

2) 国际有限招标（包括特邀招标）。

3) 国内竞争性招标。

4) 国际或国内选购。

5) 直接采购。

6) 政府承包或自营方式。

(2) 英联邦地区的做法

英联邦地区（包括原为英属殖民地的国家）的许多涉外工程的承包，基本上按照英国做法。英联邦地区所实行的主要招标方式是国际有限招标。

国际有限招标通常按以下步骤进行：

1) 对承包商进行资格预审，以编制一份有资格接受邀请书的公司名单。被邀请参加预审的公司提交其适用该类工程所在地区周围环境的有关经验的详情，尤其是承包商的财务状况，技术和组织能力及一般经验和履行合同的记录。

2) 招标部门保留一份常备的经批准的承包商名单。这份常备名单并非一成不变，根据实践中对新老承包商的了解加深，不断更新，这样可使业主在拟定委托项目时心中有数。

3) 规定预选投标者的数目。一般情况下，被邀请的投标者数目为4～8家，项目规模越大，邀请的投标者越少，在投标竞争中要强调完全公平的原则。

4）初步调查。在发出标书之前，先对其保留的名单上的拟邀请的承包商进行调查。一旦发现某家承包商无意投标，立即换上名单中的另一家作为代替，以保证所要求投标者的数目。英国土木工程师协会认为承包商谢绝邀请是负责任的表现。这一举动并不会影响其将来的投标机会。在初步调查过程中，招标单位应对工程进行详细介绍，使可能的投标人能够了解工程的规模和估算造价概算，所提供的信息应包括场地位置、工程性质、预期开工日、指出主要工程量，并提供所有的具体特征的细节。

## 实施 1.2　招标方案

招标方案是以招标项目的技术经济、管理特点、条件和功能、质量、价格、进度需求为基础，依据有关法律政策、技术标准规范编制的招标项目的实施目标、方式、计划和措施。工程项目施工招标方案通常包括以下内容。

1. 背景概况

包括：工程建设项目的名称、用途、建设地址、项目业主、资金来源、规模、标准、主要功能等情况，工程建设项目投资审批、规划许可、勘察设计及其相关核准是后续等有关依据，已经具备或正待落实的各项招标条件。

2. 工程招标方式、范围、标段划分和投标资格

（1）确定招标方式

招标人应根据工程特点、工程建设总进度计划、招标前准备工作的完成情况、合同类型和招标人的管理能力等因素，确定招标方式。招标方式：公开招标或邀请招标。招标方法：电子招标、两阶段招标、框架协议招标。

（2）工程招标内容范围和标段划分

1）内容范围

包括：工程施工现场准备、土木建筑工程、设备安装工程。

① 工程施工现场准备。指工程建设必须具备的现场施工条件，包括通路、通水、通电、通信，乃至通气、通热，以及施工场地平整，各种施工和生活设施的建设等。

② 土木建筑工程。指房屋、市政、交通、水利水电、铁路等永久性的土木建筑工程，包括土石方工程、基础工程、混凝土工程、金属结构工程、装饰工程、道路工程、构筑物工程等。

③ 设备安装工程。包括机械、化工、冶金、电气、自动化仪表、给水排水等设备和管线安装，计算机网络、通信、消防、声像系统以及检测、监控系统的安装等。

工程施工招标内容、范围应正确描述工程建设项目数量与边界、工作内容、施工

边界条件等。其中，施工的边界条件包括地理边界条件以及与周边工程承包人的工作分工、衔接、协调配合等内容。

2）工程施工招标标段划分

划分标段（也可称为合同数量的划分）的目的，主要是为了增加作业面，加快施工进度，同时又可以便于资金的分块和管理。对于大型的项目，作为一个整体进行招标将大大降低招标的竞争性，因为符合招标条件的潜在投标人数量太少，这样就应当将招标项目划分成若干个标段分别进行招标。招标项目需要划分标段的，招标人应当合理划分标段。在一般情况下，一个项目应作为一个整体进行招标，对工程技术上紧密相联、不可分割的单位工程不得分割标段。但是若标段划分过多，则不仅仅会增加临时设施等措施费用，而且也会给施工现场管理、配合、协调等带来一定的难度。

工程施工招标应该依据工程建设项目管理承包模式、工程设计进度、工程施工组织规划和各种外部条件、工程进度计划和工期要求、各单项工程之间的技术管理关联性以及投标竞争状况等因素，综合分析研究划分标段，并结合标段的技术管理特点和要求设置投标资格预审的资格能力条件标准，以及投标人可以选择投标标段的空间。招标标段划分主要考虑以下相关因素：

① 法律法规。《招标投标法》和《工程建设项目招标范围和规模标准规定》对必须招标项目的范围、规模标准和标段划分作了明确规定，这是确定工程招标范围和划分标段的法律依据，招标人应依法、合理地确定项目招标内容及标段规模，不得通过细分标段、化整为零的方式规避招标。

② 工程承包管理模式。工程承包模式采用总承包合同与多个平行承包合同对标段划分的要求有很大差别。采用工程总承包模式，招标人期望把工程施工的大部分工作都交给总承包人，并且希望有实力的总承包人投标。同时，总承包人也期望发包的工程规模足够大，否则不能引起其投标的兴趣。因此，总承包方式发包的一般是较大标段工程，否则就失去了总承包的意义。而多个平行承包模式是将一个工程建设项目分成若干个可以独立、平行施工的标段，分别发包给若干个承包人承担，工程施工的责任、风险随之分散。但是工程施工的协调管理工作量随之加大。

③ 工程管理力量。招标项目划分标段的数量，确定标段规模，与招标人的工程管理力量有关。标段的数量、规模决定了招标人需要管理合同的数量、规模和协调工作量，这对招标人的项目管理机构设置和管理人员的数量、素质、工作能力都提出了要求。如果招标人拟建立的项目管理机构比较精简或管理力量不足，就不宜划分过多的标段。

④ 竞争格局。工程标段规模的大小和标段数量，与招标人期望引进的承包人的规模和资质等级有关，除具备总承包特级资质的承包人之外，施工承包人可以承揽的工程范围、规模取决于其工程承包资质类别、等级和注册资本金的数量。同时，工程标段规模过大必然减少投标承包人的数量，从而会影响投标竞争的效果。

⑤ 技术层面。从技术层面考虑标段的划分有三个基本因素：

A. 工程技术关联性。凡是在工程技术和工艺流程上关联性比较密切的部位，无法分别组织施工，不适宜划分给两个以上承包人去完成。

B. 工程计量的关联性。有些工程部位或分部、分项工程，虽然在技术和工艺流程方面可以区分开，但在工程量计量方面则不容易区分，这样的工程部位也不适合划分为不同的标段。

C. 工作界面的关联性。划分标段必须要考虑各标段区域及其分界线的场地容量和施工界面能否容纳两个承包人的机械和设施的布置及其同时施工，或者更适合于哪个承包人进场施工。如果考虑不周，则有可能制约或影响施工质量和工期。

⑥ 工期与规模。工程总工期及其进度松紧对标段划分也会产生很大的影响。标段规模小，标段数量多，进场施工的承包人多，容易集中投入资源，多个工点齐头并进赶工期，但需要发包人有相应的管理措施和充足、及时的资金保障。划分多个标段虽然能引进多个承包人进场，但也可能标段规模偏小，发挥不了规模效益，不利于吸引大型施工企业前来投标，也不利于发挥特种大型施工设备的使用效率，从而提高工程造价，并容易导致产生转包、分包现象。

(3) 投标资格要求

按照招标项目及其标段的专业、规模、范围和承包方式，依据有关建筑企业资质管理规定初步拟定投标人的资质、业绩标准（详见任务2）。

3. 工程招标顺序

工程施工招标前应首先安排相应工程的项目管理、工程设计、监理或设备监造招标，为工程施工项目管理奠定组织条件。工程施工招标顺序应按工程设计、施工进度的先后次序和其他条件，以及各单项工程的技术管理关联度安排工程招标顺序。

根据工程施工总体进度顺序确定工程招标顺序。一般是：施工准备工程在前，主体工程在后；制约工期的关键工程在前，辅助工程在后；土建工程在前，设备安装在后；结构工程在前，装饰工程在后；工程施工在前，工程货物采购在后，但部分主要设备采购应在工程施工之前招标，以便据此确定工程设计或施工的技术参数。工程招标的实际顺序应根据工程施工的特点、条件和需要安排确定。

(1) 项目管理→设计→监理→设备监造→施工

(2) 施工准备工程→主体工程

(3) 土建工程→设备安装

(4) 结构工程→装饰工程

(5) 工程施工→设备采购

4. 工程质量、造价、进度需求目标

通过分析招标工程建设项目的功能、特点和条件，依据有关法规、标准、规范、项目审批和设计文件以及实施计划等总体要求，科学合理设定工程建设项目的质量、造价、进度和安全、环境管理的需求目标。这是编制和实施招标方案的主要内容，也是设置和选择工程招标的投标资格条件、评标方法、评标因素和标准、合同条款等相关内容的主要依据。其中工程建设项目的质量、造价、进度三大控制目标之间具有相互依赖和相互制约的关系：工程进度加快，工程投资就要增加，但项目的提前投产可提前实现投资效益；同时，工程进度加快，也可能影响工程质量；提高工程质量标准和采取严格控制措施，又可能影响工程进度，增加工程投资。因此，招标人应根据工程特点和条件，合理处理好三大需求目标之间的关系，提高工程建设的综合效益。

（1）工程质量需求目标：依据招标人的使用功能要求，满足工程使用的适用性、安全性、经济性、可靠性、环境的协调性；工程质量必须符合国家有关法律和设计、施工质量及验收标准、规范。

（2）工程造价控制目标：招标工程施工造价通常以工程建设项目投资限额为基础，编制确定工程建设项目的参考标底价格或招标控制价（投标报价的最高控制价格）作为控制目标。工程参考标底是依据招标工程建设项目一致的发包范围和工程量清单，一般参考工程定额的平均消耗量和人工、材料、机械的市场平均价格，结合常规施工组织设计编制。

（3）工程进度需求目标：根据工程建设项目的总体进度计划要求、工程发包范围和阶段、工程设计的进度安排和相关条件及可能的变化因素，明确提出招标工程施工进度的目标要求。

5. 工程招标方式、方法

（1）招标方式：依据招标项目的特点和需求，依法选择公开招标或邀请招标、国内招标或国际招标。

（2）招标方法：传统纸质招标或电子招标、一阶段一次招标或二阶段招标、框架协议招标等。

6. 工程发包模式与合同类型

（1）发包模式包括：施工承包方式、设计－施工一体化承包方式。需要根据招标工程的特点和招标人需要，按照承包人义务范围大小等因素选择承包方式。

（2）合同类型包括：固定总价合同、固定单价合同、可调价合同、成本加酬金合同。需要根据招标工程的特点和招标人采纳的计价方式选定合同类型。

7. 工程招标工作目标和计划

工程招标工作目标和计划应该依据招标项目的特点和招标人的需求、工程建设程序、工程总体进度计划和招标必需的顺序编制。包括招标工作的专业性与规范性要求以及招标各阶段工作内容、工作时间及完成日期等目标要求。招标工作时间安排需特别注意法律法规对某些工作时间的强制性要求，见表1-5。

招标工作计划是工程招标方案的组成部分。但是，大型工程建设项目因制定整个项目实施计划需要，往往在制定单项工程招标方案前，已经制定了整个工程建设项目分类、分阶段招标规划。中小型工程仅需要编制单项工程招标方案的工作计划。

工程招标工作计划时间要求说明　　　　　表1-5

| 编号 | 工作项目 | 工作时间强制性要求说明 | 备注 |
| --- | --- | --- | --- |
| 1 | 发布资格预审公告 | 以公告中公示的时间为准，有效期至少5天，与报名同步 | |

续表

| 编号 | 工作项目 | 工作时间强制性要求说明 | 备注 |
|---|---|---|---|
| 2 | 投标申请人报名 | 以公告中公示的时间为准,公告期内进行,公告发布日期结束即截止报名 | |
| 3 | 领取资格预审文件 | 资格预审文件发售期不得少于5日,与公告、报名同步 | 根据项目时间情况而定 |
| 4 | 投标申请人对资格预审文件提出质疑 | 投标申请人对资格预审文件有异议的,在提交资格预审申请文件截止时间2日前提出 | |
| 5 | 招标人对资格预审文件发布澄清或修改 | 提交资格预审申请文件截止时间至少3日前,不足3日的,顺延提交资格预审申请文件截止时间 | |
| 6 | 招标人抽取资格审查专家 | 由招标人(或招标代理机构)向专家库提交申请,专家库随机抽取 | 专家库管理单位周末不进行专家抽取工作 |
| 7 | 提交资格预审申请文件 | 提交资格预审申请文件的时间,自资格预审文件停止发售之日起不得少于5日 | 即提交资格预审申请文件截止时间 |
| 8 | 资格审查会 | 1天或更长,一般在资格预审申请文件递交截止后第二天进行 | |
| 9 | 发布资格预审结果通知 | 资格审查会结束后 | |
| 10 | 发售招标文件 | 发布资格审查结果通知后,招标文件的发售期不得少于5日 | |
| 11 | 现场踏勘 | 招标文件发售截止后由招标人组织,根据项目实际情况安排时间 | |
| 12 | 投标预备会 | 现场踏勘结束后,根据项目实际情况安排时间 | |
| 13 | 投标对招标文件提出质疑 | 在投标截止时间(即提交投标文件截止时间)10日前提出 | |
| 14 | 招标人对招标文件发布澄清或修改 | 在投标截止时间至少15日前发布,不足15日的,应当顺延提交投标文件的截止时间 | 澄清或修改截止时间应在投标预备会之后 |
| 15 | 招标人为评标会议抽取专家 | 由招标人(或招标代理机构)向专家库提交申请,专家库随机抽取 | 专家库管理单位周末不进行专家抽取工作 |
| 16 | 提交投标保证金 | 自招标文件发售之日起,投标人获得招标文件至投标截止时间前,投标人的投标保证金款项到达招标人指定账户 | |
| 17 | 提交投标文件 | 提交投标文件的截止时间自招标文件发售之日起最短不得少于20日 | 提交投标文件截止时间即投标截止时间 |
| 18 | 开标 | 提交投标文件时间截止的同一时间 | |
| 19 | 评标 | 开标后即进行,评标完成后出具评标报告 | 一般与开标安排在同一天进行 |
| 20 | 中标公示 | 自收到评标报告之日起3日内公示中标候选人,公示期不得少于3日 | 上网当天不算 |

续表

| 编号 | 工作项目 | 工作时间强制性要求说明 | 备注 |
|---|---|---|---|
| 21 | 中标通知 | 中标公示结束后,投标有效期内 | |
| 22 | 签订合同 | 自中标通知书发出之日起 30 日内,包括合同前准备、合同谈判、合同签订等工作 | 合同签订完成,可着手准备施工进场准备工作,本工程初步拟定合同正式签订完成需要 3 天时间 |
| 23 | 招标结果备案 | 依法必须进行招标的项目,招标人应当自确定中标人之日起 15 日内,向有关行政监督部门提交招标投标情况的书面报告 | 招标结束后,整合整个招标过程的资料,包括已签订的合同 |
| 24 | 向未中标投标人退还投标保证金 | 招标人最迟应当在书面合同签订后 5 日内向中标人和未中标的投标人退还投标保证金及银行同期存款利息 | |

8. 工程招标工作分解

工程招标工作分解是对整个招标工作任务、内容、工作目标和工作职责,依据招标投标的基本程序和工作要求,按照投标人的岗位职责、人力资源、设备条件及相互关系分解配置。

9. 工程招标方案实施的措施

需明确招标工作计划采取的组织管理和技术保证措施。

## 实施 1.3 案例分析

通过具体案例,分析招标方案编制中一些重点要素,如招标标段、标包划分;招标进度计划编制等内容。使学生能够结合招标项目的特点完成招标方案的策划。

【案例背景】

××学院新校区建设项目在××省××高校新校区内,××市××街以南、××路以东、×学院街×以北、××村以西规划用地范围内进行新校区建设。占地面积为 505 亩,规划总建筑面积 26 万 $m^2$,主要建设内容包括:教学科研区、会展交流区、学术交流区、运动区、生活区、后勤服务区及其配套设施等。总投资 9.3 亿元。新校区建成后,可满足 9000 名在校学生进行学习生活需要。资金来源为:学校自筹、旧校区处置资金、申请银行贷款等多渠道筹措解决。其中一期工程 22.24 万 $m^2$,总投资 6.7 亿元，包括：教学楼组团 1、2、3；学生宿舍组团 1、2、3；一食堂、二食堂及锅炉房、浴室；行政科研楼、图书馆、实验实训楼及工程展示中心等 12 个单体建筑及配套工程。建筑物抗震设防烈度均为 8 度，结构抗震等级均为二级，建筑安全等级均为二级，建筑安全使用年限均为 50 年，+0.000 的绝对高程为 770～771m。工程概况见表 1-6。

建设项目概况表　　　　　　　　　　　　　　　　表 1-6

| 序号 | 工 程 项 目 | 工程造价（亿元） |
|---|---|---|
| 1 | 地基处理、三通一平 | 0.15 |
| 2 | 教学楼组团 1、2、3；学生宿舍组团 1、2、3；一食堂、二食堂及锅炉房、浴室；行政科研楼、图书馆、实验实训楼及工程展示中心等 12 个单体建筑 | 4.6 |
| 3 | 景观绿化、围墙大门、体育场地 | 0.4 |
| 4 | 室外管线、道路 | 0.4 |

【问题】　依据上述条件完成以下工作：确定某工程招标批次及标包。

(1) 本项目招标采购方案包括哪几部分内容？试拟定一份招标基本情况表，其中招标估算金额不用填写。

(2) 本项目招标至少需要划分多少个招标批次？给出其招标时间的先后次序并说明理由。

(3) 本项目每个批次招标是否需要进一步划分标段？为什么？

【知识点】

招标方案内容理解；招标人自行招标的条件；建设项目招标程序、招标批次的划分原则及工作分解；招标次序与工程建设的关系；标段、标包划分原则。

【分析】

(1) 招标方案通常包括的内容，详见本教材（1.2 招标方案）。自行招标的条件，详见本教材（1.1.4.2 工程项目招投标的组织形式与主要参与者）。有关部门规章关于邀请招标的条件，详见本教材（1.1.1 工程建设项目招投标的原则与范围）。关于可以不招标的情况，详见本教材（1.1.1 工程建设项目招投标的原则与范围）。招标基本情况表见表 1-7。

招标基本情况表　　　　　　　　　　　　　　　　表 1-7

| 类别 | 招标范围 | | 招标组织形式 | | 招标方式 | | 不采用招标方式 | 招标估算金额（万元） | 备注 |
|---|---|---|---|---|---|---|---|---|---|
| | 全部招标 | 部分招标 | 自行招标 | 委托招标 | 公开招标 | 邀请招标 | | | |
| 勘察 | √ | | | √ | √ | | | | |
| 设计 | √ | | | √ | √ | | | | |
| 建筑工程 | √ | | | √ | √ | | | | |
| 安装工程 | √ | | | √ | √ | | | | |
| 监理 | √ | | | √ | √ | | | | |

续表

| 类别 | 招标范围 | | 招标组织形式 | | 招标方式 | | 不采用招标方式 | 招标估算金额（万元） | 备注 |
| --- | --- | --- | --- | --- | --- | --- | --- | --- | --- |
| | 全部招标 | 部分招标 | 自行招标 | 委托招标 | 公开招标 | 邀请招标 | | | |
| 主要设备 | ✓ | | | ✓ | ✓ | | | | |
| 重要材料 | ✓ | | | ✓ | ✓ | | | | |
| 其他 | | | | | | | ✓ | | |

（2）本案本项目招标批次及招标时间的先后次序

按照本教材前述工程招标顺序的相关要求，划分招标批次如下：

1）勘察、规划、设计招标：

工程勘察招标→详细规划招标→单体及总图施工图设计招标

2）地基处理、三通一平招标：

地基处理、三通一平设计招标→地基处理、三通一平监理招标→地基处理、三通一平施工招标

3）建筑工程监理、施工招标：

建筑工程监理招标→建筑工程施工招标→暂估价材料设备采购招标

4）景观绿化、围墙大门、体育场地招标：

景观绿化、围墙大门、体育场地设计招标→景观绿化、围墙大门、体育场地监理招标→景观绿化、围墙大门、体育场地施工招标

5）室外管线、道路招标：

室外管线、道路设计招标→室外管线、道路监理招标→室外管线、道路施工招标

（3）工程的标段划分

在划分标段时主要应考虑以下因素：招标项目的专业要求；招标项目的管理要求；对工程投资的影响；工程各项工作的衔接；便于评标；方便采购、施工。

工程一般按照以下原则划分标段：

1）满足现场管理和工程进度需求的条件下，以能独立发挥作用的永久工程为标段划分单元；

2）专业相同、考核业绩相同的项目，可以划分为一个标段。

本工程的标段可以做如下划分：

① 工程勘察招标：1个标段。

② 详细规划招标：1个标段。

③ 单体及总图施工图设计招标：1个标段。

④ 地基处理工程的设计、监理、施工招标：各1个标段。

⑤ 三通一平工程的设计、监理、施工招标：各1个标段。

⑥ 12个单体建筑的工程的监理招标：2个标段。

⑦ 12个单体建筑的工程的施工招标：5个标段。

⑧ 景观绿化、围墙大门、体育场地的设计招标：1个标段。

⑨ 景观绿化、围墙大门、体育场地的监理招标：2个标段。
⑩ 景观绿化、围墙大门、体育场地的施工招标：4个标段。
⑪ 室外管线、道路工程的设计、监理、施工招标：各1个标段。

## 实施1.4　能力训练

1. 基础训练
(1) 名词解释
工程建设项目　工程　与工程建设有关的货物　与工程建设有关的服务
工程建设项目招标　工程建设项目投标　招标投标争议
工程建设项目总承包招标　工程建设项目的设计招标
工程建设项目的施工招标　施工招标工程建设项目的监理招标
工程建设项目的材料设备招标　公开招标　邀请招标
自行招标　委托招标　招标准备
(2) 单选题
1) 遵循（　　）原则，可以使每个投标人及时获得有关信息，保证招标活动的广泛性、竞争性。
A. 公平　　　　B. 公开　　　　C. 公正　　　　D. 诚实信用
2) 依法必须进行招标的项目而不招标的，将必须进行招标的项目化整为零或者以其他任何方式规避招标的，有关行政监督部门责令（　　）限期改正，可以处项目合同金额5‰以上10‰以下的罚款；对全部或者部分使用国有资金的项目，项目审批部门可以暂停项目执行或者暂停资金拨付；对单位直接负责的主管人员和其他直接负责人员依法给予处分。
A. 投标人　　　B. 招标代理机构　C. 招标人　　　D. 项目经理
3) 根据我国《招标投标法》的规定，两个以上法人或其他组织签订共同投标协议，以一个投标人的身份共同投标是（　　）。
A. 联合体投标　　B. 共同投标　　C. 合作投标　　D. 协作投标
4) 某电力大厦装饰装修工程项目进行公开招标，需要进行工作内容：
①答疑和现场踏勘　　　②发出中标通知书
③开标会议　　　　　　④发布资格预审公告
⑤评标专家确定中标人　⑥出售招标文件
⑦资格预审。正确的顺序是（　　）。

A. ④—①—⑥—⑦—③—⑤—②
B. ④—⑦—⑥—①—③—⑤—②
C. ④—⑥—①—③—⑦—⑤—②
D. ④—⑥—⑦—①—③—⑤—②

(3) 多选题

1)《中华人民共和国招标投标法》(以下简称《招标投标法》)第5条明确规定：招标投标活动应当遵循（　　）的原则。

A. 公开　　　　B. 公平　　　　C. 公正
D. 自由　　　　E. 诚实信用

2)《工程建设项目施工招标投标办法》第46条规定，下列行为均属于投标人串通投标报价：（　　）。

A. 投标人之间相互约定抬高或降低投标报价
B. 投标人之间相互约定，在招标项目中分别以高、中、低价位报价
C. 投标人以向招标人或者评标委员会成员行贿的手段谋取中标
D. 投标人之间先进行内部竞价，内定中标人，然后再参加投标
E. 投标人之间其他串通投标报价行为

3) 招标投标争议按照发生争议的当事主体性质不同可以分为（　　）。

A. 民事争议　　　B. 异议　　　　C. 行政争议
D. 投诉　　　　　E. 提起仲裁

4) 招标投标的行政监督的对象是（　　）。

A. 招标人　　　　B. 投标人　　　C. 招标代理机构及有关责任人员
D. 住房和城乡建设部　　　　　　E. 评标委员会成员

(4) 简答题

1) 工程建设项目招投标的作用有哪些？试举例说明。
2) 简述必须招标的项目范围和规模标准。
3) 应当采用公开招标的工程范围？
4) 可以采用邀请招标的工程范围？
5) 可以不进行招标的项目有哪些？
6) 请学生按照本地具体情况，编制本地区招标投标法律体系一览表（由有关法律、法规、规章及规范性文件构成）。
7) 工程建设项目招标的类型有哪些？
8) 工程建设项目招标方式及其主要区别？
9) 工程建设项目招投标的组织形式有哪些？
10) 联合体投标各方的责任有哪些？
11) 工程建设项目施工招标条件有哪些？
12) 简述工程建设项目施工公开招投标的程序。
13) 招标准备阶段的主要工作包括哪些方面？

14) 工程建设项目施工招标方案通常包括哪些内容?
15) 收集一份实际工程的工程建设项目施工招标方案。

2. 实务训练

(1) 案例一

**【案例背景】**

1) 项目概况

××保障性住房项目是省重点建设项目,由××市公共租赁住房开发建设管理有限公司开发建设,位于××市西北片区,西三环以东、轨道4号线××站以南,××路以北,××区范围内,净用地约216亩,总建筑面积约68万 $m^2$。由6栋公租房、1座幼儿园、1座学校、8栋廉租房组成,房屋最高34层,总高99.4m,且以34层为主。项目总估算29亿元,建设资金来自财政资金及企业自筹,资金已到位。建设起止年限:计划2011年9月28日开工,2014年3月31日完工。

2) 本项目无提前招标情况。

3) 项目招标内容

建设项目的勘察、设计、施工、监理以及重要设备、材料等采购活动全部招标;拟采用的招标组织形式为委托招标,招标代理机构资质证书、业绩、机构人员等情况符合相关要求;拟采用招标的方式为公开招标。

4) 该工程所在地《建设项目招标方案报审标准格式》

---

编号:[    ]号

××省建设项目招标方案

项目名称:

建设单位:

(盖章)

年　月　日

××省发展和改革委员会监制

P1

---

编　制　说　明

1. 该方案由项目建设单位负责编写,编写内容要齐全、完整。
2. 纸张采用A4纸,打印后单独装订成册。
3. 编号由审核部门统一填写。
4. 方案一式4份,省发改委、省直有关部门或市发改委、项目建设单位、招标代理机构各一份。

P2

## 建设项目招标方案

一、项目概况

1. 建设规模：

2. 主要建设内容：

3. 主要设备（应说明主要设备型号、台套，设备是国产还是进口）：

4. 建设地点：

5. 建设性质：

6. 省重点建设项目：是　否

7. 建设起止年限：

8. 项目总估算、资金来源及落实情况：

二、项目提前招标情况

1. 项目可行性研究报告批复前招标：有　；无　。

2. 提前招标范围：

3. 提前招标理由：

4. 项目审批部门批准情况：

三、项目招标内容

建设项目招标方案的内容包括：

1. 建设项目的勘察、设计、施工、监理以及重要设备、材料等采购活动的具体招标范围（全部或部分招标）。

2. 建设项目的勘察、设计、施工、监理以及重要设备、材料等采购活动拟采用的招标组织形式（委托招标或者自行招标）；拟采用委托招标的，要附招标代理机构资质证书，说明其业绩、机构人员等情况；拟采用自行招标的，要附项目法人资格证书，说明招标机构、专业技术力量、从事同类项目招标等情况。

3. 建设项目的勘察、设计、施工、监理以及重要设备、材料等采购活动拟采用招标的方式（公开招标或者邀请招标）；国家或省重点建设项目，拟采用邀请招标的，应对采用邀请招标的理由做出说明。

4. 不招标的说明。

5. 其他有关内容。

6. 对招标单位的资质要求。

项目法人及法定代表人：

联系人：　　　　电话：

传　真：　　　　邮编：

单位地址：

## 招标基本情况表

附表一

建设项目名称：

| 单项名称 | 招标范围 | | 招标组织形式 | | 招标方式 | | 不用招标方式 | 招标估算金额（万元） | 备注 |
|---|---|---|---|---|---|---|---|---|---|
| | 全部招标 | 部分招标 | 自行招标 | 委托招标 | 公开招标 | 邀请招标 | | | |
| 勘察 | | | | | | | | | |
| 设计 | | | | | | | | | |
| 建筑工程 | | | | | | | | | |
| 安装工程 | | | | | | | | | |
| 监理 | | | | | | | | | |
| 设备 | | | | | | | | | |
| 重要材料 | | | | | | | | | |
| 其他 | | | | | | | | | |

情况说明

单位建设盖章

年 月 日

注：情况说明在表内填写不下，可附另页。

## 审批部门核准意见表

附表二

| 单项名称 | 招标范围 | | 招标组织形式 | | 招标方式 | | 不采用招标方式 |
|---|---|---|---|---|---|---|---|
| | 全部招标 | 部分招标 | 自行招标 | 委托招标 | 公开招标 | 邀请招标 | |
| 勘察 | | | | | | | |
| 设计 | | | | | | | |
| 建筑工程 | | | | | | | |
| 安装工程 | | | | | | | |
| 监理 | | | | | | | |
| 主要设备 | | | | | | | |
| 重要材料 | | | | | | | |
| 其他 | | | | | | | |

审批部门核准意见说明：

审批部门盖章

年 月 日

注：审批部门在空格注册"核准"或者"不予核准"。

**【问题】**

以上为某工程案例背景资料以及该工程所在地《建设项目招标方案报审标准格式》，要求学习者扮演建设单位的角色填报招标方案，教学者扮演审批部门的角色填写核准意见表。

(2) 案例二

以下工程计划 2014 年 5 月开工建设，请依据所学知识，完善下列招标方案。

---

××省××科技园区 6 号楼

招 标 方 案

项目法人：×××建设投资有限公司

二〇一三年

---

## 招标方案

1. 项目基本情况

××省××科技园区项目批准文号：_____，项目总投资为 <u>5000 万元</u>。资金来源为 <u>自筹</u>，项目建设地点：<u>××市××路与××街交叉口</u>，项目招标类别：<u>工程</u>。

2. 招标范围

委托招标范围勘察、设计、施工、监理以及与工程建设有关的重要设备、材料等的采购。

如下表：

**项目招标内容基本情况表**

| 基本条目 | 招标范围 | | 招标方式 | | 组织形式 | | 投资估算 | 备注 |
| --- | --- | --- | --- | --- | --- | --- | --- | --- |
| | 全部招标 | 部分招标 | 公开招标 | 邀请招标 | 自行招标 | 委托招标 | | |
| 勘察 | √ | | | √ | √ | | | |
| 设计 | √ | | | √ | √ | | | |
| 建筑工程 | √ | | √ | | | √ | | |
| 安装工程 | √ | | √ | | | √ | | |
| 施工监理 | √ | | √ | | | √ | | |
| 主要设备 | √ | | √ | | | √ | | |
| 部分设备 | √ | | | √ | √ | | | |
| 重要材料 | √ | | √ | | | √ | | |
| 部分材料 | √ | | | √ | √ | | | |
| 其他 | √ | | √ | | √ | | | |

3. 监督

整个招标投标活动接受×××区管委会等有关行政监督部门的监督。

4. 评标专家库及评标委员会情况

本工程评标委员会由5人组成，由项目业主代表____名，技术、经济等方面的评标专家____人组成，评标专家从××市建委交易中心专家库中随机抽取产生。

5. 招标方式

本项目招标方式拟采用公开招标方式。按规定招标公告在《××市建设信息网》、_____媒体上发布。

6. 针对本项目对投标单位的资质要求

设计单位资质要求建筑工程甲级设计资质；勘查单位资质要求一级勘查资质；监理单位资质要求房屋建筑工程甲级监理资质；建筑安装施工单位应具备房屋建筑工程施工总承包一级及以上资质；设备制造安装单位需具备相关专业制造及安装许可证。

7. 招标组织形式

公司____部负责招标有关的具体事务，项目经理____，技术负责人____，报建员____，唱标员____，组成项目部负责进行该项目的招标活动。

8. 招标总体安排

为满足时间及合同要求，按照国家对招标的有关规定，根据工程项目进展情况，安排如下：

**施工、监理招标工作的进度计划安排**

| 序号 | 工作内容 | 时间 |
|---|---|---|
| 备案及公告阶段 | | |
| 1 | 管委会招标备案 | ____年____月____日 |
| 2 | 编制并确定招标方案和计划 | ____年____月____日至____年____月____日 |
| 3 | 完成招标公告、资格预审文件、招标文件初稿 | ____年____月____日至____年____月____日 |
| 4 | 修改资格预审、施工招标文件定稿 | ____年____月____日至____年____月____日 |
| 5 | 招标公告、资格预审文件、招标文件并备案 | ____年____月____日至____年____月____日 |
| 6 | 发布施工资格预审公告 | ____年____月____日 |
| 7 | 接受报名并发资格预审文件 | ____年____月____日至____年____月____日 |
| 资格预审阶段 | | |
| 8 | 接受递交申请文件 | 递交截止时间：____年____月____日 |
| 9 | 组织资格评审，确定合格名单，评审委员会编写资格预审报告 | ____年____月____日至____年____月____日 |
| 10 | 报备资格审查报告 | ____年____月____日至____年____月____日 |
| 11 | 发投标邀请书 | ____年____月____日 |
| 招标、评标、定标阶段 | | |
| 12 | 发售招标文件并在开标前编制标底 | ____年____月____日 |
| 13 | 组织勘查现场及标前答疑会 | ____年____月____日 |
| 14 | 开标、评标 | ____年____月____日 |
| 15 | 对中标候选人公示无异议后定标 | ____年____月____日 |
| 16 | 核备招标评标报告 | ____年____月____日至____年____月____日 |
| 17 | 确认招标结果并发中标通知书 | ____年____月____日 |
| 18 | 起草、签订施工合同 | ____年____月____日至____年____月____日 |

工作任务 2

# 编制工程施工招标公告

**工作任务提要：**

资格预审公告（或招标公告、投标邀请函）包含了工程建设项目的重要信息及对施工单位的要求，是施工单位决定是否投标以及后续编制投标书的基本依据。所以，编制资格预审公告（或招标公告、投标邀请函）及后续的资格审查对于工程任务承揽有着重要的意义。

## 工作任务描述

| 任务单元 | 工作任务2：编制工程施工招标公告 | | 参考学时 | 6 |
|---|---|---|---|---|
| 职业能力 | 担任招标师助理岗位工作，初步具备编制招标公告的能力。 | | | |
| 学习目标 | 素质 | 养成在调查研究和分析整理基础资料过程中认真严谨的良好素质；坚守诚信、公正、敬业、进取的原则；达到招标师助理岗位工作的职业素质要求。 | | |
| | 知识 | 掌握：工程施工招标公告的内容；资格审查的原则、方法和程序。<br>熟悉：资格审查的要素标准。<br>了解：招标公告的发布，资格预审的评审程序。 | | |
| | 技能 | 初步具备编制"招标公告"的能力（与人交流能力、与人合作能力、信息处理能力）。 | | |
| 任务描述 | 给出某工程案例背景，组织同学们学习有关招投标专业知识，完成工程招标公告编制的任务。 | | | |
| 教学方法 | 角色的扮演、项目驱动、启发引导、互动交流。 | | | |
| 组织实施 | 1. 资讯（明确任务、资料准备）<br>结合工程实际布置招标公告编制任务→招投标专业知识学习。<br>2. 决策（分析并确定工作方案）<br>分组讨论，依据收集到的相关资料，确定招标公告编制的工作分工。<br>3. 实施（实施工作方案）<br>编制招标公告。<br>4. 检查<br>提交招标公告。<br>5. 评估<br>教师扮演甲方专家，学生扮演招标代理机构招标师助理，对招标公告的具体内容进行答辩。 | | | |
| 教学手段 | 教学场所 | | 考核方式 | 其他 |
| 实物、多媒体 | 本班教室<br>（外出参观招标代理机构） | | 自评、互评、教师考评 | 招标代理机构企业文化教育 |

## 实施 2.1　资格审查入门

从发布资格预审公告（或招标公告、投标邀请函）开始，工程建设项目招投标正式进入实施阶段。

采用公开招标方式时，工程建设项目招投标实施阶段的首要工作为发布资格预审公告（或招标公告）。在国际上，对公开招标发布招标公告有两种做法：一是实行资格预审（即在投标前进行资格审查），用资格预审公告代替招标公告，即只发布资格预审公告即可。通过发布资格预审公告，招请一切愿意参加工程投标的潜在投标人申请投标资格审查。二是实行资格后审（即在开标后进行资格审查），不发资格审查公告，而只发布招标公告。通过发布招标公告，招请一切愿意参加工程投标的承包商申请投标。

采用邀请招标方式时，工程建设项目招投标实施阶段的首要工作是招标人需向3个以上具备承担招标项目能力的、资信良好的潜在投标人发出邀请，邀请他们接受投标资格审查，参加投标。

在工程招标活动中，招标人对投标申请人进行资格审查，是对投标申请人的首次挑选。其主要目的是，选择技术力量强、信誉好的建筑施工队伍并初步确定成交价格。对投标申请人的资格审查在一定程度上决定招投标活动的成败，同时也决定招标人能否选择优秀的建筑施工企业。因此，作为招投标活动的重要环节之一，审查投标申请人资格，越来越受到招投标当事人及监督部门的重视。

按照《招标投标法》第18条规定，"招标人可以根据招标项目本身的要求，在招标公告或者投标邀请书中，要求潜在投标人提供有关资质证明文件和业绩情况，并对潜在投标人进行资格审查；国家对投标人的资格条件有规定的，依照其规定"。"招标人不得以不合理的条件限制或者排斥潜在投标人，不得对潜在投标人实行歧视待遇"。

### 2.1.1　资格审查的类别

1. 资格审查按时间先后的分类

资格审查按时间先后可分为资格预审和资格后审。

资格预审是指在投标前对潜在投标人进行的资质条件、业绩、信誉、技术、资金等多方面情况进行资格审查，采取资格预审的，招标人应当在资格预审文件中载明资格预审的条件、标准和方法。

资格后审是指在开标后对投标人进行的资格审查，是评标工作的重要内容。采取资格后审的，招标人应当在招标文件中载明对投标人资格要求的条件、标准和评审方法。

无论资格预审还是资格后审，招标人都不得改变载明的资格条件或者以没有载明的资格条件对潜在投标人或者投标人进行资格审查。除招标文件另有规定外，进行资格预审的，一般不再进行资格后审。

2. 资格审查按审查方式的分类

资格审查按审查方式可分为资料审查和实地考察。

资料审查是指招标单位资格审查小组对投标申请人的书面资料审查。一般包括：投标申请人的资质证书、营业执照、施工安全许可证、税务登记证、法人委托书，投标申请人近二年承接过的类似工程业绩及项目经理近二年的工作业绩，拟投入招标项目的施工主要技术人员情况和机械设备，投标申请人近二年的财务状况（财务审计报告）等。

实地考察是指招标单位资格审查小组到投标申请人所在地、在建项目现场和已完工程项目建设单位，考察投标申请人和项目经理的施工业绩及技术水平。实地考察主要包括经济、技术及管理人员情况，施工机械配备情况，施工现场的文明情况，安全设施情况，项目经理在岗情况，施工现场管理情况。实地考察一般可以准确地掌握投标申请人的项目实施管理，了解投标申请人的技术力量和管理水平，能有效防止投标申请人弄虚作假，谎报虚假书面资料。对已完项目的实施及使用情况进行考察走访，可以了解投标申请人的施工质量情况，合同履行情况，定期回访服务情况。对企业和项目经理近期奖惩情况的了解可以通过走访投标申请人的行业主管部门、质检、安监等部门进行。通过走访，可以有效防止一些受过有关部门处罚而被禁止投标和承接项目的投标申请人蒙混过关，通过资格审查。

### 2.1.2 资格审查的步骤

资格预审和后审的内容与标准是相同的，下面主要介绍进行资格预审的工作步骤：

（1）编制资格预审文件。根据招标项目的特点和需要，按照国家相关部门公布的《标准施工招标资格预审文件》的标准文本格式来编制资格预审文件。

（2）发布资格预审公告。凡是公开招标的项目，都应当发布资格预审公告。而对于依法必须进行招标的项目的资格预审公告，则应当在国家发改委所指定的媒介发布。

（3）发售资格预审文件。招标人应当按照资格预审公告规定的时间、地点发售资格预审文件。资格预审文件的发售期不得少于5日。发售资格预审文件收取的费用，应当限于补偿印刷、邮寄的成本支出，不得以营利为目的。申请人对资格预审文件有异议的，应当在递交资格预审申请文件截止时间2日前向招标人提出。招标人应当自收到异议之日起3日内做出答复；做出答复前，应当暂停实施招标投标的下一步程序。

(4) 资格预审文件的澄清、修改。招标人可以对已发出的资格预审文件进行必要的澄清或者修改。澄清或者修改的内容可能影响资格预审申请文件编制的，招标人应当在提交资格预审申请文件截止时间至少 3 日前，以书面形式通知所有获取资格预审文件的潜在投标人；不足 3 日的，招标人应当顺延提交资格预审申请文件的截止时间。

潜在投标人或者其他利害关系人对资格预审文件有异议的，应当在提交资格预审申请文件截止时间 2 日前提出；对招标文件有异议的，应当在投标截止时间 10 日前提出。招标人应当自收到异议之日起 3 日内做出答复；做出答复前，应当暂停招标投标活动。

(5) 编制并递交资格预审申请文件。潜在投标人应严格依据资格预审文件要求的格式和内容，来编制、签署、装订、密封、标识资格预审申请文件，并按照规定的时间、地点、方式递交。依法必须进行招标的项目提交资格预审申请文件的时间，自资格预审文件停止发售之日起不得少于 5 日。

(6) 组建资格审查委员会。国有资金占控股或者主导地位的依法必须进行招标的项目，招标人应当组建资格审查委员会审查资格预审申请文件。有关技术、经济等方面的专家应当从事相关领域工作满 8 年并具有高级职称或者具有同等专业水平，其人数不得少于成员总数的 2/3。与申请人有利害关系的人不得进入资格审查委员会，已经进入的应当更换。审查委员会成员的名单在审查结果确定前应当保密。成员人数为 5 人以上单数。其他项目由招标人自行组织资格审查。

(7) 初步审查。初步审查的内容主要有：投标资格申请人名称、申请函签字盖章、申请文件格式、联合体申请人等内容。

(8) 详细审查。以下内容，按照招标类别和要求分别选择：营业执照、企业资质等级和安全生产许可证、企业生产许可或安全生产许可证或"3C"认证（货物）、质量管理体系和职业健康安全管理体系认证书（非强制）、环境管理体系认证书（非强制）、财务状况、类似项目业绩、信誉、项目经理和技术负责人的资格、联合体申请人的资格和协议、其他。

(9) 澄清。资格审查委员会可以要求申请人澄清，不接受申请人主动提出的澄清或说明。澄清采用书面形式，范围仅限于申请文件中不明确的内容。澄清可以多个轮次。

(10) 评审

1) 合格制。按照资格预审文件的标准评审。

2) 有限数量制。按照资格预审文件的标准、方法和数量评审和排序。

(11) 编写资格审查报告。

(12) 确认通过资格预审的申请人。招标人根据资格审查报告确认通过资格预审的申请人，并向其发出投标邀请书（代资格预审合格通知书）。招标人应要求通过资格预审的申请人收到通知后，以书面方式确认是否参与投标。同时，招标人还应向未通过资格预审的申请人发出资格预审结果的书面通知。未通过资格预审的申请人不具有投标资格。通过资格预审的申请人少于 3 个的，应当重新招标。

## 实施 2.2　招标公告或资格预审公告

工程招标资格预审公告适用于采用资格预审方法的公开招标，招标公告适用于采用资格后审方法的公开招标。

### 2.2.1　资格预审公告（招标公告）的内容和格式

1. 工程资格预审公告

主要包括以下内容：

（1）招标条件

1）工程建设项目名称、项目审批、核准或备案机关名称及批准文件编号。

2）项目业主名称，即项目审批、核准或备案文件中载明的项目投资或项目业主。

3）项目资金来源和出资比例，例如，国债资金 20%、银行贷款 30%、自筹资金 50% 等。

4）招标人名称，即负责项目招标的招标人名称，可以是项目业主或其授权组织实施项目并独立承担民事责任的项目建设管理单位。

5）阐明该项目已具备招标条件，招标方式为公开招标。

（2）工程建设项目概况与招标范围

对工程建设项目建设地点、规模、计划工期、招标范围、标段划分等进行概括性的描述，使潜在投标人能够初步判断是否有意愿以及自己是否有能力承担项目的实施。

（3）投标人资格要求

申请人应具备的工程施工资质等级、类似业绩、安全生产许可证、质量认证体系证书，以及对财务、人员、设备、信誉等方面的要求。是否接受联合体申请或投标以及相应的要求。申请人申请资格预审，潜在投标人投标的标段数量或指定的具体标段。

（4）资格预审文件/招标文件获取的时间、方式、地点、价格

1）时间。招标人可根据招标项目规模情况具体约定，但依法必须进行招标的项目资格预审文件/招标文件发售时间不得少于 5 日。

2）方式、地点。一般要求到指定地点购买。采用电子招标投标的，可以直接从网上下载。为方便异地投标人参与投标，一般也可以通过邮购方式获取文件，此时招

标人应在公告内明确告知在收到投标人邮购款（含手续费）后的约定日期内寄送。应注意前述约定的日期是指招标人寄送文件的日期，而不是寄达的日期，招标人不承担邮件延误或遗失的责任。

招标人为了方便投标人，可以通过互联网发售资格预审文件或招标文件。通过互联网发售的招标文件，与书面招标文件具有同等法律效力。如果没有约定，出现不一致时以书面文件为准。

3）资格预审文件/招标文件售价。资格预审文件/招标文件的售价应当合理，收取的费用应当限于补偿印刷、邮寄的成本支出，不得以营利为目的。除招标人终止招标的情况外，资格预审文件、招标文件售出后，不予退还。

4）图纸押金。为了保证投标人在未中标后及时退还图纸，必要时，招标人可要求投标人提交图纸押金，在投标人退还图纸时退还该押金。

(5) 资格预审申请文件/投标文件递交的截止时间、地点

1）截止时间。根据招标项目具体特点和需要合理确定资格预审申请文件、投标文件递交的截止时间。对于依法必须进行招标的项目，招标文件开始发售到投标文件递交截止日不得少于20日。

2）送达地点。送达地点一定要详细告知，可附交通地图。

3）逾期送达处理。对于逾期送达的或者未送达指定地点的或者不按照资格预审文件、招标文件要求密封的资格预审申请文件/投标文件，招标人不予受理。

(6) 公告发布媒体

招标人发布本次招标资格预审公告/招标公告的媒体名称。如果招标人同时在多个媒体发布公告，应列明所有媒体的名称，并保证各媒体公告的内容一致。

(7) 联系方式

包括招标人和招标代理机构的联系人、地址、邮编、电话、传真、电子邮箱、开户银行和账号等。

2. 货物或服务招标公告

货物或服务招标资格预审公告或招标公告内容和格式与工程招标基本一致，主要区别是招标范围、内容、规模数量、技术规格、交货或服务方式、地点要求的描述以及申请人或投标人的资格条件。

3. 政府采购项目的招标公告

政府采购项目的招标公告应当包括下列内容：

(1) 采购人、采购代理机构的名称、地址和联系方式。

(2) 招标项目的名称、采购内容、用途、数量、简要技术要求或者招标项目的性质。

(3) 供应商资格要求。

(4) 获取招标文件的时间、地点、方式及招标文件售价。

(5) 投标截止时间、开标时间及地点。

(6) 联系人姓名和电话。

### 2.2.2 资格预审公告（招标公告）发布媒体

根据《招标公告发布暂行办法》（国家发改委）规定，依法必须招标项目的招标公告必须在指定媒介发布。招标公告的发布应当充分公开，任何单位和个人不得非法限制招标公告的发布地点和发布范围。

国家发改委指定《中国日报》、《中国经济导报》、《中国建设报》、《中国采购与招标网》为发布依法必须招标项目的招标公告的媒介。其中，依法必须招标的国际招标项目的招标公告应在《中国日报》发布。指定媒介发布依法必须招标项目的招标公告，不得收取费用，但发布国际招标公告的除外。在指定报纸免费发布的招标公告所占版面一般不超过整版的四十分之一，且字体不小于六号字。

招标人或其委托的招标代理机构应至少在一家指定的媒介发布招标公告。指定报纸在发布招标公告的同时，应将招标公告如实抄送指定网络。招标人或其委托的招标代理机构在两个以上媒介发布的同一招标项目的招标公告的内容应当相同。指定报纸和网络应当在收到招标公告文本之日起七日内发布招标公告。

各地方人民政府依照审批权限审批的依法必须招标的民用建筑项目的招标公告，可在省、自治区、直辖市人民政府发展改革部门指定的媒介发布。

## 实施 2.3 资格预审文件

资格预审文件是告知申请人资格预审条件、标准和方法，并对申请人的经营资格、履约能力进行评审，确定合格投标人的依据。依法必须招标的工程招标项目，应根据招标项目的特点和需要，按照国家发展改革委等9部委公布的《标准施工招标资格预审文件》(2007年版)，住房和城乡建设部公布的《房屋建筑和市政工程标准施工招标资格预审文件》(2010年版)，水利部公布的《水利水电工程标准施工招标资格预审文件》(2009年版)的标准文本格式，结合招标项目的技术管理特点和需求，按照以下基本内容和要求编制招标资格预审文件。本教材采用国家发展改革委等9部委公布的《标准施工招标资格预审文件》(2007年版)格式。

1. 资格预审公告

资格预审公告包括招标条件、项目概况与招标范围、申请人资格要求、资格预审方法、资格预审文件的获取与递交、发布公告的媒体、招标人的联系方式等内容。

2. 申请人须知

（1）申请人须知前附表。前附表编写内容及要求：

1) 招标人及招标代理机构的名称、地址、联系人与电话，便于申请人联系。

2) 工程建设项目基本情况，包括项目名称、建设地点、资金来源、出资比例、资金落实情况、招标范围、标段划分、计划工期、质量要求，使申请人了解项目基本概况。

3) 申请人资格条件。告知申请人必须具备的工程施工资质、近年类似业绩、财务状况、拟投入人员、设备等技术力量的资格能力要素条件和近年发生诉讼、仲裁等履约信誉情况以及是否接受联合体投标等要求。

4) 时间安排。明确申请人提出澄清资格预审文件要求的截止时间，招标人澄清、修改资格预审文件的时间，申请人确认收到资格预审文件澄清和修改文件的时间，使申请人知悉资格预审活动的时间安排。

5) 申请文件的编写要求。明确申请文件的签字和盖章要求、申请文件的装订及文件份数，使申请人知悉资格预审申请文件的编写格式。

6) 申请文件的递交规定。明确申请文件的密封和标识要求、申请文件递交的截止时间及地点、资格审查结束后资格预审申请文件是否退还，以使投标人能够正确递交申请文件。

7) 简要写明资格审查采用的方法，资格预审结果的通知时间及确认时间。

(2) 总则。总则编写要把招标工程建设项目概况、资金来源和落实情况、招标范围和计划工期及质量要求叙述清楚，声明申请人资格要求，明确申请文件编写所用的语言，以及参加资格预审过程的费用承担者。

(3) 资格预审文件。包括资格预审文件的组成、澄清及修改。

1) 资格预审文件由资格预审公告、申请人须知、资格审查办法、资格预审申请文件格式、项目建设概况以及对资格预审文件的澄清和修改构成。

2) 资格预审文件的澄清。要明确申请人提出澄清的时间、澄清问题的表达形式，招标人的回复时间和回复方式，以及申请人对收到答复的确认时间及方式。

① 申请人通过仔细阅读和研究资格预审文件，对不明白、不理解的意思表达，模棱两可或错误的表述，或遗漏的事项，可以向招标人提出澄清要求，但澄清要求必须在资格预审文件规定的时间以前，以书面形式发送给招标人。

② 招标人认真研究收到的所有澄清问题后，应在规定时间前以书面澄清的形式发送给所有购买了资格预审文件的潜在投标人。

③ 申请人应在收到澄清文件后，在规定的时间内以书面形式向招标人确认已经收到。

3) 资格预审文件的修改。明确招标人对资格预审文件进行修改、通知的方式及时间，以及申请人确认的方式及时间。

① 招标人可以对资格预审文件中存在的问题、疏漏进行修改，但必须在资格预审文件规定的时间前，以书面形式通知申请人。如果澄清或者修改的内容可能影响资格预审申请文件编制，但又不能在该时间前通知的，招标人应顺延递交申请文件的截止时间，使申请人有足够的时间编制申请文件。

② 申请人应在收到修改文件后进行确认。

4) 资格预审申请文件的编制。招标人应在本处明确告知申请人，资格预审申请文件的组成内容、编制要求、装订及签字盖章要求。

5) 资格预审申请文件的递交。招标人一般在这部分明确资格预审申请文件应按统一的规定要求进行密封和标识，并在规定的时间和地点递交。对于没有在规定地点、截止时间前递交的申请文件，应拒绝接收。

6) 资格审查。国有资金占控股或者主导地位的依法必须进行招标的项目，由招标人依法组建的资格审查委员会进行资格审查；其他招标项目可由招标人自行进行资格审查。

7) 通知和确认。明确审查结果的通知时间及方式，以及合格申请人的回复方式及时间。

8) 纪律与监督。对资格预审期间的纪律、保密、投诉以及对违纪的处置方式进行规定。

3. 资格审查办法

(1) 选择资格审查方法。资格预审方法有合格制和有限数量制两种，分别适用于不同的条件。

1) 合格制：一般情况下，应当采用合格制，凡符合资格预审文件规定资格审查标准的申请人均通过资格预审，即取得相应投标资格。

合格制中，满足条件的申请人均获得投标资格。其优点是：投标竞争性强，有利于获得更多、更好的投标人和投标方案；对满足资格条件的所有申请人公平、公正。缺点是：投标人可能较多，从而加大投标和评标工作量，浪费社会资源。

2) 有限数量制：当潜在投标人过多时，可采用有限数量制。招标人在资格预审文件中既要规定资格审查标准，又应明确通过资格预审的申请人数量。审查委员会依据资格预审文件中规定的审查标准和程序，对通过初步审查和详细审查的资格预审申请文件进行量化打分，按得分由高到低的顺序确定通过资格预审的申请人。通过资格预审的申请人不超过资格审查办法前附表规定的数量。

采用有限数量制一般有利于降低招标投标活动的社会综合成本，提高投标的针对性和积极性，但在一定程度上可能限制了潜在投标人的范围，比较容易串标。

(2) 审查标准。包括初步审查和详细审查的标准，采用有限数量制时的评分标准。

(3) 审查程序。包括资格预审申请文件的初步审查、详细审查、申请文件的澄清以及有限数量制的评分等内容和规则。

(4) 审查结果。资格审查委员会完成资格预审申请文件的审查，确定通过资格预审的申请人名单，向招标人提交书面审查报告。

4. 资格预审申请文件

资格预审申请文件包括以下基本内容和格式：

(1) 资格预审申请函。资料预审申请函是申请人响应招标人、参加招标资格预审的申请函,同意招标人或其委托代表对申请文件进行审查,并应对所递交的资格预审申请文件及有关材料内容的完整性、真实性和有效性做出声明。

(2) 法定代表人身份证明或其授权委托书。

1) 法定代表人身份证明,是申请人出具的用于证明法定代表人合法身份的证明。内容包括申请人名称、单位性质、成立时间、经营期限,法定代表人姓名、性别、年龄、职务等。

2) 授权委托书,是申请人及其法定代表人出具的正式文书,明确授权其委托代理人在规定的期限内负责申请文件的签署、澄清、递交、撤回、修改等活动,其活动的后果,由申请人及其法定代表人承担法律责任。

(3) 联合体协议书。适用于允许联合体投标的资格预审。

(4) 申请人基本情况。

1) 申请人的名称、企业性质、主要投资股东、法定代表人、经营范围与方式、营业执照、注册资金、成立时间、企业资质等级与资格声明,技术负责人、联系方式、开户银行、员工专业结构与人数等。

2) 申请人的施工能力:已承接任务的合同项目总价,最大年施工规模能力(产值),正在施工的规模数量,申请人的施工质量保证体系,拟投入本项目的主要设备仪器情况。

(5) 近年财务状况。申请人应提交近年(一般为近3年)经会计师事务所或审计机构审计的财务报表,包括资产负债表、损益表、现金流量表等用于招标人判断投标人的总体财务状况,进而评估其承担招标项目的财务能力和抗风险能力。必要时,应由银行等机构出具金融信誉等级证书或银行资信证明。

(6) 近年完成的类似项目情况。申请人应提供近年已经完成与招标项目性质、类型、规模标准类似的工程名称、招标人名称、地址及联系电话,合同价格,申请人的职责定位、承担的工作内容、完成日期,实现的技术、经济和管理目标和使用状况,项目经理、技术负责人等。

(7) 拟投入技术和管理人员状况。申请人拟投入招标项目的主要技术和管理人员的身份、资格、能力,包括岗位任职、工作经历、职业资格、技术或行政职务、职称,完成的主要类似项目业绩等证明材料。

(8) 未完成和新承接项目情况填报信息内容与"近年完成的类似项目情况"的要求相同。

(9) 近年发生的诉讼及仲裁情况。申请人应提供近年来在合同履行中,因争议或纠纷引起的诉讼、仲裁情况,以及有无违法违规行为而被处罚的相关情况,包括法院或仲裁机构做出的判决、裁决、行政处罚决定等法律文书复印件。

(10) 其他材料。申请人提交的其他材料包括两部分:一是资格预审文件的申请人须知、评审办法等有关要求,但申请文件格式中没有表述的内容,如 ISO9000、ISO14000、OHSAS18000 等质量管理体系、环境管理体系、职业健康安全管理体系认证证书,企业、工程、产品的获奖、荣誉证书等;二是资格预审文件中没有要求提供，但申请人认为对自己通过资格预审比较重要的资料。

5. 工程建设项目概况

工程建设项目概况的内容应包括项目说明、建设条件、建设要求和其他需要说明的情况。各部分具体编写要求如下：

（1）项目说明。首先应概要介绍工程建设项目的建设任务、工程规模标准和预期效益；其次说明项目的批准或核准情况；再次介绍该工程的项目业主，项目投资人出资比例，以及资金来源；最后概要介绍项目的建设地点、计划工期、招标范围和标段划分情况。

（2）建设条件。主要是描述建设项目所处位置的水文气象条件、工程地质条件、地理位置及交通条件等。

（3）建设要求。概要介绍工程施工技术规范、标准要求，工程建设质量、进度、安全和环境管理等要求。

（4）其他需要说明的情况。需结合项目的工程特点和项目业主的具体管理要求提出。

## 实施 2.4　案例分析

### 2.4.1　案例：某建筑工程施工招标公告

**【案例背景】** ××省××学院新校区工程经有关部门批准建设，总建筑面积约226060m²，占地约350000m²。经核准采用公开招标的方式选择施工单位，并委托××建设项目管理有限公司对该项目一期工程施工进行公开招标。

**【问题】**

（1）本项目采用资格后审方式，招标公告包含哪些基本内容？

（2）招标文件发售、投标文件递交和开标地点均为××省××市××商座。标段划分及招标内容：1）第一标段：学生宿舍组团3，框架结构，建筑面积约21900m²；二食堂，框架结构，建筑面积约13100m²；2）第二标段：教学办公楼组团2，框架结构，建筑面积约18500m²；教学办公楼组团3，框架结构，建筑面积约22000m²；3）第三标段：图书馆，框架结构，建筑面积约24200m²；教学办公楼组团1，框架结构，建筑面积约13800m²；行政科研楼，框剪结构，建筑面积约16800m²；4）第四标段：实习实训楼，框架结构，建筑面积约24260m²；厂房（钢结构除外），建筑面积约3900m²；展示实训馆，框架结构，建筑面积约7600m²；5）第五标段：学生宿舍楼组团 1，框架结构，建筑面积约 21900m²；学生宿舍组团 2，框架结构，建筑面积约 21900m²；一食堂，框架结构，建筑面积约 16200m²。请针对上述情况代招标人拟一份本项目设计招标公告。其他内容可自己拟定。

**【参考答案】**

(1) 招标公告应包括工程概况、招标方式、招标类型、招标内容及范围，对投标人资质、经验及业绩的要求，购买招标文件的时间、地点，招标文件工本费收费标准，投标截止时间、开标时间、联系人及联系方式等。

(2) 本项目招标公告如下：

---

××省××学院新校区建设项目一期工程一～五标段施工招标公告

1. 招标条件

本招标项目××省××学院新校区建设项目一期工程已由××省发改委以××发改科教发【2011】1600－1606号批准建设，项目业主为××学院，建设资金来自××学院单位自筹，项目出资比例为100%，招标人为××学院。项目已具备招标条件，现对该项目的施工进行公开招标。

2. 项目概况与招标范围

2.1 工程地点：××省高校新区（××市××区）；

2.2 建设规模：本次招标工程总建筑面积约 226060m²；

2.3 标段划分及招标内容：

(1) 第一标段：学生宿舍组团 3，框架结构，建筑面积约 21900m²；二食堂，框架结构，建筑面积约 13100m²。

(2) 第二标段：教学办公楼组团 2，框架结构，建筑面积约 18500m²；教学办公楼组团 3，框架结构，建筑面积约 22000m²。

(3) 第三标段：图书馆，框架结构，建筑面积约 24200m²；教学办公楼组团 1，框架结构，建筑面积约 13800m²；行政科研楼，框剪结构，建筑面积约 16800m²。

(4) 第四标段：实习实训楼，框架结构，建筑面积约 24260m²；厂房（钢结构除外），建筑面积约 3900m²；展示实训馆，框架结构，建筑面积约 7600m²。

(5) 第五标段：学生宿舍楼组团 1，框架结构，建筑面积约 21900m²；学生宿舍组团 2，框架结构，建筑面积约 21900m²；一食堂，框架结构，建筑面积约 16200m²。

3. 投标人资格要求

3.1 本次招标要求投标人须具备：中华人民共和国境内的独立法人；具备房屋建筑工程施工总承包一级及以上资质；拟任项目经理需具备一级注册建造师资格（建筑工程或房屋建筑工程专业）及安全考核合格证书；具有有效的安全生产许可证；具有有效的××省建筑施工企业工程规费计取标准。类似工程业绩，并在人员、设备、资金等方面具有相应的施工能力。

> 3.2 本次招标不接受联合体投标。
> 
> 3.3 各投标人均可就上述标段中的2个标段投标。
> 
> 4. 招标文件的获取
> 
> 4.1 凡有意参加投标者，请于2011年11月22日至28日（08：30—11：00，14：30—17：00，法定节假日除外，北京时间，下同）；在××省××市××商座606办公室持单位介绍信购买招标文件。
> 
> 4.2 招标文件每套售价800元，售后不退。图纸押金1500元，在退还图纸时退还（不计利息）。
> 
> 4.3 邮购招标文件的，需另加手续费（含邮费）20元。招标人在收到单位介绍信和邮购款（含手续费）后2日内寄送。
> 
> 5. 投标文件的递交
> 
> 5.1 投标文件递交的截止时间（投标截止时间，下同）为2011年12月22日上午9时00分，地点为××省××市××商座606办公室。
> 
> 5.2 逾期送达的或者未送达指定地点的投标文件，招标人不予受理。
> 
> 6. 发布公告的媒介
> 
> 本次招标公告同时在中国采购与招标网、××省采购与招标网上发布。
> 
> 7. 联系方式
> 
> | 招 标 人： ××学院 | 招标代理机构：××项目管理有限公司 |
> |---|---|
> | 地　　址：××省××市××街××号 | 地　　址：××省××市××商座 |
> | 邮　　编：_____ | 邮　　编：_____ |
> | 联 系 人：　　王先生　　 | 联 系 人：　　郑先生　　 |
> | 电　　话：_____ | 电　　话：_____ |
> | 传　　真：_____ | 传　　真：_____ |
> | 电子邮件：_____ | 电子邮件：_____ |
> | 网　　址：_____ | 网　　址：_____ |
> | 开户银行：_____ | 开户银行：_____ |
> | 账　　号：_____ | 账　　号：_____ |
> 
> 　　　　　　　　　　　　　　　　　　　　　　　　2011年11月20日

### 2.4.2 案例：工程施工招标资格审查

**【案例背景】** 某建筑工程建设规模为：建筑面积133380m²，占地29000 m²，由5个单位工程组成。招标人采用公开招标的方式进行工程施工招标。

**【问题】**

（1）工程施工招标资格审查主要内容是什么？

（2）针对本工程实际情况，设置资格审查因素和审查标准。

**【参考答案】**

(1) 工程施工招标主要审查申请人：1) 具有独立订立施工合同的权利；2) 具有履行施工合同的能力，包括专业技术资格和能力，资金、设备和其他物质设施配备状况，施工管理能力，施工经验、信誉和相应的从业人员；3) 企业没有处于被责令停业，投标资格被取消，财产被接管、冻结，破产状态；4) 在最近三年内没有骗取中标和严重违约及因施工原因引起的重大工程质量问题；5) 法律、行政法规规定的其他资格条件。

(2) 项目为一个群体建筑项目，表 2-1 给出了资格审查因素及审查标准。

资格审查因素及审查标准　　　　　　　　　　　表 2-1

| | 审查因素 | 审查标准 |
|---|---|---|
| 初步审查标准 | 申请人、法定代表人名称 | 与营业执照、资质证书一致 |
| | 申请函 | 由法定代表人或其委托代理人签字或加盖单位章，委托代理人签字的，其法定代表人授权委托书须由法定代表人签署 |
| | 申请文件格式 | 符合资格预审文件对申请文件格式及签章要求 |
| | 申请唯一性 | 只能提交一次有效申请 |
| | 其他 | 法律法规对申请人资格的其他要求 |
| 详细审查标准 | 营业执照 | 具备有效的营业执照 |
| | 资质证书 | 具备建设行政主管部门核发的、有效的施工总承包一级资质 |
| | 项目负责人 | 一级注册建造师执业资格，工作年限在 8 年以上 |
| | 主要专业负责人 | 具有本专业执业注册资格，从事本专业工作年限 5 年以上 |
| | 设计业绩 | 近三年完成过同等建筑规模及功能的群体工程 3 个以上 |
| | 企业经营状况 | 没有处于被责令停业，投标资格被取消，财产被接管、冻结，破产状态 |
| | 履约情况 | 在最近三年内没有骗取中标和严重违约及因设计引起的重大工程质量问题 |

资格审查过程分为初步审查和详细审查两个步骤。初步审查阶段主要进行一些形式与格式的评审，以减少审查的工作量，如这里的申请人名称、申请函、申请文件格式、申请唯一性以及法规对申请人的要求等内容；详细审查针对参考答案（1）中 5) 的内容进行审查，如这里的营业执照、资质证书、项目负责人和主要专业负责人、业绩等，审查申请人是否具备施工合同的履约能力，企业经营状况和履约情况主要针对申请人以往的履约情况、信誉状况进行审查。对申请人履行合同能力审查标准的设置，主要依据项目的具体情况，对施工负责人专业、人员执业资格、专业工作年限要求等，以保证申请人有能力履行本合同。

### 2.4.3 案例：资格审查程序与审查依据

**【案例背景】** 某培训中心办公楼工程为依法必须进行招标的项目，招标人采用国内公开招标方式组织该项目施工招标,在资格预审公告中载明选择不多于7名的潜在投标人参加投标。资格预审文件中规定资格审查分为"初步审查"和"详细审查"两步,其中初步审查中给出了详细的评审因素和评审标准,但详细审查中未规定具体的评审因素和标准,仅说"对企业实力、技术装备、人员状况和项目经理的业绩进行综合评议,确定通过资格审查的申请人名单"。

该项目有10个申请人购买了资格预审文件,并在资格预审申请截止时间前递交了资格预审申请文件。招标人依照相关规定组建了资格审查委员会,对递交的10份资格预审申请文件进行了初步审查,结论均为"合格"。在详细审查过程中,资格审查委员会没有依据资格预审文件对通过初步审查的申请人逐一进行评审和比较,而采取了去掉3个评审最差的申请人的方法。其中1个申请人为区县级施工企业,有评委认为其实力差;还有1个申请人据说爱打官司,合同履约信誉差,审查委员会一致同意将这两个申请人判为不通过资格审查。

审查委员会对剩下的8个申请人找不出理由确定哪个申请人不能通过资格审查,一致同意采用抓阄的方式确定最后一个不通过资格审查的申请人,从而确定了剩下的7个申请人为投标人,并据此完成了审查报告。

【问题】
(1)招标人在上述资格预审过程中存在哪些不正确的地方?为什么?
(2)审查委员会在上述审查过程中存在哪些不正确的做法?为什么?

【分析】依据《招标投标法实施条例》第十五条和第十八条、《工程建设项目施工招标投标办法》第十八条的规定,招标人应当在资格预审文件中载明资格预审的条件、标准和方法。本案中,资格预审文件采用的"在对企业实力、技术装备、人员状况、项目经理的业绩的基础上进行综合评议,确定通过资格审查的申请人名单"方法和标准,实际上仅有审查因素,没有审查的标准和方法,其资格预审文件的制订违反了上述法规的规定,同时也不符合《中华人民共和国标准施工招标资格预审文件》(2007版)的规定。

资格审查时,审查委员会应依据资格预审文件中确定的资格审查标准和方法,对招标人受理的资格预审申请文件进行审查,资格预审文件中没有规定的方法和标准不得采用,同时也不得以不合理的条件限制、排斥潜在投标人,不得对潜在投标人实行歧视待遇。

【参考答案】
(1)本案招标人编制的资格预审文件中,采用的"对企业实力、技术装备、人员状况和项目经理的业绩进行综合评议,确定通过资格审查的申请人名单"的做法,实际上没有载明资格审查标准和方法,违反了《工程建设项目施工招标投标办法》第十八条对资格预审文件的编制要求。

(2)本案中,资格审查委员会存在以下三方面不正确的做法:

1)审查的依据不符合法规规定。本案在详细审查过程中,审查委员会没有依据资格预审文件中确定的资格审查标准和方法,对资格预审申请文件进行审查,如审查委员会没有对申请人技术装备、人员状况、项目经理的业绩等审查因素进行审查。又如在没有证据的情况下，采信了某个申请人"爱打官司，合同履约信誉差"的说法等。同时审查过程不完整，如审查委员会仅对末位申请人进行了审查，而没有对其他8位投标人的企业实力、技术装备、人员状况和项目经理的业绩进行审查就直接确定其为通过资格审查申请人的做法等。

2）对申请人实行了歧视待遇，如认为区县级施工企业实力差的做法。

3）以不合理条件排斥限制潜在投标人，如采用"抓阄的方式确定最后1个不通过资格审查的申请人"的做法等。

## 实施 2.5 能力训练

1. 基础训练

(1) 名词解释

资格预审　资格后审　资料审查　实地考察　合格制　有限数量制

(2) 单选题

1) 关于招标公告发布，下列说法不正确的是（　　）。

A. 招标公告必须在国家或省、自治区、直辖市人民政府指定的媒介发布

B. 任何单位和个人不得违法指定或者限制招标公告发布地点和发布范围

C. 在指定媒介发布依法必须招标项目的招标公告一律不得收取费用

D. 指定报纸和网络应当在收到招标公告文本之日起七日内发布招标公告

2) 资格审查分为资格预审和资格后审，一般使用的资格审查方法（　　）。

A. 合格制　　　B. 资格预审　　　C. 资格后审　　　D. 有限数量制

3) 实行资格预审的，资格预审文件应当明确合格申请人的条件、（　　）、合格申请人过多时将采用的选择方法和拟邀请参加投标的合格申请人数量等内容。

A. 资质等级要求

B. 资格预审的评审标准和评审方法

C. 建造师资质等级要求

D. 人员信用登记

4) 在工程项目的施工招标的资格审查中，除技术特别复杂或者具有特殊专业技术要求的以外，提倡实行（　　）。

A. 合格制　　　B. 资格预审　　　C. 资格后审　　　D. 有限数量制

5) 依据《招标投标法》，招标公告基本内容不包括（　　）。

A. 招标人的名称、地址　　　　B. 招标项目的实施时间、地点
C. 招标项目的性质、数量　　　D. 评标标准

(3) 简答题

1) 资格审查的程序？
2) 资格预审的评审程序？
3) 工程资格预审公告的内容？
4) 初步审查和详细审查的因素及标准？
5) 资格审查的注意事项？

2. 实务训练

(1) 案例一

【案例背景】

本工程位于固镇经济开发区经一路东侧、纬五路南侧，总投资约3000万元。本次建设规模：Ⅰ标段建筑面积为12254.5$m^2$，Ⅱ标段建筑面积为12370.4$m^2$，Ⅲ标段建筑面积为11807.1$m^2$。招标文件计划于2013年3月9日起开始发售，售价260元/套，图纸押金5000元/套。2013年3月29日投标截止，投标文件的递交地点为xx省xx市xx区xx路6号。

计划开工日期2013年5月16日，计划竣工日期2013年12月16日。

质量要求：达到国家质量检验与评定标准合格等级。对投标人的资格要求：房屋建筑工程施工总承包二级以上资质，不接受联合体投标。招标公告拟在《中国建设报》、中国采购、招标网和省日报、市建设工程交易中心信息版等媒体上发布。

【问题】

1) 施工招标公告包括哪些基本内容？进行施工招标的工程项目需要具备哪些条件？

2) 建筑业企业应具备的条件及资质管理是如何规定的？就本工程所给条件编写一份施工招标公告。

(2) 案例二

【案例背景】

某地政府投资工程采用委托招标方式组织施工招标。依据相关规定，资格预审文件采用《中华人民共和国标准资格预审文件》(2010年版)编制。招标人共收到了15份资格预审申请文件，其中2份资格预审申请文件是在资格预审申请截止时间后2分钟收到。招标人按照以下程序组织了资格审查：

1) 组建资格审查委员会，由审查委员会对资格预审申请文件进行评审和比较。审查委员会由5人组成，其中招标人代表1人，招标代理机构代表1人，政府相关部门组建的专家库中抽取技术、经济专家3人。

2) 对资格预审申请文件外封装进行检查，发现2份申请文件的封装和1份申请文件封套盖章不符合资格预审文件的要求，这3份资格预审申请文件为无效申请文件。审查委员会认为只要在资格审查会议开始前送达的申请文件均为有效。这样，2

份在资格预审申请截止时间后送达的申请文件，由于其外封装和标识符合资格预审文件要求，为有效资格预审申请文件。

3) 对资格预审申请文件进行初步审查。发现有1家申请人使用的施工资质为其子公司资质，还有1家申请人为联合体申请人，其中联合体1个成员又单独提交了1份资格预审申请文件。审查委员会认为这3家申请人不符合相关规定，不能通过初步审查。

4) 对通过初步审查的资格预审申请文件进行详细审查。审查委员会依照资格预审文件中确定的初步审查事项，发现有一家申请人的营业执照副本（复印件）已经超出了有效期，于是要求这家申请人提交营业执照的原件进行核查。在规定的时间内，该申请人将其刚申办下来的营业执照副本原件交给了审查委员会核查，审查委员会确认合格。

5) 审查委员会经过上述审查程序，确认了通过以上第2、第3两步的10份资格预审申请文件通过了审查，并向招标人提交了资格预审书面审查报告，确定了通过资格审查的申请人名单。

【问题】

1) 招标人组织的上述资格审查程序是否正确？为什么？
2) 审查过程中，审查委员会的做法是否正确？为什么？
3) 如果资格预审文件中规定确定7名资格审查合格的申请人参加投标，招标人是否可以从上述通过资格预审的10人中直接确定，或者采用抽签方式确定7人参加投标？为什么？应该怎样做？

(3) 案例三

【案例背景】

某公立医院项目，预计总投资60000万元人民币。一共有6个单体建筑，分别为办公楼、住院部大楼、门诊大楼、职工食堂、康复健身中心和大门及门卫室等，总建筑面积139000$m^2$，占地面积89000$m^2$，其中办公楼、住院部大楼、门诊大楼均为5层框架结构，职工食堂、康复健身中心为地上三层框架结构，门卫室为单层混合结构。招标人拟将整个扩建工程作为一个标段发包，组织资格审查，但不接受联合体投标。

【问题】

(1) 资格审查有哪几种方法？分别介绍每种方法的特点？
(2) 施工招标资格审查具体内容有哪些？如果申请人得分相同，将如何处置？
(3) 就本项目，选择资格审查方法，并设置具体审查标准。
(4) 收集一份招标公告，并分组讨论。
(5) 收集一份资格预审文件，并分组讨论。
(6) 登录相关网址，并分组讨论各级总承包企业可在哪些项目上投标？

工作任务 3

# 编制工程项目招标文件

**工作任务提要：**

招标文件是招标人向潜在投标人发出的要约邀请文件。招标文件的内容、条件编制合理与否，直接影响对于投标人的优选效果。工程建设项目招标文件包括：工程招标文件、货物招标文件、服务招标文件。本次工作任务主要完成工程招标文件的编制。

## 工 作 任 务 描 述

| 任务单元 | 工作任务3：编制工程项目招标文件 | | 参考学时 | 8 |
|---|---|---|---|---|
| 职业能力 | 担任招标助理岗位工作，初步具备编制招标文件的能力。 | | | |
| 学习目标 | 素质 | 养成在调查研究和分析整理基础资料过程中认真严谨的良好素质；坚守诚信、公正、敬业、进取的原则；达到招标助理岗位工作的职业素质要求。 | | |
| | 知识 | 掌握：工程招标文件的构成及编制要点。<br>熟悉：货物招标文件的构成、服务招标文件的构成。<br>了解：货物招标文件的评标方法及因素、服务招标文件的评标方法及因素。 | | |
| | 技能 | 初步具备编制"招标文件"的能力（与人交流能力，与人合作能力、信息处理能力）。 | | |
| 任务描述 | 给出某工程案例背景，组织同学们学习有关招投标专业知识，完成工程招标文件编制的任务。 | | | |
| 教学方法 | 角色的扮演、项目驱动、启发引导、互动交流。 | | | |
| 组织实施 | 1. 资讯（明确任务、资料准备）<br>结合工程实际布置招标文件编制任务→招投标专业知识学习。<br>2. 决策（分析并确定工作方案）<br>分组讨论，依据收集到的相关资料，确定招标文件编制的工作分工。<br>3. 实施（实施工作方案）<br>编制招标文件。<br>4. 检查<br>提交招标文件。<br>5. 评估<br>教师扮演甲方专家，学生扮演招标代理机构招标师助理，对招标文件的具体内容进行答辩。 | | | |
| 教学手段 | 教学场所 | | 考核方式 | 其他 |
| 实物、多媒体 | 本班教室（外出参观招标代理机构） | | 自评、互评、教师考评 | 招标代理机构企业文化教育 |

## 实施 3.1　工程招标文件

工程招标文件需依据标准招标文件进行编制。我国现行标准招标文件主要有：国家发展改革委、财政部、建设部等九部委发布的《标准施工招标资格预审文件》和《标准施工招标文件》(2007 年版)；住房和城乡建设部发布的《房屋建筑和市政工程标准施工招标资格预审文件》、《房屋建筑和市政工程标准施工招标文件》(2010 年版)；国家发展改革委、工业和信息化部、财政部、住房和城乡建设部等九部委发布的《中华人民共和国简明标准施工招标文件》、《中华人民共和国标准设计施工总承包招标文件》(2012 年版)。以下重点介绍《标准施工招标文件》(2007 年版，以下简称《标准文件》)。

《标准文件》共包含封面格式和四卷八章的内容，第一卷包括第一章至第五章，涉及招标公告（投标邀请书）、投标人须知、评标办法、合同条款及格式、工程量清单等内容。其中，第一章和第三章并列给出了不同情况，由招标人根据招标项目特点和需要分别选择。第二卷由第六章图纸组成。第三卷由第七章技术标准和要求组成。第四卷由第八章投标文件格式组成（详见实施 3.3）。

封面格式包括下列内容：项目名称、标段名称（如有）、标识出"招标文件"这四个字、招标人名称和单位印章、时间。

1. 招标公告与投标邀请书（《标准文件》的第一章，详见本教材"工作任务 2"）
1）招标公告（未进行资格预审）
2）投标邀请书（适用于邀请招标）
3）投标邀请书（代资格预审通过通知书）

与适用于邀请招标的投标邀请书相比，由于已经经过了资格预审阶段，不包括招标条件、项目概况与招标范围和投标人资格要求等内容。

2. 投标人须知（《标准文件》的第二章）

投标人须知是招标投标活动应遵循的程序规则和对投标的要求。投标人须知包括投标人须知前附表、正文和附表格式等内容。

1）投标人须知前附表

投标人须知前附表主要作用有两个方面。一是将投标人须知中的关键内容和数据摘要列表，起到强调和提醒作用，为投标人迅速掌握投标人须知内容提供方便，但必须与招标文件相关章节内容衔接一致；二是对投标人须知正文中交由前附表明确的内容给予具体约定。

2) 总则

由下列内容组成：①项目概况。②资金来源和落实情况。③招标范围、计划工期和质量要求。④投标人资格要求。⑤保密。⑥语言文字。⑦计量单位。⑧踏勘现场。⑨投标预备会。⑩分包。⑪偏离。

招标人不得组织单个或者部分潜在投标人踏勘项目现场。

3) 招标文件

①招标文件的组成内容包括：招标公告（或投标邀请书，视情况而定）；投标人须知；评标办法；合同条件及格式；工程量清单；图纸；技术标准和要求；投标文件格式；投标人须知前附表规定的其他材料。

评标办法包括选择评标因素、标准和评标方法、步骤，是评标委员会评标的直接依据，是招标文件中投标人最为关注的核心内容（详见工作任务5）。

②招标文件的澄清与修改。投标人有疑问时，可以要求招标人对招标文件予以澄清；招标人可主动修改招标文件。

《中华人民共和国招标投标法实施条例》第二十一条规定，招标人可以对已发出的资格预审文件或者招标文件进行必要的澄清或者修改。澄清或者修改的内容可能影响资格预审申请文件或者投标文件编制的，招标人应当在提交资格预审申请文件截止时间至少3日前，或者投标截止时间至少15日前，以书面形式通知所有获取资格预审文件或者招标文件的潜在投标人；不足3日或者15日的，招标人应当顺延提交资格预审申请文件或者投标文件的截止时间。

第二十二条规定，潜在投标人或者其他利害关系人对资格预审文件有异议的，应当在提交资格预审申请文件截止时间2日前提出；对招标文件有异议的，应当在投标截止时间10日前提出。招标人应当自收到异议之日起3日内作出答复；作出答复前，应当暂停招标投标活动。

4) 投标文件

①组成内容

投标函及投标函附录；法定代表人身份证明、法定代表人的授权委托书；联合体协议书（如果有）；投标保证金；报价工程量清单；施工组织设计；项目管理机构；拟分包项目情况表；资格审查资料；其他资料。

其中，施工组织设计一般归类为技术文件，其余归类为商务文件。

②投标有效期

招标人应当在招标文件中载明投标有效期。投标有效期从提交投标文件的截止之日起算。

投标有效期的约束效力和作用：投标文件标明的投标有效期不能缩短，但可以延长；在投标有效期内，投标人撤销和修改其投标文件，或在被确定为中标人后拒绝签订合同和提交履约保证金的，其投标保证金不予退还；中标通知书应在投标有效期内发出，即对双方产生约束力。招标人应当与中标人在投标有效期内签订合同，如不能完成合同签订，可以要求中标人延长投标有效期。

③投标保证金

投标保证金或投标担保,是指投标人保证中标后履行签订承发包合同的义务,否则,招标人将对投标保证金予以没收。投标人不按招标文件要求提交投标保证金的,该投标文件可视为不响应招标而予以拒绝或作为废标处理。

投标保证金的作用有以下两点:确保投标人在投标有效期内不中途撤回标书,是保护招标人不因中标人不签约而蒙受经济损失;保证投标人在中标后与业主签订合同,并提供招标文件所要求的履约担保、预付款担保等。

招标文件中一般应对投标保证金作出下列规定:

A. 投标保证金的形式、数额、期限;
B. 联合体投标人(如有)如何递交投标保证金;
C. 不按要求提交投标保证金的后果;
D. 投标保证金的退还条件和退还时间;
E. 投标保证金不予退还的情形。

④资格审查资料

已经组织资格预审的资格审查资料分为两种情况:

A. 当评标办法对投标人资格条件不进行评价时,投标人资格预审阶段的资格审查资料没有变化的,可不再重复提交;资格预审阶段的资格资料有变化的,按新情况更新或补充;

B. 当评标办法对资格条件进行综合评价或者评分的,按招标文件要求提交资格审查资料。

未组织资格预审或约定要求递交资格审查资料的,一般包括如下内容:投标人基本情况;近年财务状况;近年完成的类似项目情况;正在施工和新承接的项目情况;信誉资料,如近年发生的诉讼及仲裁情况;允许联合体投标的联合体资料。

⑤投标文件的编制

投标文件的编制可作如下要求:语言要求、格式要求、实质性响应、打印要求、错误修改要求、签署要求、份数要求、装订要求。

5) 投标

包括投标文件的密封和标识、投标文件的递交时间和地点、投标文件的修改和撤回等规定。

6) 开标

包括开标时间、地点和开标程序等规定。

7) 评标

包括评标委员会、评标原则和评标方法等规定。

8) 合同授予

包括定标方式、中标通知、履约担保和签订合同。

①定标方式

授权评标委员会确定或招标人依法确定(1~3名)中标人。

②中标通知

③履约担保

履约担保的主要目的有两个：担保中标人按照合同约定正常履约，在中标人未能圆满实施合同时，招标人有权得到资金赔偿；约束招标人按照合同约定正常履约。招标人应在招标文件中对履约担保作出如下规定：履约担保的金额，一般约定为签约合同价的5%～10%；履约担保的形式，一般有银行保函、非银行保函、保兑支票、银行汇票、现金和现金支票等；履约担保格式；未提交履约担保的后果。不能按要求提交履约担保，视为放弃中标，投标保证金不予退还，给招标人造成的损失超过投标保证金数额的，中标人还应当对超过部分予以赔偿。

④签订合同

投标人须知中应就签订合同作出如下规定：签订时限；未签订合同的后果。

9) 重新招标和不再招标

①重新招标

有下列情形之一的，招标人应当依法重新招标：投标人少于3个或评标委员会否决所有投标。评标委员会否决所有投标包含了两层意思：所有投标均被否决和有效投标不足3个；评标委员会经过评审后认为投标明显缺乏竞争，从而否决全部投标。

②不再招标

重新招标后投标人仍少于3个或者所有投标被否决的，属于必须审批或核准的工程建设项目，经原审批或核准部门批准后不再进行招标。

10) 纪律和监督

11) 需要补充的其他内容

12) 附表格式

包括：开标记录表、问题澄清通知、问题的澄清、中标通知书、中标结果通知书、确认通知等。

3. 评标办法（《标准文件》的第三章）

包括：选择评标方法、评审因素和标准、评标程序。

评标工作一般包括初步评审、详细评审、投标文件的澄清、说明及评标结果等具体程序。

评标办法详见本教材工作任务5。

4. 合同条款及格式（《标准文件》的第四章）

合同协议书格式、履约担保格式、预付款担保格式等。

工程施工合同计价类型和合同条款应用详见本教材学习情境2。

5. 工程量清单（《标准文件》的第五章）

(1) 工程量清单

工程量清单是工程计价的基础，是编制招标控制价、投标报价、确定合同价格、计算工程量、支付工程款、核定与调整合同价款、办理竣工结算以及工程索赔等的依据之一。

采用单价合同形式的工程量清单一般具备合同约束力，工程款结算时按照实际计量的工程量进行调整。总价合同形式中，已标价工程量清单中的工程量不具备合同约束力。

工程量清单包括了四部分内容：工程量清单说明、投标报价说明、其他说明和工程量清单。

工程量清单计价特点与传统的施工图预算计价的区别：

1) 工程量清单计价是企业自主定价，工程价格反映的是企业个别成本价格；施工图预算计价反映的是工程定额编制期的社会平均成本价格。

2) 工程量清单计价采用综合单价，能够直观和全面反映企业完成分部、分项及单位工程的实际价格；且便于承发包双方测算核定与变更工程合同价格，计量支付与结算工程款，尤其适合于固定单价合同。

施工图预算计价采用国家颁布的工程定额组成工料单价，管理费和利润另计，不考虑风险因素，既不能直观和全面反映企业完成分部、分项和单位工程的实际价格，工程合同价格计算核定、调整又比较复杂，难以界定合理性，容易引起争议。

3) 量价分离原则。采用工程量清单招标，招标人对工程内容及其计算的工程量负责，承担工程量的风险；投标人根据自身实力和市场竞争状况，自行确定要素价格、企业管理费和利润，承担工程价格约定范围的风险。施工图预算招标由投标人自行计算工程量，报价偏差可能是单价差异，也可能是量的偏差，不能真正体现投标人的竞争实力。清单招标，统一了工程量，统一报价的基础，投标人避免工程数量计算误差造成的风险，从而真正凭自身实力报价竞争。

4) 结合企业施工技术、工艺和标准。施工图预算招标的技术标和商务标是分别依据企业、政府的不同标准分离编制的，相互不能支持与匹配，不能全面正确反映和评价投标人的技术和经济的综合能力。工程量清单招标的工程实体项目和措施项目单价组成完全能够与技术标紧密结合，相互支持、配合，既能从技术和商务两方面反映和衡量投标方案的可行性、可靠性和合理性，又能反映投标人的综合竞争能力。

(2) 工程量清单计价规范

工程量清单计价规范的基本内容包括以下几个方面：

1) 工程量清单项目的内容组成、格式要求、编制依据、计价规则要求等总体规定或说明。

2) 分部分项工程建设项目工程量清单以及施工措施项目清单的项目名称、项目特征、计量单位、工程内容、工程量计算规则、项目价格和费用计算规则，合同价款核定与支付规则。

3) 工程建设有关的规费项目、税金项目以及暂列金额、暂估价、计日工、总承包服务费等其他项目计价方法规定。

(3) 招标工程量清单的内容和格式

工程量清单由总说明和清单计价表格组成。

1) 工程量清单总说明

内容一般包括：工程概况；工程内容范围；工程量清单编制采用的技术标准、施工图纸等文件依据；专业工程估价、材料设备供应与定价等特别要求；投标计价的规定要求；其他需要说明的事项。

2) 工程量清单计价表格

清单计价表格主要包括以下内容：①工程量清单汇总表。②分部分项工程量清单。③措施项目清单。措施项目是指为工程建设项目施工需要的技术、生活、安全、环境保护等方面必须采取的各项技术管理措施，包括临时设施、临时工程等非实体项目。④其他项目清单。包括四项内容：A. 暂列金额。B. 暂估价。C. 计日工。D. 总承包服务费。⑤规费项目清单。包括工程排污费、工程定额测定费、社会保障费（包括养老保险费、失业保险费、医疗保险费、住房公积金、危险作业意外伤害保险费）等。⑥税金项目清单。包括营业税、城市维护建设税、教育费附加等。⑦工程量清单综合单价分析表。综合单价一般由成本、利润和税金组成。成本又分直接成本和间接成本，直接成本包括人工费、材料费和施工机械使用费；间接成本是指为施工准备、组织施工生产和经营管理发生的工程现场和企业的管理费、国家规定缴纳的费用和其他费用。利润指施工企业投入成本之外获得的收益。税金指国家规定应计入工程造价的营业税、城市维护建设税及教育费附加。

(4) 编写工程量清单应注意的事项

1) 工程量清单内容格式规范统一。
2) 工程量清单数量要准确。
3) 工程量清单信息要完整和正确。
4) 投标报价的要求应条理明晰。

(5) 标底与拦标价

招标人可以自行决定是否编制标底。一个招标项目只能有一个标底。标底必须保密。

接受委托编制标底的中介机构不得参加受托编制标底项目的投标，也不得为该项目的投标人编制投标文件或者提供咨询。

招标人设有最高投标限价的，应当在招标文件中明确最高投标限价或者最高投标限价的计算方法。招标人不得规定最低投标限价。

(6) 暂估价

暂估价，是指总承包招标时不能确定价格而由招标人在招标文件中暂时估定的工程、货物、服务的金额。

以暂估价形式包括在总承包范围内的工程、货物、服务属于依法必须进行招标的项目范围且达到国家规定规模标准的，应当依法进行招标。

6. 设计图纸（《标准文件》的第六章）

设计图纸是合同文件的重要组成部分，是编制工程量清单以及投标报价的重要依据，也是进行施工及验收的依据。图纸目录一般包括：序号、图名、图号、版本、出图日期等。图纸目录以及相对应的图纸将对施工过程的合同管理以及争议解决发挥重要作用。

7. 技术标准和要求（《标准文件》的第七章）

技术标准的内容主要包括各项工艺指标、施工要求、材料检验标准，以及各分部、分项工程施工成型后的检验手段和验收标准等。

8. 投标文件格式（《标准文件》的第八章）

## 实施 3.2　工程招标文件的编制

### 3.2.1　编写工程招标文件应注意的问题

1. 招标文件应体现工程建设项目的特点和要求。
2. 招标文件必须明确投标人实质性响应的内容。
3. 防范招标文件中的违法、歧视性条款。
4. 保证招标文件格式、合同条款的规范一致。
5. 招标文件语言要规范、简练。

商务与技术部分一般由不同人员编写，注意两者之间及各专业之间的相互结合与一致性，应交叉校核，检查各部分是否有不协调、重复和矛盾的内容，确保招标文件的质量。

### 3.2.2　两阶段招标

对技术复杂或者无法精确拟定技术规格的项目，招标人可以分两阶段进行招标。

第一阶段，投标人按照招标公告或者投标邀请书的要求提交不带报价的技术建议，招标人根据投标人提交的技术建议确定技术标准和要求，编制招标文件。

第二阶段，招标人向在第一阶段提交技术建议的投标人提供招标文件，投标人按照招标文件的要求提交包括最终技术方案和投标报价的投标文件。

招标人要求投标人提交投标保证金的，应当在第二阶段提出。

### 3.2.3　终止招标

招标人终止招标的，应当及时发布公告，或者以书面形式通知被邀请的或者已经获取资格预审文件、招标文件的潜在投标人。已经发售资格预审文件、招标文件或者已经收取投标保证金的，招标人应当及时退还所收取的资格预审文件、招标文件的费用，以及所收取的投标保证金及银行同期存款利息。

## 实施 3.3　案例分析

根据国家九部委 56 号令的规定，住房和城乡建设部发布的《房屋建筑和市政工程标准施工招标文件》（2010 年版）包括招标公告（投标邀请书）、投标人须知、评标办法、合同条款及格式、工程量清单、图纸、技术标准及要求、投标文件格式等八章。现结合具体工程项目就《房屋建筑和市政工程标准施工招标文件》的具体内容叙述如下。

××学院新校区建设项目一期工程第一至第五标段施工招标

招 标 文 件

招 标 人：_____××学院（盖单位章）
日　　期：2011 年 11 月 25 日

目　　录

第一卷

**第一章　招标公告（未进行资格预审）**
1. 招标条件
2. 项目概况与招标范围
3. 投标人资格要求
4. 投标报名
5. 招标文件的获取
6. 投标文件的递交
7. 发布公告的媒介

8. 联系方式
### 第一章　投标邀请书（适用于邀请招标）
1. 招标条件
2. 项目概况与招标范围
3. 投标人资料要求
4. 招标文件的获取
5. 投标文件的递交
6. 确认
7. 联系方式

### 第一章　投标邀请书（代资格预审通过通知书）

### 第二章　投标人须知
投标人须知前附表
投标人须知正文部分
附表一：开标记录表
附表二：问题澄清通知
附表三：问题的澄清
附表四：中标通知书
附表五：中标结果通知书
附表六：确认通知
附表七：备选投标方案编制要求
附表八：电子投标元件编制及报送要求

### 第三章　评标办法（经评审的最低投标价法）
评标办法前附表
评标办法（经评审的最低投标价法）正文部分
附件A：评标详细程序
附件B：废标条件
附件C：评标价计算方法
附件D：投标人成本评审办法
附件E：备选投标方案的评审和比较办法
附件F：计算机辅助评标方法

### 第三章　评标办法（综合评估法）
评标办法前附表
评标办法（综合评估法）正文部分
附件A：评标详细程序
附件B：废标条件
附件C：投标人成本评审办法
附件D：备选投标方案的评审方法

附件E：计算机辅助评标方法

## 第四章　合同条款及格式

第一节　通用合同条款

第二节　专用合同条款

1. 一般约定
   1.1　词语定义
   1.4　合同文件的优先顺序
   1.5　合同协议书
   1.6　图纸和承包人文件
2. 发包人义务
   2.3　提供施工场地
   2.5　组织设计交底
   2.8　其他义务
3. 监理人
   3.1　监理人的职责和权力
   3.3　监理人员
   3.4　监理人的指示
   3.6　监理人的宽恕
4. 承包人
   4.1　承包人的一般义务
   4.2　履约担保
   4.3　分包
   4.5　承包人项目经理
   4.11　不利物质条件
5. 材料和工程设备
   5.1　承包人提供的材料和工程设备
   5.2　发包人提供的材料和工程设备
6. 施工设备和临时设施
   6.1　承包人提供的施工设备和临时设施
   6.2　发包人提供的施工设备和临时设施
   6.4　施工设备和临时设施专用于合同工程
7. 交通运输
   7.1　道路通行权和场外设施
   7.2　场内施工道路
   7.4　超大件和超重件的运输
8. 测量放线

8.1 施工控制网

9. 施工安全、治安保卫和环境保护

9.2 承包人的施工安全责任

9.3 治安保卫

9.4 环境保护

10. 进度计划

10.1 合同进度计划

10.2 合同进度计划的修订

11. 开工和竣工

11.3 发包人的工期延误

11.4 异常恶劣的气候条件

11.5 承包人的工期延误

11.6 工期提前

12. 暂停施工

12.1 承包人暂停施工的责任

12.4 暂停施工后的复工

13. 工程质量

13.2 承包人的质量管理

13.3 承包人的质量检查

13.4 监理人的质量检查

13.5 工程隐蔽部位覆盖前的检查

13.7 质量争议

15. 变更

15.1 变更的范围和内容

15.3 变更程序

15.4 变更的估价原则

15.5 承包人的合理化建议

15.8 暂估价

16. 价格调整

16.1 物价波动引起的价格调整

17. 计量与支付

17.1 计量

17.2 预付款

17.3 工程进度付款

17.4 质量保证金

17.5 竣工结算

18. 竣工验收
    18.2 竣工验收申请报告
    18.3 验收
    18.5 施工期运行
    18.6 试运行
    18.7 竣工清场
    18.8 施工队伍的撤离
    18.9 中间验收
19. 缺陷责任与保修责任
    19.7 保修责任
20. 保险
    20.1 工程保险
    20.4 第三者责任险
    20.5 其他保险
    20.6 对各项保险的一般要求
21. 不可抗力
    21.1 不可抗力的确认
    21.3 不可抗力后果及其处理
24. 争议的解决
    24.1 争议的解决方式
    24.3 争议评审

第三节 合同附件格式
　　附件一：合同协议书
　　附件二：承包人提供的材料和工程设备一览表
　　附件三：发包人提供的材料和工程设备一览表
　　附件四：预付款担保格式
　　附件五：履约担保格式
　　附件六：支付担保格式
　　附件七：质量保修书格式
　　附件八：廉政责任书格式

**第五章 工程量清单**

1. 工程量清单说明
2. 投标报价说明
3. 其他说明
    3.1 词语和定义
    3.2 工程量差异调整

3.3 暂列金额和暂估价
   3.4 其他补充说明
  4. 工程量清单与计价表
   4.1 工程量清单封面
   4.2 投标总价表
   4.3 总说明
   4.4 工程项目投标报价汇总表
   4.5 单项工程投标报价汇总表
   4.6 单位工程投标报价汇总表
   4.7 分部分项工程量清单与计价表
   4.8 工程量清单综合单价分析表
   4.9 措施项目清单与计价表（一）
   4.10 措施项目清单与计价表（二）
   4.11 其他项目清单与计价汇总表
   4.11-1 暂列金额明细表
   4.11-2 材料和工程设备暂估单价表
   4.11-3 专业工程暂估价表
   4.11-4 计日工表
   4.11-5 总承包服务费计价表
   4.12 规费、税金项目清单与计价表
   4.13 措施项目清单组价分析表
   4.14 费率报价表
   4.15 主要材料和工程设备选用表

## 第二卷

### 第六章 图纸
  1. 图纸目录
  2. 图纸

## 第三卷

### 第七章 技术标准和要求
  第一节 一般要求
  1. 工程说明
  2. 承包范围
  3. 工期要求
  4. 质量要求
  5. 适用规范和标准
  6. 安全文明施工

7. 治安保卫
8. 地上、地下设施和周边建筑物的临时保护
9. 样品和材料代换
10. 进口材料和工程设备
11. 进度报告和进度例会
12. 试验和检验
13. 计日工
14. 计量与支付
15. 竣工验收和工程移交
16. 其他要求

第二节 特殊技术标准和要求
1. 材料和工程设备技术要求
2. 特殊技术要求
3. 新技术、新工艺和新材料
4. 其他特殊技术标准和要求

第三节 适用的国家、行业以及地方规范、标准和规程

# 第四卷

## 第八章 投标文件格式

目录
一、投标函及投标函附录
　　（一）投标函
　　（二）投标函附录
二、法定代表人身份证明
二、授权委托书
三、联合体协议书
四、投标保证金
五、已标价工程量清单
六、施工组织设计
　　附表一：拟投入本工程的主要施工设备表
　　附表二：拟配备本工程的试验和检测仪器设备表
　　附表三：劳动力计划表
　　附表四：计划开、竣工日期和施工进度网络图
　　附表五：施工总平面图
　　附表六：临时用地表
　　附表七：施工组织设计（技术暗标部分）编制及装订要求

七、项目管理机构
　　（一）项目管理机构组成表
　　（二）主要人员简历表
八、拟分包计划表
九、资格审查资料
　　（一）投标人基本情况表
　　（二）近年财务状况表
　　（三）近年完成的类似项目情况表
　　（四）正在施工的和新承接的项目情况表
　　（五）近年发生的诉讼和仲裁情况
　　（六）企业其他信誉情况表（年份要求同诉讼及仲裁情况年份要求）
　　（七）主要项目管理人员简历表
十、其他材料

## 第一卷

### 第一章　投标邀请书（代资格预审通过通知书）

××学院新校区建设项目一期工程施工投标邀请书

××建设集团有限公司　：

你单位已通过资格预审，现邀请你单位按招标文件规定的内容，参加××学院新校区建设项目一期工程第一标段施工投标。

请你单位于2011年12月1日至2011年12月6日，每日上午8时至11时，下午2时至5时（北京时间，下同），在××市××街705号××商座19层招标事业部持本投标邀请书购买招标文件。

招标文件每套售价为800元，售后不退。图纸押金3000元，在退还图纸时退还（不计利息）。邮购招标文件的，需另加手续费（含邮费）50元。招标人在收到邮购款（含手续费）后2日内寄送。

各标段递交投标文件的截止时间（投标截止时间，下同）分别为：

第一、第五标段：2011年12月30日09时00分；第二、三、四标段：2012年1月6日09时00分。

地点：××市××街705号××商座19层大会议室。

逾期送达的或者未送达指定地点的投标文件，招标人不予受理。

你单位收到本投标邀请书后，请于2011年12月2日17：00时前以电子邮件（加盖单位公章的扫描件发至＊＊＊＊@163.com）的方式予以确认，否则按放弃本项目的投标处理。

| 招 标 人： ××学院 | 招标代理机构： ××建设项目管理有限公司 |
|---|---|
| 地　　址： ××省××市××街××号 | 地　　址： ××市××街705号××商座19层 |
| 邮　　编： _____ | 邮　　编： _____ |
| 联 系 人： ×先生 | 联 系 人： ×先生 |
| 电　　话： _____ | 电　　话： _____ |
| 传　　真： _____ | 传　　真： _____ |
| 电子邮件： _____ | 电子邮件： _____ |
| 网　　址： _____ | 网　　址： _____ |
| 开户银行： _____ | 开户银行： _____ |
| 账　　号： _____ | 账　　号： _____ |
| | 2011年11月25日 |

## 第二章　投标人须知

## 投标人须知前附表

| 条款号 | 条款名称 | 编列内容 |
|---|---|---|
| 1.1.2 | 招标人 | 名称：××学院<br>地址：××省××市××街××号<br>联系人：<br>电话：<br>电子邮件： |
| 1.1.3 | 招标代理机构 | 名称：××建设项目管理有限公司<br>地址：××市××街705号××商座19层<br>联系人：×先生<br>电话：<br>电子邮件： |
| 1.1.4 | 项目名称 | ××学院新校区建设项目一期工程施工 |
| 1.1.5 | 建设地点 | ××省高校新区（××市××区） |
| 1.2.1 | 资金来源 | 自筹 |
| 1.2.2 | 出资比例 | 100% |
| 1.2.3 | 资金落实情况 | 已落实 |
| 1.3.1 | 招标范围 | <u>各标段施工图纸范围内全部内容。其中，各标段的消防、弱电工程只计预埋管盒，第四标段钢结构不在本次招标范围内。关于招标范围的详细说明见第七章"技术标准和要求"。</u> |

续表

| 条款号 | 条款名称 | 编列内容 |
|---|---|---|
| 1.3.2 | 计划工期 | 各标段施工工期分别为：<u>第一、五标段计划工期249</u>日历天，计划开工日期，<u>2012年1月5日</u>，计划竣工工期，<u>2012年9月10日</u>；<u>第二、三、四标段计划工期305</u>日历天，计划开工日期，<u>2012年1月10日</u>，计划竣工工期，<u>2012年11月9日</u>。<br>有关工期的详细要求见第七章"技术标准和要求"。 |
| 1.3.3 | 质量要求 | 质量标准：合格<br>关于质量要求的详细说明见第七章"技术标准和要求"。 |
| 1.4.1 | 投标人资质条件、能力和信誉 | 资质条件：具备房屋建筑工程施工总承包壹级及以上资质。<br>财务要求：近三年财务无亏损（以审计报告为准）。<br>业绩要求：项目经理近五年具有框架或框剪结构的房屋建筑工程施工业绩。<br>信誉要求：近六个月无建筑市场违规行为，以行政主管部门通报为准（省外企业需出具行政主管部门的证明）。<br>项目经理资格：<u>建筑工程或房屋建筑工程专业一级注册建造师执业资格</u>，具备有效的安全生产考核合格证书，且不得担任其他在施建设工程项目的项目经理。<br>其他要求：机械设备要求自有或有可获得性来源且满足工程需要。 |
| 1.4.2 | 是否接受联合体投标 | ☑不接受<br>□接受，应满足下列要求： |
| 1.9.1 | 踏勘现场 | □不组织<br>☑组织，踏勘时间：2011年12月8日<br>踏勘集中地点：××市××街××号 |
| 1.10.1 | 投标预备会 | □不召开<br>☑召开，召开时间：2011年12月10日上午8时<br>召开地点：××市××街××号 |
| 1.10.2 | 投标人提出问题的截止时间 | 2011年12月10日上午8时 |
| 1.10.3 | 招标人书面澄清的时间 | 2011年12月10日上午12时 |
| 1.11 | 分包 | ☑不允许<br>□允许，分包内容要求：<br>　　　　分包金额要求：<br>接受分包的第三人资质要求： |
| 1.12 | 偏离 | □不允许<br>☑允许，可偏离的项目和范围见第七章<br>　　"技术标准和要求"：<br>　　允许偏离最高项数：____<br>　　偏差调整方法：____ |

续表

| 条款号 | 条款名称 | 编列内容 |
|---|---|---|
| 2.1 | 构成招标文件的其他材料 | 无 |
| 2.2.1 | 投标人要求澄清招标文件的截止时间 | 2011年12月10日上午10时 |
| 2.2.2 | 投标截止时间 | 第一、二标段：2011年12月30日09时00分；<br>第三、四、五标段：2012年1月6日09时00分。 |
| 2.2.3 | 投标人确认收到招标文件澄清的时间 | 在收到相应澄清文件后48小时内 |
| 2.3.2 | 投标人确认收到招标文件修改的时间 | 在收到相应修改文件后48小时内 |
| 3.1.1 | 构成投标文件的其他材料 | 无 |
| 3.3.1 | 投标有效期 | 90天 |
| 3.4.1 | 投标保证金 | 投标保证金的形式：银行保函<br>投标保证金的金额：各标段均为人民币48万元（RMB48万元）<br>递交方式：投标截止时间前 |
| 3.5.2 | 近年财务状况的年份要求 | 3年，即2008年1月1日起至2010年12月31日止。 |
| 3.5.3 | 近年完成的类似项目的年份要求 | 5年，指2006年11月1日起至2011年10月31日止。 |
| 3.5.5 | 近年发生的诉讼及仲裁情况的年份要求 | 3年，指2008年11月1日起至2011年10月30日止。 |
| 3.6 | 是否允许递交备选投标方案 | ☑不允许<br>□允许 |
| 3.7.3 | 签字和（或）盖章要求 | 投标文件封面、投标函等均应加盖申请人印章并经法定代表人签字或盖章。 |
| 3.7.4 | 投标文件副本份数 | 五份副本，电子版两份（载体为U盘）。<br>按照投标人须知第3.1.1项规定的投标文件组成内容，投标文件应按以下要求装订：正本与副本应分别用标准A4纸装订成册，编制目录、页码。 |
| 3.7.5 | 装订要求 | 分册装订，共分3册，分别为：<br>投标函，包括一至十的内容（除五、六外）；商务标，包括五的内容；技术标，包括六的内容。<br>每册采用胶装方式装订，装订应牢固、不易拆散和换页，不得采用活页装订。 |

续表

| 条款号 | 条款名称 | 编列内容 |
| --- | --- | --- |
| 4.1.2 | 封套上写明 | 招标人地址：××市××街××号<br>招标人名称：××学院<br>_____（项目名称）_____标段投标文件在___年___月___日时___分前不得开启。 |
| 4.2.2 | 递交投标文件地点 | ××建设项目管理有限公司<br>地点：××市××街××号××商座19层大会议室 |
| 4.2.3 | 是否退还投标文件 | □√否<br>□是 |
| 5.1 | 开标时间和地点 | 开标时间：同投标截止时间<br>开标地点：××市××街××号××商座19层大会议室 |
| 5.2 | 开标程序 | 密封情况检查：由投标人推选的代表检查。<br>开标顺序：投标人报送的投标文件时间先后的逆顺序。 |
| 6.1.1 | 评标委员会的组建 | 评标委员会构成：<u>7</u>人，其中招标人代表<u>2</u>人（限招标人在职人员，且应当具备评标专家相应的或者类似的条件），专家<u>5</u>人；<br>评标专家确定方式：专家库中随机抽取。 |
| 7.1 | 是否授权评标委员会确定中标人 | □是<br>□√否，推荐的中标候选人数：3 |
| 7.3.1 | 履约担保 | 履约担保的形式：银行保函<br>履约担保的金额：投标报价的10% |

| 10. 需要补充的其他内容 | | |
| --- | --- | --- |
| 10.1　词语定义 | | |
| 10.1.1 | 类似项目 | 类似项目是指： |
| 10.1.2 | 不良行为记录 | 不良行为记录是指： |
| 10.2　招标控制价 | | |
| | 招标控制价 | □不设招标控制价<br>□√设招标控制价，招标控制价详见本招标文件附件：<u>开标前5日公布</u>。 |
| 10.3　"暗标"评审 | | |
| | 施工组织设计是否采用"暗标"评审方式 | □不采用<br>□√采用，投标人应严格按照第八章"投标文件格式"中"施工组织设计（技术暗标）编制及装订要求"编制和装订施工组织设计。 |

续表

| 条款号 | 条款名称 | 编列内容 |
|---|---|---|
| 10.4 | 投标文件电子版 | |
| | 是否要求投标人在递交投标文件时，同时递交投标文件电子版 | □不要求<br>☑要求，投标文件电子版内容：<br>　　投标书全部内容<br>投标文件电子版份数：<br>　　U盘2个<br>投标文件电子版形式：<br>　　Word<br>投标文件电子版密封方式：单独放入一个密封袋中，加贴封条，在封套封口处加盖投标人单位章，在封套上标记"投标文件电子版"字样。 |
| 10.5 | 计算机辅助评标 | |
| | 是否实行计算机辅助评标 | ☑否 |
| | | □是，投标人需递交纸质投标文件一份，同时按本须知附表八"电子投标文件编制及报送要求"编制及报送电子投标文件。计算机辅助评标方法见第三章"评标办法"。 |
| 10.6 | 投标人代表出席开标会 | |
| | | 按照本须知第5.1款的规定，招标人邀请所有投标人的法定代表人或其委托代理人参加开标会。投标人的法定代表人或其委托代理人应当按时参加开标会，并在招标人开标程序进行点名时，向招标人提交法定代表人身份证明文件或法定代表人授权委托书，出示本人身份证，以证明其出席，否则，其投标文件按废标处理。 |
| 10.7 | 中标公示 | |
| | | 在中标通知书发出前，招标人将中标候选人的情况在本招标项目招标公告发布的同一媒介和有形建筑市场/交易中心予以公示，公示期不少于3个工作日。 |
| 10.8 | 知识产权 | |
| | | 构成本招标文件各个组成部分的文件，未经招标人书面同意，投标人不得擅自复印和用于非本招标项目所需的其他目的。招标人全部或者部分使用未中标人投标文件中的技术成果或技术方案时，需征得其书面同意，并不得擅自复印或提供给第三人。 |
| 10.9 | 重新招标的其他情形 | |
| | | 除投标人须知正文第8条规定的情形外，除非已经产生中标候选人，在投标有效期内同意延长投标有效期的投标人少于三个的，招标人应当依法重新招标。 |
| 10.10 | 同义词语 | |
| | | 构成招标文件组成部分的"通用合同条款"、"专用合同条款"、"技术标准和要求"和"工程量清单"等章节中出现的措辞"发包人"和"承包人"，在招标投标阶段应当分别按"招标人"和"投标人"进行理解。 |
| 10.11 | 监督 | |
| | | 本项目的招标投标活动及其相关当事人应当接受有管辖权的建设工程招标投标行政监督部门依法实施的监督。 |

续表

| 条款号 | 条款名称 | 编列内容 |
|---|---|---|
| 10.12 | 解释权 | |
| | | 构成本招标文件的各个组成文件应互为解释,互为说明;如有不明确或不一致,构成合同文件组成内容的,以合同文件约定内容为准,且以专用合同条款约定的合同文件优先顺序解释;除招标文件中有特别规定外,仅适用于招标投标阶段的规定,按招标公告(投标邀请书)、投标人须知、评标办法、投标文件格式的先后顺序解释;同一组成文件中就同一事项的规定或约定不一致的,以编排顺序在后者为准;同一组成文件不同版本之间有不一致的,以形成时间在后者为准。按本款前述规定仍不能形成结论的,由招标人负责解释。 |
| 10.13 | 招标人补充的其他内容 | |
| | | …… |
| | 投标人须知正文部分(略) | |

附表一:开标记录表(各附表略,详见工作任务5)
附表二:问题澄清通知
附表三:问题的澄清
附表四:中标通知书
附表五:中标结果通知书
附表六:确认通知
附表七:备选投标方案编制要求
附表八:电子投标文件编制及报送要求

## 第三章 评标办法(综合评估法,详见本教材工作任务5)

## 第四章 合同条款及格式(详见本教材学习情境2)

## 第五章 工 程 量 清 单

1. 工程量清单说明

1.1 本工程量清单是依据中华人民共和国国家标准《建设工程工程量清单计价规范》(以下简称《计价规范》)以及招标文件中包括的图纸等编制。《计价规范》中规定的工程量计算规则中没有的子目,应在本章第1.4款约定;《计价规范》中规定的工程量计算规则中没有且本章第1.4款也未约定的,双方协商确定;协商不成的,可向省级或行业工程造价管理机构申请裁定或按照有合同约束力的图纸所标示尺寸的理论净量计算。计量采用中华人民共和国法定的基本计量单位。

1.2 本工程量清单应与招标文件中的投标人须知、通用合同条款、专用合同条款、技术标准和要求及图纸等章节内容一起阅读和理解。

1.3 本工程量清单仅是投标报价的共同基础，竣工结算的工程量按合同约定确定。合同价格的确定以及价款支付应遵循合同条款（包括通用合同条款和专用合同条款）、技术标准和要求以及本章的有关约定。

1.4 补充子目的子目特征、计量单位、工程量计算规则及工作内容说明如下：_____。

1.5 本条第1.1款中约定的计量和计价规则适用于合同履约过程中工程量计量与价款支付、工程变更、索赔和工程结算。

1.6 本条与下述第2条和第3条的说明内容是构成合同文件的已标价工程量清单的组成部分。

2. 投标报价说明

2.1 投标报价应根据招标文件中的有关计价要求，并按照下列依据自主报价。

(1) 本招标文件；
(2)《建设工程工程量清单计价规范》；
(3) 国家或省级、行业建设主管部门颁发的计价办法；
(4) 企业定额，国家或省级、行业建设主管部门颁发的计价定额；
(5) 招标文件（包括工程量清单）的澄清、补充和修改文件；
(6) 建设工程设计文件及相关资料；
(7) 施工现场情况、工程特点及拟定的投标施工组织设计或施工方案；
(8) 与建设项目相关的标准、规定等技术资料；
(9) 市场价格信息或工程造价管理机构发布的工程造价信息；
(10) 其他的相关资料。

2.2 工程量清单中的每一子目须填入单价或价格，且只允许有一个报价。

2.3 工程量清单中标价的单价或金额，应包括所需人工费、材料费、施工机械使用费和管理费及利润，以及一定范围内的风险费用。所谓"一定范围内的风险"是指合同约定的风险。

2.4 已标价工程量清单中投标人没有填入单价或价格的子目，其费用视为已分摊在工程量清单中其他已标价的相关子目的单价或价格之中。

2.5 "投标报价汇总表"中的投标总价由分部分项工程费、措施项目费、其他项目费、规费和税金组成，并且"投标报价汇总表"中的投标总价应当与构成已标价工程量清单的分部分项工程费、措施项目费、其他项目费、规费、税金的合计金额一致。

2.6 分部分项工程项目按下列要求报价：（略）

2.7 其他项目清单费应按下列规定报价：（略）

2.8 规费和税金应按"规费、税金项目清单与计价表"所列项目并根据国家、省级或行业建设主管部门的有关规定列项和计算，不得作为竞争性费用。

2.9 除招标文件有强制性规定以及不可竞争部分以外,投标报价由投标人自主确定,但不得低于其成本。

2.10 工程量清单计价所涉及的生产资源(包括各类人工、材料、工程设备、施工设备、临时设施、临时用水、临时用电等)的投标价格,应根据自身的信息渠道和采购渠道,分析其市场价格水平并判断其整个施工周期内的变化趋势,体现投标人自身的管理水平、技术水平和综合实力。

2.11 管理费应由投标人在保证不低于其成本的基础上做竞争性考虑;利润由投标人根据自身情况和综合实力做竞争性考虑。

2.12 投标报价中应考虑招标文件中要求投标人承担的风险范围以及相关的费用。

2.13 投标总价为投标人在投标文件中提出的各项支付金额的总和,为实施、完成招标工程并修补缺陷以及履行招标文件中约定的风险范围内的所有责任和义务所发生的全部费用。

2.14 有关投标报价的其他说明:＿＿＿＿＿＿＿

3. 其他说明(略)

4. 工程量清单与计价表(略)

## 第二卷

## 第六章 图纸(另册、略)

1. 图纸目录
2. 图纸

## 第三卷

## 第七章 技术标准和要求

### 第一节 一般要求

1. 工程说明

1.1 工程概况

1.1.1 本工程基本情况如下:

建设规模:

第一标段:学生宿舍组团3,框架结构,建筑面积约21900m²;二食堂,框架结构,建筑面积约13100m²。

第二标段:教学办公楼组团2,框架结构,建筑面积约18500m²;教学办公楼组团3,框架结构,建筑面积约22000m²。

第三标段：图书馆，框架结构，建筑面积约24200m²；教学办公楼组团1，框架结构，建筑面积约13800m²；行政科研楼，框剪结构，建筑面积约16800m²。

第四标段：实习实训楼，框架结构，建筑面积约24260m²；厂房（钢结构除外），建筑面积约3900m²；展示实训馆，框架结构，建筑面积约7600m²。

第五标段：学生宿舍楼组团1，框架结构，建筑面积约21900m²；学生宿舍组团2，框架结构，建筑面积约21900m²；一食堂，框架结构，建筑面积约16200m²。

1.1.2 本工程施工场地(现场)具体地理位置如下：××省高校新区(××市××区)

1.2 现场条件和周围环境

1.3 地质及水文资料

1.4 资料和信息的使用

2. 承包范围

2.1 承包范围

2.2 发包人发包专业工程和发包人供应的材料和工程设备

2.3 承包人与发包人发包专业工程承包人的工作界面

2.4 承包人需要为发包人和监理人提供的现场办公条件和设施

3. 工期要求

3.1 合同工期

3.2 关于工期的一般规定

4. 质量要求

5. 适用规范和标准

6. 安全文明施工

7. 治安保卫

8. 地上、地下设施和周边建筑物的临时保护

9. 样品和材料代换

10. 进口材料和工程设备

11. 进度报告和进度例会

12. 试验和检验

13. 计日工

14. 计量与支付

15. 竣工验收和工程移交

16. 其他要求

第二节 特殊技术标准和要求

1. 材料和工程设备技术要求

2. 特殊技术要求

3. 新技术、新工艺和新材料

4. 其他特殊技术标准和要求

第三节 适用的国家、行业以及地方规范、标准和规程

1. 本合同工程的施工应严格遵照国家现行有关施工规范、技术规程执行；

2. 国家现行有关施工规范、技术规程和发包人提供的图纸及说明，承包人均应遵照执行；

3. 承包人还应依据设计图纸与工程实际选用其他相应的国家及行业规程、规范。若规范已有新版本，承包人应按新版本实施。

附件 A：施工现场现状平面图（略）

## 第四卷

### 第八章 投标文件格式（略，详见工作任务 4）

封面

目录

一、投标函及投标函附录

二、法定代表人身份证明

二、授权委托书

三、联合体协议书

四、投标保证金

五、已标价工程量清单

六、施工组织设计

七、项目管理机构

八、拟分包项目情况表

九、资格审查资料

十、其他材料

## 实施 3.4 能力训练

1. 基础训练

（1）单选题

1）某招标文件中确定的开标时间是 7 月 1 日，投标有效期是 3 个月，某投标人于 6 月 15 日提交投标书和投标保证金。问：该投标保证金的有效期应至(　　)。

A. 9月30日　　　B. 9月15日　　　C. 10月15日　　　D. 10月30日

2) 不可以做投标保证金的是（　　）
A. 现金　　　　　　　　　　　B. 其他单位的信用担保
C. 银行汇票　　　　　　　　　D. 银行保函

3) 提交投标文件的投标人少于（　　）个的，招标人应当依法重新招标。
A. 2　　　　　B. 3　　　　　C. 4　　　　　D. 5

4) 根据我国《招标投标法》规定，招标人需要对发出的招标文件进行澄清或修改时，应当在招标文件要求提交投标文件的截止时间至少（　　）天前，以书面形式通知所有招标文件收受人。
A. 10　　　　　B. 15　　　　　C. 20　　　　　D. 30

5) 根据《招标投标法》的规定，依法必须进行招标的项目，自招标文件开始发出之日起至投标人提交投标文件截止之日止，最短不得少于（　　）日。
A. 15　　　　　B. 20　　　　　C. 25　　　　　D. 30

6) 关于标底的说法正确的是（　　）。
A. 每个招标项目都必须编制一个标底
B. 招标项目可以编制两个标底
C. 招标项目可以不必编制标底
D. 标底必须经过审查

7) 甲、乙工程承包单位组成施工联合体参与某项目的投标，中标后联合体接到中标通知书，但尚未与招标人签订合同，联合体投标时提交了5万元投标保证金。此时两家单位认为该项目盈利太少，于是放弃该项目，对此，《招标投标法》的相关规定是（　　）。
A. 5万元投标保证金不予退还
B. 5万元投标保证金可以退还一半
C. 若未给招标人造成损失，投标保证金可退还
D. 若未给招标人造成损失，投标保证金可以退还一半

8) （　　）是评标委员会评标的直接依据，是招标文件中投标人最为关注的核心内容。
A. 图纸　　　　　　　　　　　B. 评标办法
C. 投标人须知前附表　　　　　D. 合同条款

9) 招标人应当在招标文件中载明投标有效期，投标有效期从（　　）起算。
A. 提交投标文件之日　　　　　B. 发布招标公告之日
C. 提交投标文件的截止之日　　D. 提交投标保证金之日

(2) 简答题
1) 简述《标准施工招标文件》的构成？
2) 投标人须知前附表主要作用有哪些？
3) 关于投标保证金有哪些具体规定？

4) 关于履约担保有哪些具体规定?
5) 关于重新招标和不再招标有哪些具体规定?
6) 编写工程招标文件应注意的问题有哪些?
7) 货物招标文件一般由哪些内容组成?
8) 货物的评标方法有哪些? 各适用于什么情况?
9) 工程建设项目设计招标文件的构成中,设计条件及要求有哪些?
10) 监理投标如何报价?
11) 工程监理评标因素有哪些?
12) 工程建设项目管理服务评标应重点考虑评审哪些内容?

2. 实务训练

(1) 案例一

**【案例背景】** 收集某一工程建设项目的相关资料。

**【问题】** 学生按照《标准施工招标文件》(2007年版),分组完成一份完整的《施工招标文件》。

(2) 案例二

**【案例背景】** 某国家大型水利工程,由于工艺先进,技术难度大,对施工单位的施工设备和同类工程施工经验要求高,而且对工期的要求也比较紧迫。基于本工程的实际情况,业主决定仅邀请3家国有一级施工企业参加投标。招标工作内容确定为:成立招标工作小组,发出投标邀请书;编制招标文件;编制标底;发放招标文件,招标答疑;组织现场踏勘;接收投标文件;开标,确定中标单位,评标,签订承发包合同;发出中标通知书。

**【问题】**

(1) 如果将上述招标工作内容的顺序作为招标工作先后顺序是否妥当? 如果不妥,请确定合理的顺序。

(2) 工程建设项目施工招标文件一般包括哪些内容?

工作任务 4

# 编制工程施工投标文件

**工作任务提要：**

工程投标文件，是投标人表明接受招标文件的要求和标准，载明自身（含参与项目实施的负责人）的资信资料、实施招标项目的技术方案、投标价格以及相关承诺内容的书面文书。

投标人在参加资格预审、取得招标文件、研究招标文件、参加现场踏勘与投标预备会、调查投标环境、确定投标策略、制定投标方案的基础上编制投标文件。

投标人在投标文件中必须明确向招标人表示愿以招标文件的内容订立合同的意思；必须对招标文件提出的实质性要求和条件做出响应，不得以低于成本的报价竞标；必须由满足相应资格的投标人编制；必须按照规定的时间、地点递交给招标人。否则该投标文件将被招标人拒绝。

## 工 作 任 务 描 述

| 任务单元 | 工作任务4：编制工程施工招标文件 | | 参考学时 | 8 |
|---|---|---|---|---|
| 职业能力 | 担任招标师助理岗位工作，初步具备编制投标文件的能力。 | | | |
| 学习目标 | 素质 | 养成在调查研究和分析整理基础资料过程中认真严谨的良好素质；坚守诚信、公正、敬业、进取的原则；达到招标师助理岗位工作的职业素质要求。 | | |
| | 知识 | 掌握：投标书的编制和递送。<br>熟悉：投标的技巧；投标报价；理解投标决策及运用。<br>了解：投标工程程序；知道投标的环境与现场考察。 | | |
| | 技能 | 初步具备编制"投标文件"的能力（与人交流能力，与人合作能力、信息处理能力）。 | | |
| 任务描述 | 给出某工程案例背景，组织同学们学习有关招投标专业知识，完成工程投标文件编制的任务。 | | | |
| 教学方法 | 角色的扮演、项目驱动、启发引导、互动交流。 | | | |
| 组织实施 | 1. 资讯（明确任务、资料准备）<br>结合工程实际布置投标文件编制任务→招投标专业知识学习。<br>2. 决策（分析并确定工作方案）<br>分组讨论，依据收集到的相关资料，确定投标文件编制的工作分工。<br>3. 实施（实施工作方案）<br>编制投标文件。<br>4. 检查<br>提交投标文件。<br>5. 评估<br>教师扮演投标单位领导，学生扮演投标单位经营部投标书编制小组成员，对投标文件的具体内容进行答辩。 | | | |
| 教学手段 | 教学场所 | | 考核方式 | 其他 |
| 实物、多媒体 | 本班教室（外出参观本市建筑市场） | | 自评、互评、教师考评 | 本市建筑市场招投标程序介绍 |

## 实施 4.1　工程投标文件

我国《建筑法》第二十四条规定:"建筑工程的发包单位可以将建筑工程的勘察、设计、施工、设备采购一并发包给一个工程总承包单位,也可以将建筑工程勘察、设计、施工、设备采购的一项或多项发包给一个工程总承包单位,但是,不得将应由一个承包单位完成的建筑工程肢解成若干部分发包给几个承包单位。"建设工程项目投标文件应响应招标文件的要求进行编制。

工程投标文件一般由下列内容组成:

(1) 投标函及投标函附录;
(2) 法定代表人身份证明或附有法定代表人身份证明的授权委托书;
(3) 联合体协议书;
(4) 投标保证金;
(5) 已标价工程量清单;
(6) 施工组织设计;
(7) 项目管理机构;
(8) 拟分包项目情况表;
(9) 资格审查资料;
(10) 投标人须知前附表规定的其他材料。

## 实施 4.2　工程投标文件编制前的准备

投标文件编制前的准备工作包括获取投标信息与前期投标决策,即从众多市场招标信息中确定选取哪个(些)项目作为投标对象。这方面工作要注意以下问题。

### 4.2.1　收集信息、分析投标对象、确定投标策略

1. 收集信息

信息是一种资源，在工程项目投标活动中占有举足轻重的地位。准确、全面、及时地收集各项技术经济信息并确定信息的可靠性是投标成败的关键。工程项目投标活动中，需要收集的信息涉及面很广，其主要内容可以概括为以下几个方面。

(1) 项目的自然环境。主要包括工程所在地的地理位置和地形、地貌；气象状况，包括气温、湿度、主导风向、平均年降水量；洪水、台风及其他自然灾害状况等。

(2) 项目的市场环境。主要包括建筑材料、施工机械设备、燃料、动力、供水和生活用品的供应情况、价格水平，还包括过去几年批发物价和零售物价指数以及今后的变化趋势和预测；劳务市场情况，如工人技术水平、工资水平、有关劳动保护和福利待遇的规定等；金融市场情况，如银行贷款的难易程度以及银行贷款利率等。

(3) 项目的社会环境。投标人首先应当了解与项目有关的政治形势、国家政策等，即国家对该项目采取的是鼓励政策还是限制政策。同时还应了解在招标投标活动中以及在合同履行过程中有可能涉及的法律。

(4) 项目方面的情况。工程项目方面的情况包括工作性质、规模、发包范围；工程的技术规模和对材料性能及工人技术水平的要求；总工期及分批竣工交付使用的要求；施工场地的地形、地质、地下水位、交通运输、给水排水、供电、通信条件的情况；工程项目资金来源；对购买器材和雇佣工人有无限制条件；工程价款的支付方式；监理工程师的资历、职业道德和工作作风等。

(5) 业主的信誉。包括业主的资信情况、履约态度、支付能力，在其他项目上有无拖欠工程款的情况，对实施的工程需求的迫切程度，以及对工程的工期、质量、费用等方面的要求等。

(6) 投标人自身情况。投标人对自己内部情况、资料也应当进行归档管理。这类资料主要用于招标人要求的资格审查和本企业履行项目的可能性，包括反映本单位的技术能力、管理水平、信誉、工程业绩等各种资料。

(7) 有关报价的参考资料。

2. 对竞争对手的研究

主要工作是分析竞争对手的实力和优势，在当地的信誉；了解对手的投标报价的动态，与业主之间的人际关系等。以便与自己相权衡，从而分析取胜的可能性和制定相应的投标策略。

3. 对项目业主进行必要的调查

对项目业主的调查了解是确信实施工程所获得的酬金能否收回的前提。目前许多业主倚仗项目实施过程中的强势，蛮不讲理，长期拖欠工程款，致使项目承包人不仅不能获取利润，而且连成本都无法收回。还有些业主的工程负责人利用发包工程项目的机会，索要巨额回扣，中饱私囊，致使承包人苦不堪言。因此承包人必须对获得该项目之后，履行合同的各种风险进行认真的评估分析。机会可以带来收益，但不良的业主同样有可能使承包人陷入泥潭而不能自拔。利润总是与风险并存的。

4. 工程项目投标策略

投标策略可分为基本策略和附加策略。基本策略分为赢利策略、保险策略、风险策略与保本策略。附加策略可分为优化设计策略、缩短工期策略、附加优惠策略和低价索赔策略。

(1) 基本策略

1) 赢利策略：即在投标中以获取较大的利润为投标目标的策略。这种投标策略通常在建筑市场任务多，投标人对该项目拥有技术上的绝对优势、工期短、竞争对手少；或招标人意向明确；或投标人任务饱满，利润丰厚，且考虑让企业超负荷运转时才采用。

2) 保险策略：对可以预见的情况，从技术、设备、资金等重大问题都有了解决的对策之后再投标的策略。这种投标策略通常是投标人经济实力较弱，经不起失误的打击，往往采用的策略。当前，我国多数投标人特别在国际工程承包市场上都愿意采用这种投标策略。

3) 风险策略：即在投标中明知工程难度大、风险大，且在技术、设备、资金上都有未解决的问题，但市场竞争激烈，竞争对手较强；或投标人急于打入市场；或因为工程赢利丰厚；或为了开拓新技术领域而决定参加投标，这种投标策略为风险策略。投标后，如果风险不发生、问题解决得好，即意味着投标人的投标成功；如果风险发生、问题解决得不好，则意味着投标人要承担极大的风险损失。因此，采取风险策略投标必须审慎从事。

4) 保本策略：即当企业无后继工程；或已经出现部分停工；或建筑市场供不应求，竞争对手又多；投标人为了维持当前状况，不去追求高额利润，以不产生亏损为目标时采用的投标策略。

(2) 附加策略

1) 优化设计策略：即发现并修改原有施工图设计中存在的不合理情况或采用新技术优化设计方案。如果这种设计能大幅度降低工程造价或缩短工期，且设计方案可靠，则这种设计方案一经采纳，投标人即可获得中标资格。

2) 缩短工期策略：即通过先进的施工方案、施工方法、科学的施工组织或者优化设计来缩短合同工期。当评标的关键因素是工期时，则业主在评标过程中会将缩短工期后所带来的预期收益加以考虑，此时对投标人获取中标资格是有利的。

3) 附加优惠策略：即在得知业主资金较紧张或者主要材料供应有一定困难的情形下，通过向业主提出相应的优惠条件来取得中标资格的一种投标策略。例如，当承包人在得知业主的建设资金紧张的情况下，提出可以减免预付款甚至垫资施工，可以延期支付工程款，利用这种优惠条件，解决业主暂时困难，替业主分忧，为夺标创造条件。

4) 低价索赔策略：即在发现招标文件中存在许多漏洞甚至许多错误或业主的施工条件根本不具备，开工后必然违约的情形下有意将价格报低，先争取中标，中标后通过索赔来挽回低报价的损失。这种策略只有在合同条款中关于索赔的规定明显对己方有利的情形下才可采用，对于以 FIDIC 条款作为合同条款的项目招标不宜采用这种方法。

投标竞争中无论采取何种策略，决不能代替竞争的实力。实力是策略运用的前提，提高中标率最根本的还是靠投标人的经营管理水平，充分发挥投标人的人力、物力和财力优势；采用新技术、新工艺、新方法，提高质量，缩短工期，降低材料消耗,才能真正提高投标的中标率。

5. 考虑自身的优势、劣势和项目特点考虑报价策略

(1) 一般说来下列情况报价可高一些

1) 施工条件差(如场地狭窄、地处闹市)的工程;

2) 专业要求高的技术密集型工程,而本公司这方面有专长,声望也高时;

3) 总价低的小工程,以及自己不愿做而被邀请投标时,不便于不投标的工程;

4) 特殊的工程,如港口码头工程、地下开挖工程等;

5) 业主对工期要求急的工程;

6) 投标对手少的工程;

7) 支付条件不理想的工程。

(2) 下述情况报价应低一些

1) 施工条件好的工程,工作简单、工程量大而一般公司都可以做的工程,如大量的土方工程,一般房建工程等;

2) 本公司目前急于打入某一市场、某一地区,以及虽已在某地区经营多年,但即将面临没有工程的情况(某些国家规定,在该国注册公司一年内没有经营项目时,就撤销营业执照),机械设备等无工地转移时;

3) 附近有工程而本项目可以利用该项工程的设备、劳务或有条件短期内突击完成的;

4) 投标对手多,竞争力激烈时;

5) 非急需工程;

6) 支付条件好,如有预付款、进度款支付比例高。

6. 组建投标工作机构

投标工作机构一般由经营管理类人才、专业技术类人才、商务金融类人才构成。

7. 准备和提交资格预审资料

资格预审是投标人投标过程中需要通过的第一关。参加一个工程招标的资格预审,应全力以赴,力争通过预审,成为可以投标的合格投标人。(资格预审申请文件的内容与格式见本教材任务 2 的相关内容)。

投标人申请资格预审时应注意如下问题:

(1) 应注意资格预审有关资料的积累工作。

(2) 加强填表时的分析。

(3) 注意收集信息。

(4) 作好递交资格预审申请后的跟踪工作。

总之,资格预审文件不仅能起到通过资格预审的作用,而且还是企业重要的宣传资料。

**应用案例**:某预算价值 1.4 亿元的水电站资格预审文件规定,未回答所有问题的申请人可能被拒绝。一家承包过大型水电站工程的承包人虽回答了大部分问题,但未填答有关财务的问题,而是用过去 5 年的财务审计报告代替。

同时，在资格预审中，招标人认为该申请人不具备承包资格，理由是该申请人以往的一项合同成绩不佳，但根据资格预审文件所规定的标准，招标人聘请的评审咨询专家都认为该申请人的经验、技术和财力足以承担这项工程。

【分析】资格预审的目的是了解申请人的经验、技术和财务能力能否承担合同任务。一是招标人的规定不灵活，申请人已用5年的财务审计报告说明了其财务能力。如果招标人为慎重起见，可以要求申请人进一步澄清；二是投标申请人填报时严格按要求填报以免带来不必要的麻烦。

### 4.2.2 研究招标文件，校核工程量

通过了资格审查的投标人，在取得招标文件之后，首要的工作就是认真仔细研究招标文件，充分了解其内容和要求，以便有针对性地安排投标工作。招标文件的研究工作包括：

(1) 招标项目综合说明，熟悉工程项目全貌；
(2) 研究设计文件，为制定报价或制定施工方案提供确切的依据；
(3) 研究合同条款，明确中标后的权利与义务；
(4) 研究投标须知，提高工作效率，避免造成废标等。

对于校核的工作量，可能今后会增加工程量的可以在标前会上不提出，报一个高价；可能会减少的工程量要在标前会上提出力争更正。

### 4.2.3 选择投标技巧

投标人为了中标和取得期望的收益，必须在保证满足招标文件各项要求的条件下，研究和运用投标技巧。投标技巧的研究与运用贯穿于整个投标过程中。

**应用案例**

(1) 案例一

【案例背景】某工程在施工招标文件中规定：本工程有预付款，数额为合同价款的10%，在合同签署并生效后7日内支付，当进度款支付达合同总价的60%时一次性全额扣回，工程进度款按季度支付。

某承包商准备对该项目投标，图纸计算，报价为9000万元，总工期为24个月，其中：基础工程估价为1200万元，工期为6个月，上部结构工程估价为4800万元，为12个月；装饰和安装工程估价为3000万元，工期为6个月。

该承包商为了既不影响中标，又能在中标后取得较好的收益，决定对原报价作适当调整，基础工程调整为1300万元，结构工程调整为5000万元，装饰和安装工程调整为2700万元。

另外，承包商还考虑到，该工程虽然有预付款，但平时工程款按季度支付不利于资金周转，决定除按上述调整后的数额报价外，还建议业主将支付条件改为：预付款为合同价的5%，工程款按月支付，其余条款不变。

【分析思考】
1) 该承包商所采用的不平衡报价法是否恰当？为什么？

2）除了不平衡报价法，该承包商还运用了哪一种报价技巧？运用是否得当？

(2) 案例二

**【案例背景】** 某建设单位为一座集装箱仓库的屋盖进行工程招标，该工程为 60000m² 的仓库，上面为 6 组拼连的屋盖，每组约 10000m²，原招标方案用大跨度的普通钢屋架、檩条和彩色涂层压型钢板的传统式屋盖。招标文件规定除按原方案报价外，允许投标者提出新的建议方案和报价，但不能改变仓库的外形和下部结构。A 公司参加了投标，除严格按照原方案报价外，提出的新建议是，将普通钢屋架——檩条结构改为钢管构件的螺栓球接点空间网架结构。这个新建议方案不仅节省大量钢材，而且可以在 A 公司所属加工厂加工制作构件和接点后，用集装箱运到该项目现场进行拼装，从而大大降低了工程造价，施工周期可以缩短两个月。开标后，按原方案的报价，A 公司名列第 5 名；其可供选择的建议方案报价最低、工期最短且技术先进。招标人派专家到 A 公司考察，看到大量的大跨度的飞机库和体育场馆均采用球接点空间网架结构，技术先进、可靠，而且美观，因此宣布将这个仓库的大型屋盖工程以近 3000 万元的承包价格授予这家 A 公司。

**【分析思考】**

本项目是否属于一个项目投了两个标？

---

**知识链接**

投标人为了中标和取得期望的收益，必须在保证满足招标文件各项要求的条件下，研究和运用投标技巧。投标技巧的研究与运用贯穿于整个投标过程中。具体表现形式如下：

1. 不平衡报价法：指在总价基本确定的前提下，如何调整内部各个子项的报价，以期既不影响总报价，也不影响中标，又能在中标后投标人尽早收回垫支于工程中的资金和获取较好的经济效益。但要注意避免畸高畸低现象，避免失去中标机会。通常采用的不平衡报价有下列几种情况：

(1) 对能早期结账收回工程款的项目（如土方、基础等）的单价可报以较高价，以利于资金周转；对后期项目（如装饰、电气设备安装等）单价可适当降低。

(2) 经过工程量复核，估计今后工程量会增加的项目，其单价可提高，而工程量会减少的项目，其单价可降低。但上述两点要统筹考虑。对于工程量数量有错误的早期工程，如不可能完成工程量表中的数量，则不能盲目抬高单价，需要具体分析后再确定。

(3) 设计图纸内容不明确或有错误，估计修改后工程量要增加的，其单价可提高；而工程内容不明确的，其单价可降低。

(4) 没有工程量而只填报单价的项目（如土方超运、开挖淤泥等），其单价宜高。这样，既不影响投标总价，又可多获利。

(5) 对于暂定项目，其实施的可能性大的项目，价格可定高价；估计该工程不一定实施的可定低价。

(6) 对于允许价格调整的工程,当银行利率低于物价上涨幅度时,则后期施工的项目的单价报价高;反之,报价低。

(7) 国际工程中零星用工(计日工)一般可稍高于工程单价表中的工资单价,之所以这样做是因为零星用工不属于承包有效合同总价的范围,发生时实报实销,也可多获利。需要指出的是,这一点与我国目前实施的《建设工程工程量清单计价规范》规定有所不同。

2. 多方案报价法

多方案报价法有两种情形:

其一,有时招标文件中规定,可以提一个建议方案,即可以修改原设计方案,提出投标者的方案,这种新的建议方案可以降低总造价或提前竣工或使工程运用更合理,促成自己方案中标。

其二,是利用招标文件中工程说明书不够明确,或合同条款、技术要求过于苛刻时,以争取达到修改工程说明书和合同为目的的一种报价方法。其方法是:若业主拟定的合同条件要求过于苛刻,为使业主修改合同要求,可准备"两个报价"。并阐明按原合同要求规定,投标报价为某一数值;倘若合同要求作某些修改,则投标报价为另一数值。即比前一数值的报价低一定百分点,以此吸引业主修改合同条件。

3. 突然降价法:报价是一项保密性工作,但是竞争对手往往会通过各种渠道和手段来获取相关情报,因此在报价时可以采用迷惑对手的竞争手段。即在整个报价过程中,仍按一般情况报价,甚至有意无意地将报价泄露,或者表示对工程兴趣不大,等到临近投标截止时间时突然降价,使竞争对手措手不及,从而解决标价保密问题,提高竞争能力和中标机会。

## 实施 4.3 工程投标文件的编制与递交

### 4.3.1 投标文件的编写、签署、装订、密封

1. 投标文件编写

(1) 投标文件应按招标文件规定的格式编写,如有必要可增加附页,作为投标文件组成部分。

(2) 投标文件应对招标文件有关工期、投标有效期、质量要求、技术标准和要

求、招标范围等实质性内容作出全面具体的响应。

(3) 投标文件正本应用不褪色墨水书写或打印。

2. 投标文件签署

投标函及投标函附录、已标价工程量清单（或投标报价表、投标报价文件）、调价函及调价后报价明细目录等内容，应由投标人的法定代表人或其委托代理人逐页签署姓名，并按招标文件签署规定加盖投标人单位印章。以联合体形式参与投标的，投标文件应按联合体投标协议，由联合体牵头人的法定代表人或其委托代理人按上述规定签署并加盖联合体牵头人单位印章。

3. 投标文件装订

(1) 投标文件正本与副本应分别装订成册，并编制目录，封面上应标记"正本"或"副本"，正本和副本份数应符合招标文件规定。

(2) 投标文件正本与副本都不得采用活页夹，并要求逐页标注连续页码，否则，招标人对由于投标文件装订松散而造成的丢失或其他后果不承担任何责任。

4. 投标文件的密封、包装

投标文件应该按照招标文件规定密封、包装。对投标文件密封的规范要求有：

(1) 投标文件正本与副本应分别包装在内层封套里，投标文件电子文件（如需要）应放置于正本的同一内层封套里，然后统一密封在一个外层封套中，加密封条和盖投标人密封印章。国内招标的投标文件一般采用一层封套。

(2) 投标文件内层封套上应清楚标记"正本"或"副本"字样。投标文件内层封套应写明：投标人邮政编码，投标人地址，投标人名称，所投项目名称和标段。投标文件外层封套应写明：招标人地址及名称，所投项目名称和标段，开启时间等。也有些项目对外层封套的标识有特殊要求，如规定外层封套上不应有任何识别标志。当采用一层封套时，内外层的标记均合并在一层封套上。

投标文件密封标识除允许微小偏差外，未按招标文件规定要求密封和标记的，招标人将拒绝接收。

### 4.3.2　投标文件递交

《招标投标法》第 28 条规定：投标人应当在招标文件要求递交投标文件的截止时间前，将投标文件送达招标文件规定的地点。招标人收到投标文件后，应当签收保存，不得开启。

递交投标文件最佳方式是直接或委托代理人送达，以便获得招标代理机构已收到投标文件的回执。如果以邮寄方式送达，投标人必须留出邮寄的时间，保证投标文件能够在截止日之前送达招标人指定地点。

注意投标文件送达的"到达主义"，即：必须在招标文件规定的投标截止时间之前送达；邮寄方式送达应以招标人实际收到时间为准，而不是以"邮戳为准"。

招标文件要求投标人递交投标保证金的，投标人应按照招标文件规定的金额、担保形式和格式等要求提前从其基本账户转出，并在投标截止时间前到达招标人或招标代理机构账户。

机电产品国际招标的部分招标投标程序和管理在中国国际招标网上进行。招标代理机构在网上进行项目建档、招标公告发布、评标结果公示等招标程序。投标人必须于投标截止期前在招标网上成功注册。否则，投标人将不能有效地进入招标程序。

### 4.3.3 投标保证金

1. 投标保证金的形式

投标保证金的形式有很多，具体方式由招标人在招标文件中规定。可以采用的形式：银行保函或不可撤销的信用证、保兑支票、银行汇票、现金支票、现金、招标文件中规定的其他形式。不可以采用的形式：质押、抵押。

依法必须进行招标的项目的境内投标单位，以现金或者支票形式提交的投标保证金应当从其基本账户转出。招标人不得挪用投标保证金。

2. 投标保证金的额度

根据《招标投标法实施条例》第26条规定：招标人在招标文件中要求投标人提交的，投标保证金不得超过招标项目估算价的2%。

根据《工程建设项目施工招标投标办法》第37条、《工程建设项目货物招标投标办法》第27条规定：投标保证金不得超过项目估算价的百分之二，但最高不得超过八十万元人民币。

根据《工程建设项目勘察设计招标投标办法》第24条规定：招标文件要求投标人提交投标保证金的，保证金数额不得超过勘察设计估算费用的百分之二，最多不超过十万元人民币。

国际上常见的投标担保的保证金数额为2%~5%。

3. 投标保证金的递交时间

投标保证金应在投标文件提交截止时间之前送达。

注意"到达主义"，即：以电汇、转账、电子汇兑等形式提交，以款项实际到账时间作为送达时间；以现金或见票即付的票据形式提交，以实际交付时间作为送达时间。

4. 投标保证金的有效期

投标保证金有效期与投标有效期一致。

5. 投标保证金的接收者

投标人应当按照招标文件要求的方式和金额，将投标保证金随投标文件提交给招标人或其委托的招标代理机构。

6. 投标保证金的退还

招标人最迟应当在书面合同签订后5日内向中标人和未中标的投标人退还投标保证金及银行同期存款利息。

7. 违约责任

《招标投标法实施条例》第74条规定：中标人无正当理由不与招标人订立合同，在签订合同时向招标人提出附加条件，或者不按照招标文件要求提交履约保证金的，取消其中标资格，投标保证金不予退还。

《工程建设项目施工招标投标办法》第40条规定：在提交投标文件截止时间后到招标文件规定的投标有效期终止之前，投标人不得撤销其投标文件，否则招标人可以不退还其投标保证金。

采用银行保函或者担保公司保证书的，除不可抗力外，投标人在开标后和投标有效期内撤回投标文件，或者中标后在规定时间内不与招标人签订工程合同的，由提供担保的银行或者担保公司按照担保合同承担赔偿责任。

如果是收取投标定金的，除不可抗力外，投标人在开标后的有效期内撤回投标文件，或者中标后在规定时间内不与招标人签订工程合同的，招标人可以没收其投标定金；实行合理低价中标的，还可以要求按照与第二标投标报价的差额进行赔偿。

除不可抗力因素外，招标人不与中标人签订工程合同的，招标人应当按照投标保证金的两倍返还中标人。给对方造成损失的，依法承担赔偿责任。

### 4.3.4 投标文件的修改与撤回

《招标投标法》第29条规定：投标人在招标文件要求提交投标文件的截止时间前，可以补充、修改或者撤回已提交的投标文件，并书面通知招标人。补充、修改的内容为投标文件的组成部分。

投标截止时间之后对投标文件补充或修改，招标人不予接受，撤回投标文件，将被没收投标保证金。

### 4.3.5 递交投标文件时要注意的事项

1. 参与投标的限制性规定

投标人是响应招标、参加投标竞争的法人或者其他组织。

《招标投标法实施条例》第34条规定：与招标人存在利害关系可能影响招标公正性的法人、其他组织或者个人，不得参加投标。单位负责人为同一人或者存在控股、管理关系的不同单位，不得参加同一标段投标或者未划分标段的同一招标项目投标。违反上述规定的，相关投标均无效。

《工程建设项目施工招标投标办法》第35条规定：招标人的任何不具独立法人资格的附属机构（单位），或者为招标项目的前期准备或者监理工作提供设计、咨询服务的任何法人及其任何附属机构（单位），都无资格参加该招标项目的投标。

《工程建设项目货物招标投标办法》第32条规定：法定代表人为同一个人的两个及两个以上法人，母公司、全资子公司及其控股公司，都不得在同一货物招标中同时投标。一个制造商对同一品牌同一型号的货物，仅能委托一个代理商参加投标。

2. 投标文件的拒收

《招标投标法实施条例》第36条规定：未通过资格预审的申请人提交的投标文件，以及逾期送达或者不按照招标文件要求密封的投标文件，招标人应当拒收。

## 实施 4.4　案例分析

现以（2010年版）《中华人民共和国标准施工招标文件》所附投标文件格式，根据工作任务3的实施3.3的案例背景资料，编写施工投标文件的部分内容，供学习和编写投标文件时参考。

**（投标文件封面）**

(项目名称)＿＿＿＿＿＿＿＿标段施工招标
投标文件

投标人：＿＿＿＿＿＿＿＿＿＿＿（盖单位章）
法定代表人或其委托代理人：＿＿＿＿＿＿（签字）
　　　　　　　　　　　　　　　＿＿＿＿年＿＿月＿＿日

**目　录**

一、投标函及投标函附录
二、法定代表人身份证明
二、授权委托书
三、联合体协议书
四、投标保证金
五、已标价工程量清单
六、施工组织设计
七、项目管理机构
八、拟分包项目情况表
九、资格审查资料
十、其他材料

一、投标函及投标函附录
（一）投标函

致：_____（招标人名称）
　　在考察现场并充分研究_____（项目名称）_____标段（以下简称"本工程"）施工招标文件的全部内容后，我方兹以：
　　人民币（大写）：_____元
　　RMB￥：_____元
　　的投标价格和按合同约定有权得到的其他金额，并严格按照合同约定，施工、竣工和交付本工程并维修其中的任何缺陷。
　　在我方的上述投标报价中，包括：
　　安全文明施工费 RMB￥：_____元
　　暂列金额（不包括计日工部分）RMB￥：___元
　　专业工程暂估价 RMB￥：_____元
　　如果我方中标，我方保证在_____年_____月_____日或按照合同约定的开工日期开始本工程的施工，_____天（日历日）内竣工，并确保工程质量达到_____标准。我方同意本投标函在招标文件规定的提交投标文件截止时间后，在招标文件规定的投标有效期期满前对我方具有约束力，且随时准备接受你方发出的中标通知书。
　　随本投标函递交的投标函附录是本投标函的组成部分，对我方构成约束力。
　　随同本投标函递交投标保证金一份，金额为人民币（大写）：_____元。
　　在签署协议书之前，你方的中标通知书连同本投标函，包括投标函附录，对双方具有约束力。
　　投标人（盖章）：
　　法人代表或委托代理人（签字或盖章）：
　　日期：_____年_____月_____日
　　备注：采用综合评估法评标，且采用分项报价方法对投标报价进行评分的，应当在投标函中增加分项报价的填报。

## （二）投标函附录

工程名称：_____（项目名称）_____标段

| 序号 | 条款内容 | 合同条款号 | 约定内容 | 备注 |
|---|---|---|---|---|
| 1 | 项目经理 | 1.1.2.4 | 姓名：_____ | |
| 2 | 工期 | 1.1.4.3 | _____日历天 | |
| 3 | 缺陷责任期 | 1.1.4.5 | | |
| 4 | 承包人履约担保金额 | 4.2 | | |
| 5 | 分包 | 4.3.4 | 见分包项目情况表 | |
| 6 | 逾期竣工违约金 | 11.5 | _____元/天 | |
| 7 | 逾期竣工违约金最高限额 | 11.5 | _____ | |
| 8 | 质量标准 | 13.1 | | |
| 9 | 价格调整的差额计算 | 16.1.1 | 见价格指数权重表 | |
| 10 | 预付款额度 | 17.2.1 | | |
| 11 | 预付款保函金额 | 17.2.2 | | |
| 12 | 质量保证金扣留百分比 | 17.4.1 | | |
| | 质量保证金额度 | 17.4.1 | | |
| …… | …… | | | |

备注：投标人在响应招标文件中规定的实质性要求和条件的基础上，可做出其他有利于招标人的承诺。此类承诺可在本表中予以补充填写。

投标人（盖章）：

法人代表或委托代理人（签字或盖章）：

日期：_____年_____月_____日

## 价格指数权重表

| 名称 | | 基本价格指数 | | 权重 | | | 价格指数来源 |
|---|---|---|---|---|---|---|---|
| | | 代号 | 指数值 | 代号 | 允许范围 | 投标人建议值 | |
| 定值部分 | | | | A | | | |
| 变值部分 | 人工费 | $F_{01}$ | | $B_1$ | ___至___ | | |
| | 钢材 | $F_{02}$ | | $B_2$ | ___至___ | | |
| | 水泥 | $F_{03}$ | | $B_3$ | ___至___ | | |
| | …… | …… | | …… | …… | | |
| | | | | | | | |
| 合计 | | | | | | 1.00 | |

### 4.4.1 投标函及其附录

投标函及其附录是指投标人按照招标文件的条件和要求，向招标人提交的有关投标报价、工期、质量目标等要约内容的函件，是投标人为响应招标文件相关要求所做的概括性核心函件，一般位于投标文件首要部分，其内容、格式必须符合招标文件的规定。投标人提交的投标函内容、格式需严格按照招标文件提供的统一格式编写，不得随意增减内容。

1. 投标函

（1）工程投标函的内容及特点。工程投标函包括投标人告知招标人投标项目具体名称和具体标段，以及投标报价、工期和达到的质量目标等。

1）投标有效期。投标有效期从提交投标文件的截止之日起算，是指为保证招标人有足够的时间在开标后完成评标、定标、合同签订等工作而要求投标人提交的投标文件在一定时间内保持有效的期限，该期限由招标人在招标文件中载明。投标函中，投标人应当填报投标有效期限和在有效期内相关的承诺。例如"我方同意在规定的开标之日起 28 天的投标有效期内严格遵守本投标文件的各项承诺。在此期限届满之前，本投标文件始终对我方具有约束力，并随时接受中标。我方承诺在投标有效期内不修改和不撤销投标文件。"《标准施工招标文件》中指出：

①在投标人须知前附表规定的投标有效期内，投标人不得要求撤销或修改其投标文件。

②出现特殊情况需要延长投标有效期的，招标人以书面形式通知所有投标人延长投标有效期。投标人同意延长的，应相应延长其投标保证金的有效期，但不得要求或被允许修改或撤销其投标文件；投标人拒绝延长的，其投标失效，但投标人有权收回其投标保证金。

2）投标担保。

3）中标后的承诺。从理论上讲，每个投标人都存在中标的可能性，所以应在投标函中要求每个投标人对中标后的一些责任和义务进行承诺。例如，要求投标人承诺：

①在收到中标通知书后，按照招标文件规定向招标人递交履约担保；

②在中标通知书规定的期限内与招标人签订合同；

③提交的投标函及其附录作为合同的组成部分；

④在合同约定的期限内完成并移交全部合同工程；

⑤所提交的整个投标文件及有关资料完整、准确、真实有效，且不存在招标文件不允许的情形。

4）投标函的签署。投标人承诺的执行性和可操作性都基于投标人的书面签署，因此在投标函格式部分均应按招标文件要求由投标人签字或盖法人印章、法定代表人或其委托代理人签字，明确投标人的联系方式（包括地址、网址、电话、传真、邮政编码等），作为对投标函内容的确认。

①投标文件应按照招标文件提供的统一格式编写，投标人有针对性地填写有空格

的地方，评标时评标专家可以一目了然，减少废标的可能性，简化评标的工作。

②货物投标函内容及特点。货物投标函内容与工程投标函内容基本相同，包括投标项目名称、标包号和名称、投标文件主要构成内容、投标总价等。

③服务投标函内容及特点。服务投标函内容一般包括投标人告知招标人本次所投的项目具体名称和具体标段、投标报价、投标有效期、承诺的服务期限和达到的质量目标、投标函签署等，这些内容与工程及货物招标投标函相关内容基本一致。服务投标函还包括投标人对其权利、义务的声明：

A. 投标人自行承担因对招标文件不理解或误解而产生的后果。投标人充分理解招标人本次招标活动所采取的程序性办法及相应安排。

B. 投标人保证遵守招标文件的全部规定，确认其提交的材料所陈述内容和声明均是真实和正确的。

C. 确认招标人有权根据招标文件的规定，在投标人未能履行规定责任时没收其投标保证金。

D. 保证投标文件的所有内容均属独立完成，未经与其他投标人以限制本项目的竞争为目的协商、合作或达成谅解后完成。

2. 投标函附录

（1）工程投标函附录的特点。投标函附录一般附于投标函之后，共同构成合同文件的重要组成部分，主要内容是对投标文件中涉及关键性或实质性的内容条款进行说明或强调。

投标人填报投标函附录时，在满足招标文件实质性要求的基础上，可以提出比招标文件要求更有利于招标人的承诺。一般以表格形式摘录列举。其中"序号"一般是根据所列条款名称在招标文件合同条款中的先后顺序进行排列；"条款名称"为所摘录条款的关键词；"合同条款号"为所摘录条款名称在招标文件合同条款中的条款号；"约定内容"是投标人投标时填写的承诺内容。

工程投标函附录所约定的合同重点条款应包括工程缺陷责任期、履约担保金额、发出开工通知期限、逾期竣工违约金、逾期竣工违约金限额、提前竣工的奖金、提前竣工的奖金限额、价格调整的差额计算、工程预付款、材料、设备预付款等对于合同执行中需投标人响应和引起重视的关键数据。

投标函附录除对以上合同重点条款摘录外，也可以根据项目的特点、需要，并结合合同执行者重视的内容进行摘录，这有助于投标人仔细阅读并深刻理解招标文件重要的条款和内容。如采用价格指数进行价格调整时，可增加价格指数和权重表等合同条款，由投标人填报。

（2）货物投标一览表的特点。货物投标文件中必须有投标一览表，其作用与工程投标文件中的投标函附录类似。投标一览表主要内容包括货物名称、数量、规格和型号、制造商名称、投标报价、投标保证金、交货期等。

（3）服务投标函的特点。服务招标在投标函附录（或投标一览表）中可重点摘录和强调的内容包括项目负责人、各阶段服务的期限、赔偿的限额、服务费用的支付期限、预付款、履约担保等。投标人提交的投标函附录（或投标一览表）内容、格式需严格按照招标文件提供的统一格式编写，不得随意增减内容。

二、法定代表人身份证明

投标人名称：_____
单位性质：_____
地址：_____
成立时间：_____年_____月_____日
经营期限：_____
姓名：_____ 性别：_____ 年龄：_____ 职务：_____
系_____（投标人名称）的法定代表人。

特此证明。

投标人：_____（盖单位章）
_____年_____月_____日

二、授权委托书

本人_____（姓名）系_____（投标人名称）的法定代表人，现委托_____（姓名）为我方代理人。代理人根据授权，以我方名义签署、澄清、说明、补正、递交、撤回、修改_____（项目名称）_____标段施工投标文件、签订合同和处理有关事宜，其法律后果由我方承担。

委托期限：_____
代理人无转委托权。
附：法定代表人身份证明

投 标 人：_____（盖单位章）
法定代表人：_____（签字）
身份证号码：_____
委托代理人：_____（签字）
身份证号码：_____
_____年_____月_____日

### 4.4.2 法定代表人身份证明及其授权委托书

1. 法定代表人身份证明

在招标投标活动中,法定代表人代表法人的利益行使职权,全权处理一切民事活动。因此,法定代表人身份证明十分重要,用以证明投标文件签字的有效性和真实性。

投标文件中的法定代表人身份证明,一般应包括:投标人名称、单位性质、地址、成立时间、经营期限等投标人的一般资料,除此之外还应有法定代表人的姓名、性别、年龄、职务等有关法定代表人的相关信息和资料。法定代表人身份证明应加盖投标人的法人印章。

2. 授权委托书

若投标人的法定代表人不能亲自签署投标文件进行投标,则法定代表人需授权代理人全权代表其在投标过程和签订合同中执行一切与此有关的事项。

授权委托书中应写明投标人名称、法定代表人姓名、代理人姓名、授权权限和期限等,授权委托书一般规定代理人不能再次委托,即代理人无转委托权。法定代表人应在授权委托书上亲笔签名。根据招标项目的特点和需要,也可以要求投标人对授权委托书进行公证。

---

三、联合体协议书

牵头人名称:_____

法定代表人:_____

法定住所:_____

成员二名称:_____

法定代表人:_____

法定住所:_____

……

鉴于上述各成员单位经过友好协商,自愿组成_____(联合体名称)联合体,共同参加_____(招标人名称)(以下简称招标人)_____(项目名称)_____标段(以下简称本工程)的施工投标并争取赢得本工程施工承包合同(以下简称合同)。现就联合体投标事宜订立如下协议:

1. _____(某成员单位名称)为_____(联合体名称)牵头人。

2. 在本工程投标阶段,联合体牵头人合法代表联合体各成员负责本工程投标文件编制活动,代表联合体提交和接收相关的资料、信息及指示,并处理与投标和中标有关的一切事务;联合体中标后,联合体牵头人负责合同订立和合同实施阶段的主办、组织和协调工作。

3. 联合体将严格按照招标文件的各项要求,递交投标文件,履行投标义务和中标后的合同,共同承担合同规定的一切义务和责任,联合体各成员单位按照内部职责的部分,承担各自所负的责任和风险,并向招标人承担连带责任。

4. 联合体各成员单位内部的职责分工如下：_____。按照本条上述分工，联合体成员单位各自所承担的合同工作量比例如下：_____。

5. 投标工作和联合体在中标后工程实施过程中的有关费用按各自承担的工作量分摊。

6. 联合体中标后，本联合体协议是合同的附件，对联合体各成员单位有合同约束力。

7. 本协议书自签署之日起生效，联合体未中标或者中标时合同履行完毕后自动失效。

8. 本协议书一式_____份，联合体成员和招标人各执一份。

牵头人名称：_____（盖单位章）
法定代表人或其委托代理人：_____（签字）

成员二名称：_____（盖单位章）
法定代表人或其委托代理人：_____（签字）
……

_____年____月____日

备注：本协议书由委托代理人签字的，应附法定代表人签字的授权委托书。

### 4.4.3 联合体协议书

凡联合体参与投标的，均应签署并提交联合体协议书。投标文件需要提交联合体协议书时，须着重考虑以下几点：

1. 采用资格预审，且接受联合体投标的招标项目，投标人应在资格预审申请文件中提交联合体协议书正本。当通过资格预审后递交投标文件时，只需提交原联合体协议书副本或正本复印件，可不再要求投标人提交联合体协议书正本，以防止前后提交两个正本可能出现差异而导致投标人资格失效。

2. 项目招标采用资格后审时，如接受联合体投标，则投标文件中应提交联合体协议书正本。

3. 联合体协议书的内容：

（1）联合体成员的数量。联合体协议书中首先必须明确联合体成员的数量。其数量必须符合招标文件的规定，否则将视为不响应招标文件规定，而作为废标。

（2）牵头人和成员单位的名称。联合体协议书中应明确联合体牵头人，并规定牵头人职责、权利及义务。

（3）联合体协议中牵头人的职责、权利及义务一般有如下约定：

1) 编制本项目投标文件；

2) 接收与本项目投标有关资料、信息及指示，并处理与之有关一切事务；

3) 递交投标文件，进行合同谈判；

4) 负责履行合同阶段的主办、组织和协调工作。

(4) 联合体内部分工。联合体协议书一项重要内容是明确联合体各成员的职责分工和专业范围，以便招标人对联合体各成员专业资质业绩进行审查，并防止中标后联合体成员产生纠纷。

(5) 签署。联合体协议书应按招标文件规定进行签署和盖章。

---

**四、投标保证金**

保函编号：_____

_____（招标人名称）：

鉴于_____（投标人名称）（以下简称"投标人"）参加你方_____（项目名称）_____标段的施工投标，_____（担保人名称）（以下简称"我方"）受该投标人委托，在此无条件地、不可撤销地保证：一旦收到你方提出的下述任何一种事实的书面通知，在7日内无条件地向你方支付总额不超过_____（投标保函额度）的任何你方要求的金额：

1. 投标人在规定的投标有效期内撤销或者修改其投标文件。

2. 投标人在收到中标通知书后无正当理由而未在规定期限内与贵方签署合同。

3. 投标人在收到中标通知书后未能在招标文件规定期限内向贵方提交招标文件所要求的履约担保。

本保函在投标有效期内保持有效，除非你方提前终止或解除本保函。要求我方承担保证责任的通知应在投标有效期内送达我方。保函失效后请将本保函交投标人退回我方注销。

本保函项下所有权利和义务均受中华人民共和国法律管辖和制约。

担保人名称：_____（盖单位章）

法定代表人或其委托代理人：_____（签字）

地　　址：_____

邮政编码：_____

电　　话：_____

传　　真：_____

_____年_____月_____日

备注：经过招标人事先的书面同意，投标人可采用招标人认可的投标保函格式，但相关内容不得背离招标文件约定的实质性内容。

> 五、已标价工程量清单
>
> 说明：已标价工程量清单按第五章"工程量清单"中的相关清单表格式填写。构成合同文件的已标价工程量清单包括按招标文件第五章"工程量清单"有关工程量清单、投标报价以及其他说明的内容。

### 4.4.4 投标报价

投标人应该按照招标文件中提供工程量清单或货物、服务清单及其投标报价表格式要求编制投标报价文件。

投标人根据招标文件及相关信息，计算出投标报价，并在此基础上研究投标策略；提出反映自身竞争能力的报价。可以说，投标报价对投标人竞标的成败和将来实施项目的盈亏具有决定性作用。

按招标文件规定格式编制、填写投标报价表及相关内容和说明等报价文件是投标文件的核心内容，招标文件往往要求投标人的法定代表人或其委托代理人对报价文件内容逐页亲笔签署姓名，并不得进行涂改或删减。

1. 工程量清单报价

工程招标的"工程量清单"是根据招标项目具体特点和实际需要编制，并与"投标人须知"、"通用合网条款"、"专用合同条款"、"技术标准与要求"、"图纸"等内容相衔接。工程量清单中的计量、计价规则依据招标文件规定，并符合有关国家和行业标准的规定。

投标人根据招标文件中工程量清单以及计价要求，结合施工现场实际情况及施工组织设计，按照企业工程施工定额或参照政府工程造价管理机构发布的工程定额，结合市场人工、材料、机械等要素价格信息进行投标报价。

2. 货物投标报价表

货物投标应按照招标文件的货物需求一览表和统一的报价表格式要求进行投标报价。投标人应认真阅读招标文件中的报价说明，全面、正确和详尽地理解招标文件报价要求，避免与招标文件实质性要求发生偏离。

投标人应根据招标文件规定的报价要求、价格构成和市场行情，考虑设备、附件、备品备件、专用工具生产成本，以及合同条款中规定的交货条件、付款条件、质量保证、运输保险及其他伴随服务等因素报出投标价格。投标报价一般包含所需货物及包装费、保险费、各种税费、运输费等招标人指定地点交货的全部费用和技术服务等费用。

货物投标报价除填写投标一览表外，还应填写分项报价表。分项报价表中要对主设备及附件、备品备件、专用工具、安装、调试、检验、培训、技术服务等项目逐项填写并报价。但简易小型的货物，一般不需要安装、培训等项目。复杂、大型成套设备，除了提交设计、安装、培训、调试、检验等的报价外，还应该提交培训计划、备品备件、专用工具清单等。根据招标文件要求，还可能提交推荐的备品备件清单及报价。

填写报价表，应逐一填写并特别注意分项报价的准确性及分项合价的对应性。正确填写报价表后，应按照招标文件的要求签字、盖章。

3. 服务投标报价文件

服务招投标中，投融资与特许经营、勘察、设计、监理、项目管理、科研与咨询服务等招标，投标人应根据招标文件规定的服务期、服务量、拟投入服务人的数量以及服务方案，结合企业经营管理水平、财务状况、服务业务能力、履约情况、类似项目服务经验、企业资源优势等编制投标报价文件。投标报价文件包括：

(1) 服务费用说明；

(2) 服务费用估算汇总表；

(3) 服务费用估算分项明细表等。其中投融资与特许经营的投标文件还应按照招标文件要求提供完整的项目融资方案、财务分析、服务费价格方案及分析报告。

六、施工组织设计

1. 投标人应根据招标文件和对现场的勘察情况，采用文字并结合图表形式，参考以下要点编制本工程的施工组织设计：

(1) 施工方案及技术措施；

(2) 质量保证措施和创优计划；

(3) 施工总进度计划及保证措施（包括以横道图或标明关键线路的网络进度计划、保障进度计划需要的主要施工机械设备、劳动力需求计划及保证措施、材料设备进场计划及其他保证措施等）；

(4) 施工安全措施计划；

(5) 文明施工措施计划；

(6) 施工场地治安保卫管理计划；

(7) 施工环保措施计划；

(8) 冬季和雨季施工方案；

(9) 施工现场总平面布置（投标人应递交一份施工总平面图，绘出现场临时设施布置图表并附文字说明，说明临时设施、加工车间、现场办公、设备及仓储、供电、供水、卫生、生活、道路、消防等设施的情况和布置）；

(10) 项目组织管理机构（若施工组织设计采用"暗标"方式评审，则在任何情况下，"项目管理机构"不得涉及人员姓名、简历、公司名称等暴露投标人身份的内容）；

(11) 承包人自行施工范围内拟分包的非主体和非关键性工作、材料计划和劳动力计划；

(12) 成品保护和工程保修工作的管理措施和承诺；

(13) 任何可能的紧急情况的处理措施、预案以及抵抗风险（包括工程施工过程中可能遇到的各种风险）的措施；

(14) 对总包管理的认识以及对专业分包工程的配合、协调、管理、服务方案;

(15) 与发包人、监理及设计人的配合;

(16) 招标文件规定的其他内容。

2. 若投标人须知规定施工组织设计采用技术"暗标"方式评审,则施工组织设计的编制和装订应按附表七"施工组织设计(技术暗标部分)编制及装订要求"编制和装订施工组织设计。

3. 施工组织设计除采用文字表述外可附下列图表,图表及格式要求附后。若采用技术暗标评审,则下述表格应按照章节内容,严格按给定的格式附在相应的章节中。

附表一　拟投入本工程的主要施工设备表

附表二　拟配备本工程的试验和检测仪器设备表

附表三　劳动力计划表

附表四　计划开、竣工日期和施工进度网络图

附表五　施工总平面图

附表六　临时用地表

附表七　施工组织设计(技术暗标部分)编制及装订要求

**附表一：拟投入本工程的主要施工设备表**

| 序号 | 设备名称 | 型号规格 | 数量 | 国别产地 | 制造年份 | 额定功率(kW) | 生产能力 | 用于施工部位 | 备注 |
|---|---|---|---|---|---|---|---|---|---|
| | | | | | | | | | |
| | | | | | | | | | |
| | | | | | | | | | |

**附表二：拟配备本工程的试验和检测仪器设备表**

| 序号 | 仪器设备名称 | 型号规格 | 数量 | 国别产地 | 制造年份 | 已使用台时数 | 用途 | 备注 |
|---|---|---|---|---|---|---|---|---|
| | | | | | | | | |
| | | | | | | | | | 
| | | | | | | | | |

**附表三：劳动力计划表**

单位：人

| 工种 | 按工程施工阶段投入劳动力情况 | | | | | | |
|---|---|---|---|---|---|---|---|
| | | | | | | | |
| | | | | | | | |
| | | | | | | | |

**附表四：计划开、竣工日期和施工进度网络图**

1. 投标人应递交施工进度网络图或施工进度表，说明按招标文件要求的计划工期进行施工的各个关键日期。

2. 施工进度表可采用网络图（或横道图）表示。

**附表五：施工总平面图**

投标人应递交一份施工总平面图，绘出现场临时设施布置图表并附文字说明，说明临时设施、加工车间、现场办公、设备及仓储、供电、供水、卫生、生活、道路、消防等设施的情况和布置。

**附表六：临时用地表**

| 用途 | 面积（平方米） | 位置 | 需用时间 |
|---|---|---|---|
|  |  |  |  |
|  |  |  |  |
|  |  |  |  |

**附表七：施工组织设计（技术暗标部分）编制及装订要求**

(一) 施工组织设计中纳入"暗标"部分的内容：_____。

(二) 暗标的编制和装订要求

1. 打印纸张要求：_____。
2. 打印颜色要求：_____。
3. 正本封皮（包括封面、侧面及封底）设置及盖章要求：_____。
4. 副本封皮（包括封面、侧面及封底）设置要求：_____。
5. 排版要求：_____。
6. 图表大小、字体、装订位置要求：_____。
7. 所有"技术暗标"必须合并装订成一册，所有文件左侧装订，装订方式应牢固、美观，不得采用活页方式装订，均应采用_____方式装订；
8. 编写软件及版本要求：Microsoft Word _____；
9. 任何情况下，技术暗标中不得出现任何涂改、行间插字或删除痕迹；
10. 除满足上述各项要求外，构成投标文件的"技术暗标"的正文中均不得出现投标人的名称和其他可识别投标人身份的字符、徽标、人员名称以及其他特殊标记等。

备注："暗标"应当以能够隐去投标人的身份为原则，尽可能简化编制和装订要求。

### 4.4.5 工程施工组织设计

投标人编制施工组织设计时,应采用文字并结合图表形式说明施工方法、拟投入本标段的主要施工设备情况、拟配备本标段的试验和检测仪器设备情况、劳动力计划等;结合工程特点提出切实可行的工程质量、安全生产、文明施工、工程进度、技术组织措施,同时应对关键工序、复杂环节重点提出相应技术措施,如冬雨季施工技术、减少噪音、降低环境污染、地下管线及其他地上地下设施的保护加固措施等。

施工组织设计除采用文字表述外,还应按照招标文件规定的格式编写拟投入本标段的主要施工设备表、拟配备本标段的试验和检测仪器设备表、劳动力计划表及开、竣工日期和施工进度网络图、施工总平面图、临时用地表等。

七、项目管理机构

(一)项目管理机构组成表

| 职务 | 姓名 | 职称 | 执业或职业资格证明 | | | | | 备注 |
|---|---|---|---|---|---|---|---|---|
| | | | 证书名称 | 级别 | 证号 | 专业 | 养老保险 | |
| | | | | | | | | |
| | | | | | | | | |
| | | | | | | | | |

(二)主要人员简历表

**附 1:项目经理简历表**

项目经理应附建造师执业资格证书、注册证书、安全生产考核合格证书、身份证、职称证、学历证、养老保险复印件及未担任其他在施建设工程项目项目经理的承诺书,管理过的项目业绩须附合同协议书和竣工验收备案登记表复印件。类似项目限于以项目经理身份参与的项目。

| 姓名 | | 年龄 | | 学历 | |
|---|---|---|---|---|---|
| 职称 | | 职务 | 拟在本工程任职 | | 项目经理 |
| 注册建造师执业资格等级 | | 级 | 建造师专业 | | |
| 安全生产考核合格证书 | | | | | |
| 毕业学校 | | 年毕业于 | 学校 | 专业 | |
| 主要工作经历 | | | | | |
| 时间 | 参加过的类似项目名称 | | 工程概况说明 | | 发包人及联系电话 |
| | | | | | |
| | | | | | |
| | | | | | |

**附 2：主要项目管理人员简历表**

主要项目管理人员指项目副经理、技术负责人、合同商务负责人、专职安全生产管理人员等岗位人员。应附注册资格证书、身份证、职称证、学历证、养老保险复印件，专职安全生产管理人员应附安全生产考核合格证书，主要业绩须附合同协议书。

| 岗位名称 | |
|---|---|
| 姓名 | 年龄 |
| 性别 | 毕业学校 |
| 学历和专业 | 毕业时间 |
| 拥有的执业资格 | 专业职称 |
| 执业资格证书编号 | 工作年限 |
| 主要工作业绩及担任的主要工作 | |

**附 3：承诺书**

承诺书

_____（招标人名称）：

我方在此声明，我方拟派往_____（项目名称）_____标段（以下简称"本工程"）的项目经理（项目经理姓名）现阶段没有担任任何在施建设工程项目的项目经理。

我方保证上述信息的真实和准确，并愿意承担因我方就此弄虚作假所引起的一切法律后果。

特此承诺

投标人：_____（盖单位章）
法定代表人或其委托代理人：_____（签字）

_____年____月____日

## 八、拟分包项目情况表

| 序号 | 拟分包项目名称、范围及理由 | 拟选分包人 | | | | 备注 |
|---|---|---|---|---|---|---|
| | | 拟选分包人名称 | 注册地点 | 企业资质 | 有关业绩 | |
| | | 1 | | | | |
| | | 2 | | | | |
| | | 3 | | | | |
| | | 1 | | | | |
| | | 2 | | | | |
| | | 3 | | | | |
| | | 1 | | | | |
| | | 2 | | | | |
| | | 3 | | | | |
| | | 1 | | | | |
| | | 2 | | | | |
| | | 3 | | | | |

备注：本表所列分包仅限于承包人自行施工范围内的非主体、非关键工程。

日期： 年 月 日

## 九、资格审查资料

### （一）投标人基本情况表

| 投标人名称 | | | | | |
|---|---|---|---|---|---|
| 注册地址 | | | | 邮政编码 | |
| 联系方式 | 联系人 | | | 电话 | |
| | 传真 | | | 网址 | |
| 组织结构 | | | | | |
| 法定代表人 | 姓名 | | 技术职称 | | 电话 |
| 技术负责人 | 姓名 | | 技术职称 | | 电话 |
| 成立时间 | | | 员工总人数： | | |
| 企业资质等级 | | 其中 | 项目经理 | | |
| 营业执照号 | | | 高级职称人员 | | |
| 注册资金 | | | 中级职称人员 | | |
| 开户银行 | | | 初级职称人员 | | |
| 账号 | | | 技工 | | |
| 经营范围 | | | | | |
| 备注 | | | | | |

备注：本表后应附企业法人营业执照及其年检合格的证明材料、企业资质证书副本、安全生产许可证等材料的复印件。

## (二)近年财务状况表

备注:在此附经会计师事务所或审计机构审计的财务会计报表,包括资产负债表、损益表、现金流量表、利润表和财务情况说明书的复印件,具体年份要求见招标文件第二章"投标人须知"的规定。

## (三)近年完成的类似项目情况表

| 项目名称 | |
|---|---|
| 项目所在地 | |
| 发包人名称 | |
| 发包人地址 | |
| 发包人联系人及电话 | |
| 合同价格 | |
| 开工日期 | |
| 竣工日期 | |
| 承担的工作 | |
| 工程质量 | |
| 项目经理 | |
| 技术负责人 | |
| 总监理工程师及电话 | |
| 项目描述 | |
| 备注 | |

备注:1. 类似项目指_____工程。
2. 本表后附中标通知书和(或)合同协议书、工程接收证书(工程竣工验收证书)的复印件,具体年份要求见投标人须知前附表。每张表格只填写一个项目,并标明序号。

## (四)正在施工的和新承接的项目情况表

| 项目名称 | |
|---|---|
| 项目所在地 | |
| 发包人名称 | |
| 发包人地址 | |
| 发包人电话 | |
| 签约合同价 | |
| 开工日期 | |
| 计划竣工日期 | |
| 承担的工作 | |
| 工程质量 | |
| 项目经理 | |
| 技术负责人 | |
| 总监理工程师及电话 | |
| 项目描述 | |
| 备注 | |

备注:本表后附中标通知书和(或)合同协议书复印件。每张表格只填写一个项目,并标明序号。

> （五）近年发生的诉讼和仲裁情况
> 　　说明：近年发生的诉讼和仲裁情况仅限于投标人败诉的，且与履行施工承包合同有关的案件，不包括调解结案以及未裁决的仲裁或未终审判决的诉讼。
>
> （六）企业其他信誉情况表（年份要求同诉讼及仲裁情况年份要求）
> 　　1. 近年企业不良行为记录情况
>
>
> 　　2. 在施工程以及近年已竣工工程合同履行情况
>
>
> 　　3. 其他
> 　　备注：1. 企业不良行为记录情况主要是近年投标人在工程建设过程中因违反有关工程建设的法律、法规、规章或强制性标准和执业行为规范，经县级以上建设行政主管部门或其委托的执法监督机构查实和行政处罚，形成的不良行为记录。应当结合招标文件第二章"投标人须知"前附表定义的范围填写。
> 　　　　2. 合同履行情况主要是投标人近年所承接工程和已竣工工程是否按合同约定的工期、质量、安全等履行合同义务，对未竣工工程合同履行情况还应重点说明非不可抗力解除合同（如果有）的原因等具体情况，等等。
> 　十、其他材料

### 4.4.6　其他投标文件

1. 项目管理机构

工程招标项目还要求提供项目管理机构情况，包括投标企业为本项目设立的专门机构的形式、人员组成、职责分工，项目经理、项目负责人、技术负责人等主要人员的职务、职称、养老保险关系，以上人员所持职业（执业）资格证书名称、级别、专业、证号等。

投标人还应将主要人员的简历按照格式填写。项目经理应附项目经理证、身份证、职称证、学历证、养老保险复印件，管理过的项目业绩须附合同协议书复印件；技术负责人应附身份证、职称证、学历证、养老保险复印件，管理过的项目业绩须附证明其所任技术职务的企业文件或用户证明；其他主要人员应附职称证（执业证或上岗证书）、养老保险复印件。

2. 拟分包项目情况

如有分包工程，工程招标项目还要求提供分包项目情况。投标人应说明分包工程的内容、分包人的资质以及类似工程业绩。

3. 资格审查资料

如果招标采用资格预审，投标时一般不需要提供资格审查资料。但是如果投标人资格情况发生变化或资格审查资料是评标因素时，需要提供资格变化的证明材料或评标需要的有关证明材料。如果招标采用资格后审，投标时需要提供完整的资格审查资料。

资格审查资料包括投标人资质、财务情况、业绩情况、涉及的诉讼情况等。

## 实施 4.5  能力训练

1. 基础训练

(1) 名词解释

投标有效期　投标担保　投标保证金　不平衡报价法　多方案报价法

(2) 单选题

1) 根据我国《招标投标法》的规定，两个以上法人或其他组织签订共同投标协议，以一个投标人的身份共同投标是(　　)。

A. 联合体投标　　　B. 共同投标　　　C. 合作投标　　　D. 协作投标

2) 下列选项中(　　)不符合《招标投标法》关于联合体各方资格的规定。

A. 联合体各方均应当具备承担招标项目的相应能力

B. 招标文件对投标人资格条件有规定的，联合体各方均应当具备规定的相应资格条件

C. 有同一专业的单位组成的联合体，按照资质等级较低的单位确定资质等级

D. 有同一专业的单位组成的联合体，按照资质等级较高的单位确定资质等级

3) 投标人提交投标文件时，应按招标文件规定的(　　)向招标人提交投标保证金。

A. 金额、地点、时间　　　　　　B. 时间、形式、地点

C. 金额、地点、形式　　　　　　D. 金额、形式、时间

4) 联合体中标的，联合体各方应当(　　)。

A. 共同与招标人签订合同，就中标项目向招标人承担连带责任

B. 分别与招标人签订合同，但就中标项目向招标人承担连带责任

C. 共同与招标人签订合同，但就中标项目各自独立向招标人承担责任

D. 分别与招标人签订合同，就中标项目各自独立向招标人承担责任

5) 关于共同投标协议,说法错误的是（    ）。
   A. 共同投标协议属于合同关系
   B. 共同投标协议必需详细、明确,以免日后发生争议
   C. 共同协议不应同投标文件一并提交招标人
   D. 联合体内部各方通过共同投标协议,明确约定各方在中标后要承担的工作和责任

6) 关于联合体各方在中标后承担的连带责任,下列说法错误的是（    ）。
   A. 联合体在接到中标通知书未与招标人签订合同前放弃中标项目的,其已提交的投标保证金应予以退还
   B. 联合体在接到中标通知书未与招标人签订合同前,除不可抗拒力外,联合体放弃中标项目的,其已提交的投标保证金不予退还
   C. 联合体在接到中标通知书未与招标人签订合同前,除不可抗拒力外,联合体放弃中标项目的,给招标人造成的损失超过投标保证金数额的,应当对超过部分承担连带赔偿责任
   D. 中标的联合体除不可抗力外,不履行与招标人签订的合同时,履约保证金不予退还

7) 下列选项中（    ）不是关于投标的禁止性规定。
   A. 投标人之间串通投标　　　　B. 投标人与招标人之间串通投标
   C. 招标人向投标者泄露标底　　D. 投标人以高于成本的报价竞标

8) 下列选项中（    ）不是关于投标的禁止性规定。
   A. 投标人以行贿的手段谋取中标
   B. 招标者向投标者泄露标底
   C. 投标人借用其他企业的资质证书参加投标
   D. 投标人以高于成本的报价竞标

9) 下列选项中（    ）不是关于投标的禁止性规定。
   A. 投标人以低于成本的报价竞标
   B. 招标者预先内定中标者,在确定中标者时以此决定取舍
   C. 投标人以高于成本的报价竞标
   D. 投标者之间进行内部竞价,内定中标人,然后再参加竞标

10) 在关于投标的禁止性规定中,投标者之间进行内部竞价,内定中标人,然后再参加投标属于（    ）。
   A. 投标人之间串通投标　　　　B. 投标人与招标人之间串通投标
   C. 投标人以行贿的手段谋取中标　D. 投标人以非法手段骗取中标

11) 根据《招标投标法》规定,下列对投标文件的送达表述不正确的是（    ）。
   A. 投标文件必须在招标文件规定的投标截止时间之前送达
   B. 投标人递交投标文件的方式可以是直接送达,也可以是通过邮寄方式
   C. 邮寄方式送达后以邮戳时间为准

D. 投标人因为递交地点发生错误而逾期送达投标文件的，将被招标人拒绝接收

12) 投标人应当具备（　　）的能力。
A. 编制标底　　　B. 组织评标　　　C. 承担招标项目　　D. 融资

13) 公开招标，实行资格后审形式的，投标人的工作程序正确的是（　　）。
A. 获取招标信息→购买招标文件→参加投标预备会→组织踏勘现场→参加开标
B. 获取招标信息→购买招标文件→组织踏勘现场→召开投标预备会→开标
C. 获取招标信息→购买招标文件→踏勘现场→参加投标预备会→参加开标
D. 获取招标信息→购买招标文件→召开投标预备会→踏勘现场→参加开标

14) 关于工程投标，下列说法错误的是（　　）。
A. 工程投标是指符合招标文件规定资格的工程企业按招标人的要求，提出自己的报价和相应条件的书面问答行为
B. 工程投标的首要工作是获取投标信息和进行投标决策
C. 投标人应在规定时间将投标书密封送达当地建设工程交易中心
D. 投标人在招标文件要求提交投标文件的截止日之前，可以修改、补充已提交的投标文件

15) 投标人为了中标和取得期望的收益，必须在保证满足招标文件各项要求的条件下运用投标技巧，下列哪项不是常用的投标技巧（　　）。
A. 多方案报价法　　　　　　　B. 不平衡报价法
C. 突然降价法　　　　　　　　D. 不同特点报价法

16) 投标人在提交投标截止时间之前，不可以（　　）已提交的招标文件。
A. 撤回　　　　　B. 撤销　　　　　C. 补充　　　　　D. 修改

17) 投标保证金通过电汇、转账、电子汇兑等形式应以款项（　　）作为送达时间。
A. 实际交付时间　　　　　　　B. 实际划拨时间
C. 实际到账时间　　　　　　　D. 实际使用时间

(3) 多选题
1) 施工投标文件编制包括的内容有（　　）。
A. 投标保证金　　　　　　　　B. 工程量清单
C. 施工组织设计　　　　　　　D. 投标函
E. 投标须知

2) 投标人进行投标的程序有（　　）。
A. 组织投标机构　　　　　　　B. 编制资格预审资料
C. 参加现场踏勘　　　　　　　D. 编制投标文件
E. 送达投标文件

3) 投标担保可以是（　　）。
A. 现金　　　　　　　　　　　B. 银行汇票和现金支票
C. 纯单价合同　　　　　　　　D. 单价与包干混合式合同

E. 担保书

4) 在确定中标人前，招标人不得与投标人就（　　）等实质性内容进行谈判。

A. 投标价格　　　　　　　　B. 评标标准
C. 开标方式　　　　　　　　D. 投标方案
E. 签订合同时间

5)《招标投标法》规定，投标文件有下列情形，招标人不予受理（　　）。

A. 逾期送达的
B. 未送达指定地点的
C. 未按规定格式填写的
D. 无单位盖章并无法定代表人或法定代表人授权的代理人签字或盖章的
E. 未按招标文件要求密封的

6) 下列属于投标人工作内容的是（　　）。

A. 进行资格审查　　　　　　B. 确定投标报价
C. 编制施工方案　　　　　　D. 评标

7) 投标文件一般包括（　　）。

A. 投标函，投标报价
B. 施工组织设计，商务和技术偏差表
C. 结合现场踏勘和投标预备会的结果，进一步分析招标文件
D. 根据工程价格构成进行工程估价，确定利润方针，计算和确定报价
E. 投标担保

8) 投标保证金的提交，一般应注意的问题是（　　）。

A. 投标保证金是投标文件的必须要件，是招标文件的实质性要求。
B. 对于联合体形式投标的，投标保证金只可由联合体各方共同提交。
C. 对于联合体形式投标的，其提交的投标保证金对联合体各方均有约束力。
D. 投标保证金应在投标文件提交截止时间之前送达。
E. 对于工程货物招标项目，招标人可在招标文件中要求投标人以自己的名义提交投标保证金。

(4) 简答题

1) 投标文件的组成有哪些？
2) 投标保证金将在什么情况下被没收？
3) 投标策略有哪些？

2. 实务训练

(1) 案例一

【案例背景】某工程货物采购项目采用资格预审方式进行公开招标，招标人在招标文件中规定的开标现场门口安排专人接收投标文件，填写《投标文件接收登记表》。招标文件规定"投标文件正本、副本分开包装，并在封套上标记'正本'或'副本'字样。同时规定在开口处加贴封条，在封套的封口处加盖投标人法人章，否则不予受

理"。投标人 A 的正本与副本封装在了一个文件箱内；投标人 B 采用档案袋封装的投标文件，一共有 5 个档案袋，上面没有标记正本、副本字样；投标人 C 没有带投标保证金支票；投标人 D 在招标文件规定的投标截止时间后 1 分钟送到；其他投标文件均符合要求。本项目一共有 6 个投标人递交了投标文件。招标人在对上述四份投标文件接收时，存在以下两种意见：

1) A、B、C、D 的投标均可以受理，因为仅有 6 个投标人递交了投标文件，如果均不受理，则最多有两个投标人投标，直接造成本次招标失败，浪费了人力物力，不符合节俭经济的原则。

2) D 的投标不可以受理，其他的均可以受理，其中 C 虽然没有提交投标保证金，可以让该投标人在开标后再提交，不影响其投标有效性。

【问题】

1) 分析以上两种意见正确与否，说明理由。

2) 招标人应采用什么样的方法处理上述投标文件？为什么？

(2) 案例二

【案例背景】某工程货物采购招标项目，招标文件规定投标截止时间为某年某月某日上午 10：00。在投标截止时间前几秒钟，投标人 A 携带全套投标文件跨进了投标文件接收地点某会议室，但距离招标人安排的投标文件接收人员的办公桌还需要走 20 秒。投标人 A 将投标文件递交给投标文件接收人员时，时间已经超过了上午 10：00。此时是否应该接收投标人 A 的投标文件，是否应该检查该份投标文件封装和标识是否满足招标文件的要求，招标人意见不统一，有以下两种截然相反的意见：

1) 应该检查，这样多一个投标人投标，有利于竞争，有利于招标人从中选择符合采购要求的货物。

2) 不能检查，因为招标人需要检查投标文件的封装和标识，加之投标人 A 递交投标文件的时间已经超过了上午 10：00，如果受理则会引起其他投标人投诉，给招标人带来风险。

【问题】

1) 分析这两种意见正确与否，说明理由。

2) 应怎样处理该份投标文件？为什么？

(3) 每人收集一份工程投标文件，分组分析讨论。

(4) 按照给定工程施工项目背景，分组扮演不同的建筑施工企业，完成一份完整的工程投标文件（略：施工组织设计、已标价工程量清单）。

## 工作任务 5

# 开标、评标和中标

**工作任务提要：**

改革开放以来，国家规定了依法必须进行公开招标的项目，也依法成立了很多招标组织。而这些组织的主要职能就是组织招标、开标和专家评标。学习掌握本章内容，可以为读者从事招标的开标、评标及其相关工作奠定坚实基础。

## 工 作 任 务 描 述

| 任务单元 | 工作任务5：开标、评标和中标 | 参考学时 | 6 |
|---|---|---|---|
| 职业能力 | 担任招标师助理岗位工作，初步协助开标的能力。 | | |
| 学习目标 | 素质 | 渗透招标师助理岗位工作的职业素质标准，养成"遵守国家法律法规，政策和行业自律规则，诚信守法，客观公正"的职业道德。 | |
| | 知识 | 掌握：工程开标、评标的主要内容。<br>熟悉：开标程序及注意事项；定标及中标后的处理。<br>了解：评标专家的组成，评标方法等。 | |
| | 技能 | 协助开标的能力（与人交流能力，与人合作能力、信息处理能力）。 | |
| 任务描述 | 给出某工程案例背景，结合前面内容，组织同学们学习有关招投标专业知识，完成模拟投标、开标、评标及定标的任务。 | | |
| 教学方法 | 角色的扮演、项目驱动、启发引导、互动交流。 | | |
| 组织实施 | 1. 资讯（明确任务、资料准备）<br>结合工程实际布置模拟开标任务→招投标专业知识学习。<br>2. 决策（分析并确定工作方案）<br>角色扮演，分组进行，确定投标、开标、评标的工作分工。<br>3. 计划（制定计划）<br>制定开标计划，列出开标程序。<br>4. 实施（实施工作方案）<br>模拟开标。<br>5. 检查<br>教师监督检查。<br>6. 评估<br>教师扮演甲方专家，学生扮演招标代理机构招标师助理及施工方投标人，对投标及开标的具体内容进行答辩。 | | |
| 教学手段 | 教学场所 | 考核方式 | 其他 |
| 实物、多媒体 | 本班教室（外出参观招标代理机构的开标现场） | 自评、互评、教师考评 | 招标代理机构企业文化教育 |

## 实施 5.1 开标

开标是招投标活动的一项重要程序,是招标人按照招标公告或者投标邀请书规定的时间、地点,当众开启所有投标人的投标文件,宣读投标人名称、投标价格和投标文件的其他主要内容的过程。

### 5.1.1 开标准备工作

开标准备工作主要包括以下四方面内容:
1. 投标文件接收

招标人应当安排专人,在招标文件指定地点接收投标人递交的投标文件(包括投标保证金),详细记录投标文件送达人、送达时间、份数、包装密封、标识等查验情况,经投标人确认后,出具投标文件和投标保证金的接收凭证(见表5-1)。

××省××招标有限公司
××省××房地产开发有限公司
×××空调系统采购安装项目招标
保证金接收表

招标编号:SXZB-1207 1119H004/01　　　　　　　　　　表5-1

| 序号 | 投标单位 | 保证金 | | | 投标人签字 | 备注 |
| --- | --- | --- | --- | --- | --- | --- |
| | | 形式 | 金额 | 密封状况 | | |
| | | | | | | |
| | | | | | | |
| | | | | | | |
| | | | | | | |

接收人:_____　　　　　　　　　　　　　　　　　　　　　　年　月　日

投标文件密封不符合招标文件要求的,招标人拒绝接受,在投标截标时间前,应当允许投标人在投标文件接收场地之外自行更正补救。在投标截止时间后递交的投标文件,以及采用资格预审方法被审定不合格的投标人递交投标文件,招标人应当拒绝接收。在投标截止时间前,投标人书面通知招标人撤回其投标的,招标人应核实撤回投标书面声明的真实性,如属实,招标人应留存撤回投标书面声明书及投标人授权代表身份证明后,将投标文件退回该投标人。

至投标截止时间递交投标文件的投标人少于三家的,不得开标,招标人应将接收的投标文件原封退回投标人,分析具体原因,采取相应纠正措施后依法重新组织招标。

利用国内资金的机电产品国际招标项目,当投标截止时,投标人少于三家的,应依法重新组织招标。不需对招标文件进行修改的,招标代理机构也可以发布投标截止和开标时间变更公告,延期开标。第二次投标截止时,投标人仍少于三个的,报经主管部门备案后,可直接进入两家开标或直接采购程序。招标代理机构报主管部门备案应同时以书面形式和网上形式(中国国际招标网)提交。

使用国外贷款的机电产品国际招标项目,当投标截止时,投标人少于三家的,招标代理机构可于开标当日通过中国国际招标网进行备案申请确认后,直接进入两家开标或直接采购程序。

2. 开标现场

招标人应保证受理的投标文件不丢失、不损坏、不泄密,并组织工作人员将投标截止时间前受理的投标文件、投标文件的修改和补充文件及可能的投标文件撤回声明书等运送至开标地点。

招标人应准备好开标必备现场条件,包括提前布置好开标会议室、准备好开标需要的设备、设施等。

3. 开标资料

招标人应准备好开标资料,如投标人到场记录表(见表5-2),开标记录表(见表5-3)、标底文件或拦标价(如有)、投标文件接收登记表、签收凭证等。招标人还应准备相关国家法律法规、招标文件及其澄清及修改内容,以备必要时使用。

××省××招标有限公司
××省××房地产开发有限公司
×××空调系统采购安装项目招标
会议报到表

招标编号:SXZB-12071 119H004/01　　　　　　　　　　表 5-2

| 序 号 | 投标单位 | 姓名 | 联系电话 | 备注 |
|---|---|---|---|---|
|  |  |  |  |  |
|  |  |  |  |  |
|  |  |  |  |  |

年　月　日

开标记录表  表 5-3

《中华人民共和国房屋建筑和市政工程标准施工招标文件 2010 年版》附表一：开标记录表

_____（项目名称）_____标段施工开标记录表

开标时间：___年___月___日___时___分
开标地点：_____

（一）唱标记录

| 序号 | 投标人 | 密封情况 | 投标保证金 | 投标报价（元） | 质量目标 | 工期 | 备注 | 签名 |
|---|---|---|---|---|---|---|---|---|
|  |  |  |  |  |  |  |  |  |
|  |  |  |  |  |  |  |  |  |
|  |  |  |  |  |  |  |  |  |
| 招标人编制的标底（如果有） |  |  |  |  |  |  |  |  |

（二）开标过程中的其他事项记录
_____

（三）出席开标会的单位和人员（附签到表）

招标人代表：_____ 记录人：_____ 监标人：_____

___年___月___日

### 4. 工作人员

招标人和参与开标会议的有关工作人员应按时到达开标现场，包括主持人、开标人、唱标人、记录人、监标人及其他辅助工作人员等。

### 5.1.2 开标

**1. 开标的时间与地点**

我国《招标投标法》第 34 条规定："开标应当在招标文件确定的提交投标文件截止时间的同一时间公开进行；开标地点应当为招标文件中预先确定的地点。"一般为当地建设工程交易中心。

**2. 开标的主持人和参加人**

开标由招标人主持。在招标人委托招标代理人代理招标时，开标也可以由招标代理人主持，邀请所有投标人参加，此外可邀请有关单位的代表参加，如建设行政主管部门及其工程招标投标监督管理机构依法实施监督的工作人员、公证机关的代表等。主持人按照规定的程序负责开标的全过程，并在招标投标管理机构的监督下进行。

《货物招标投标办法》第 40 条规定：投标人或其授权代表有权出席开标会，也可以自主决定不参加开标会。

开标人员由主持人、开标人、唱标人、记录人和监标人组成，该组成人员对开标负责。

**3. 开标会议的程序**

(1) 宣布开标纪律（见表 5-4）。

开标仪式会场纪律与注意事项　　　　　　　　　　　　　　　表 5-4

> ××省××招标有限公司
> ××省××房地产开发有限公司
> ××小区土建项目招标
> 开标仪式会场纪律与注意事项
>
> 1. 请不要随意走动。
> 2. 请暂时关闭手机、传呼机或设置为振动状态。
> 3. 请不要在会场接听电话，不要大声言语，以免影响他人。
> 4. 唱标中，如对报价有疑义，请先举手请示主持人同意后方可提出。
> 5. 唱标后，投标单位如对唱标内容无疑义，请授权代表人及时到记录席签字认可唱标结果。
> 6. 唱标内容：(1) 投标人单位名称；
> 　　　　　　(2) 投标总报价；
> 　　　　　　(3) 工期；
> 　　　　　　(4) 自报工程质量等级；
> 　　　　　　(5) 其他认为有必要的内容。
> 7. 投标报价总价与分项报价有出入，以分项报价为准，但分项报价小数点有明显错误的除外；总价大写与小写有出入，以大写为准。
> 8. 投标单位必须严格遵守招标文件中的有关规定，不得有任何妨碍招标工作的行为与言论，否则取消其投标资格并没收其投标保证金。
> 9. 为便于工作，请各投标人不要远离会场，保持与招标代理机构的联系。
>
> 　　　　　　　　　　　　　　　　　　　　　　年　　月　　日

(2) 公布在投标截止时间前递交投标文件的投标人名称，并点名确认投标人是否派人到场。

(3) 宣布开标人、唱标人、记录人、监标人等相关人员姓名。

(4) 按规定检查投标文件的密封情况。可由监标人或其抽取的投标人代表检验投标文件的密封情况，也可以由招标人委托的公证机构检查并公证。

(5) 宣布投标文件的开标顺序。

(6) 设有标底的，公布标底。

(7) 按照宣布的开标顺序当众宣布开标，公布投标人名称、标段名称、投标保证金的递交情况、投标报价、质量目标、工期及其他内容。所有在投标文件中提出的附加条件、补充声明、优惠条件、替代方案（招标文件中如明确要求不接受有选择性报价的有替代方案则废标）等均应宣读，并记录在案。招标人在招标文件要求提交投标文件的截止时间前收到的所有投标文件，开标时都应当众予以拆封、宣读。

(8) 投标人代表、招标人代表、监标人、记录人等有关人员在开标记录上签字确认。

(9) 开标结束。

4. 开标记录

开标过程应当记录，并存档备查。在宣读投标人名称、投标价格和投标文件的其他主要内容时,招标主持人对公开开标所读的每一项,按照开标时间的先后顺序进行记录。

投标人对开标有异议的,应当在开标现场提出,招标人应当当场作出答复,并制作记录。

开标机构应当事先准备好开标记录的登记表册,开标填写后作为正式记录,保存于开标机构(见表5-3)。

## 实施5.2 评标

评标是对各投标书优劣的比较,以便最终确定中标人。《招标投标法》第37条第1款规定:评标由招标人依法组建的评标委员会负责。招标人应当采取必要的措施,保证评标在严格保密的情况下进行。任何单位和个人不得非法干预、影响评标的过程和结果。

### 5.2.1 评标委员会

1. 评标委员会的组成

(1)评标委员会由招标人依法组建,负责评标活动,向招标人推荐中标候选人或者根据招标人的授权直接确定中标人。

(2)评标委员会成员名单一般应于开标前确定。评标委员会成员名单在中标结果确定前应当保密。

(3)评标委员会成员数量:

1)评标委员会成员由招标人或其委托的招标代理机构熟悉相关业务的代表,以及有关技术、经济等方面的专家组成,成员人数为5人及以上单数,其中技术、经济等方面的专家不得少于成员总数的三分之二。

2)政府采购货物和服务招标金额在300万元以上、技术复杂项目的特殊要求:评标委员会中的技术、经济方面的专家人数应当为5人以上单数。

3)机电产品国际招标的专家有特殊要求,如500万美元及以上国际招标项目,所需专家的1/2以上应从国家级专家库中抽取。

(4)评标委员会专家应当从事相关领域工作满8年并具有高级职称或具有同等专业水平,由招标人从国务院有关部门或省、自治区、直辖市人民政府有关部门提供的专家名册或招标代理机构的专家库内的相关专业的专家名单中确定。

(5)一般招标项目可以采取随机抽取方式,特殊招标项目可以由招标人直接确定。特殊招标项目，是指技术复杂、专业性强或者国家有特殊要求，采取随机抽取方式确定的专家难以保证胜任评标工作的项目。

（6）任何单位和个人不得以明示、暗示等任何方式指定或者变相指定参加评标委员会的专家成员。

（7）评标委员会设负责人的，评标委员会负责人由评标委员会成员推举产生或者由招标人确定。评标委员会负责人与评标委员会的其他成员有同等的表决权。

（8）有关行政监督部门应当按照规定的职责分工，对评标委员会成员的确定方式、评标专家的抽取和评标活动进行监督。行政监督部门的工作人员不得担任本部门负责监督项目的评标委员会成员。

（9）评标过程中，评标委员会成员有回避事由、擅离职守或者因健康等原因不能继续评标的，应当及时更换。被更换的评标委员会成员作出的评审结论无效，由更换后的评标委员会成员重新进行评审。

2. 不得担任评标委员会成员的情形

（1）投标人或者投标人主要负责人的近亲属；

（2）项目主管部门或者行政监督部门的人员；

（3）与投标人有经济利益关系，可能影响对投标公正评审的；

（4）曾因在招标、评标以及其他与招标投标有关活动中从事违法行为而受过行政处罚或刑事处罚的。

3. 评标委员会的义务

（1）评标委员会成员应当客观、公正地履行职责，遵守职业道德，对所提出的评审意见承担个人责任。

（2）评标委员会成员不得与任何投标人或者与招标结果有利害关系的人进行私下接触，不得接受投标人、中介人、其他利害关系人的财物或者其他好处。

（3）评标委员会成员不得向招标人征询其确定中标人的意向，不得接受任何单位或者个人明示或者暗示提出的倾向或者排斥特定投标人的要求。

（4）评标委员会成员和与评标活动有关的工作人员不得透露对投标文件的评审和比较、中标候选人的推荐情况以及与评标有关的其他情况，不得有其他不客观、不公正履行职务的行为。

### 5.2.2 评标准备

招标人及其招标代理机构应为评标委员会评标做好以下评标准备工作：

（1）准备评标需用的资料，包括招标文件及其技术标准、规范、签纸、澄清与修改、标底、开标记录等，并向评标委员会提供相关必要和客观的信息，但不得带有明示或者暗示倾向或者排斥特定投标人的信息。

（2）准备评标相关表格。

（3）选择评标地点和评标场所。

（4）布置评标现场，准备评标工作所需的工具。

(5) 妥善保管开标后的投标文件并运到评标现场。
(6) 评标安全、保密等有关的工作。

### 5.2.3 评标程序

(1) 招标人宣布评标委员会成员名单并确定主任委员。
(2) 评标委员会成员认真研究招标文件，至少应了解和熟悉以下内容：
1) 招标的目标；
2) 招标项目的范围和性质；
3) 招标文件中规定的主要技术要求、标准和商务条款；
4) 招标文件规定的评标标准、评标方法和在评标过程中考虑的相关因素。
(3) 评标委员会成员审阅各个投标文件，主要检查确认投标文件是否实质上响应招标文件的要求；投标文件正副本之间的内容是否一致；投标文件是否有重大漏项、缺项；是否提出了招标人不能接受的保留条件等。
(4) 评标委员会按照评标办法规定的方法、评审因素、标准和程序对投标文件进行评审。评标只对未被宣布无效的投标文件进行评议，并对评标结果签字确认。如果评标办法没有规定的方法、评审因素和标准，不作为评标依据。
(5) 如有必要，评标期间评标委员会可以要求投标人对投标文件中不清楚的问题作必要的澄清或者说明，但是澄清或者说明不得超出投标文件的范围或改变投标文件的实质性内容。所澄清和确认的问题，应当采取书面形式，经招标人和投标人双方签字后，作为投标文件的组成部分，列入评标依据范围。在澄清中，不允许招标人和投标人变更或寻求变更价格、工期、质量等级等实质性内容。开标后，投标人对价格、工期、质量等级等实质性内容提出的任何修正声明或者附加优惠条件，一律不得作为评标委员会评标的依据。
(6) 评标委员会负责人对评标结果进行校核，按照优劣或得分高低排出投标人顺序，并形成评标报告，经招标投标管理机构审查，确认无误后，即可根据评标报告确定出中标人。至此，评标工作结束。

### 5.2.4 建设工程施工评标步骤

招标人应当根据项目规模和技术复杂程度等因素合理确定评标时间。超过三分之一的评标委员会成员认为评标时间不够的，招标人应当适当延长。

小型工程由于承包工作内容较为简单，合同金额不大，可以采用即开、即评、即定的方式，由评标委员会及时确定中标人。国内大型工程项目的评审内容复杂、涉及面宽，通常分为初步评审和详细评审两个阶段进行。

1. 初步评审

工程施工招标项目初步评审分为形式评审、资格评审和响应性评审。采用经评审的最低投标价法时，初步评审的内容还包括对施工组织设计和项目管理机构的评审。

形式评审、资格评审和响应性评审分别是对投标文件的外在形式、投标资格、投标文件是否响应招标文件实质性要求进行评审。

(1) 符合性评审

1) 投标人的资格

① 核对是否为通过资格预审的投标人；

② 未对其进行资格预审提交的资格材料进行审查，该项工作内容和步骤与资格预审大致相同。

2) 投标文件的有效性

主要是指投标保证的有效性，即投标保证的格式、内容、金额的有效性，开具单位是否符合招标文件要求。

3) 投标文件的完整性

投标文件是否提交了招标文件规定应该提交的全部文件，有无遗漏。

4) 与招标文件的一致性

即投标文件是否实质响应招标文件的要求，具体是指与招标文件的所有条款、条件和规定相符，对招标文件的任何条款、数据或说明是否有任何修改、保留和附加条件。

(2) 技术性评审

技术评议是审查投标文件对招标文件技术部分的响应程度。审查投标文件的主要技术参数，应依据投标文件中的技术支持资料做出是否响应招标文件要求的判断，而不能仅依据投标人的承诺。技术支持资料是指制造商公开发布的印刷资料或检测机构出具的检测报告。任何一项主要技术指标和参数不满足招标文件要求的，视为对招标文件的实质性不满足，投标文件应按废标处理。一般技术指标和参数可以允许偏离，但偏离的范围和项数都不得超过规定的最大范围和最高项数。

(3) 商务性评审

商务评议是对通过符合性检查的投标文件的商务内容进行实体性审查。

(4) 对招标文件响应的偏差

投标文件对招标文件实质性要求和条件响应的偏差分为重大偏差和细微偏差。所有存在重大偏差的投标文件都属于在初评阶段应淘汰的投标书。

评标委员会应当审查每一投标文件是否对招标文件提出的所有实质性要求和条件作出响应。未能在实质上响应的投标，应当予以否决。

1) 下列情况属于重大偏差：

① 没有按照招标文件要求提供投标担保或者所提供的投标担保有瑕疵；

② 投标文件没有投标人授权代表签字并加盖公章；

③ 投标文件载明的招标项目完成期限超过招标文件规定的期限；

④ 明显不符合技术规格、技术标准的要求；

⑤ 投标文件载明的货物包装方式、检验标准和方法等不符合招标文件的要求；

⑥ 投标文件附有招标人不能接受的条件；

⑦ 不符合招标文件中规定的其他实质性要求。

投标文件有上述情形之一的,为未能对招标文件作出实质响应,并按规定作否决投标处理。

2)细微偏差是指投标文件在实质上响应招标文件的要求,但在个别地方存在漏项或提供了不完整的技术信息和数据等情况,并且补上这些遗漏或者不完整不会对其他投标人造成不公平的结果。

① 细微偏差不影响投标文件的有效性;

② 评标委员会应当书面要求存在细微偏差的投标人在评标结束前予以补正;

③ 拒不补正的,在详细评审时可以对细微偏差作不利于该投标人的量化,量化标准应在招标文件中规定。

(5) 有下列情形之一的,评标委员会应当否决其投标

1) 投标文件未经投标单位盖章和单位负责人签字;

2) 投标联合体没有提交共同投标协议;

3) 投标人不符合国家或者招标文件规定的资格条件;

4) 同一投标人提交两个以上不同的投标文件或者投标报价,但招标文件要求提交备选投标的除外;

5) 投标报价低于成本或者高于招标文件设定的最高投标限价;

6) 投标文件没有对招标文件的实质性要求和条件作出响应;

7) 投标人有串通投标、弄虚作假、行贿等违法行为。

另外,依据《评标委员会和评标方法暂行规定》,在评标过程中,评标委员会发现投标人的报价明显低于其他投标报价或者在设有标底时明显低于标底,使得其投标报价可能低于其个别成本的,应当要求该投标人作出书面说明并提供相关证明材料。投标人不能合理说明或者不能提供相关证明材料的,由评标委员会认定该投标人以低于成本报价竞标,应当否决其投标。

投标人资格条件不符合国家有关规定和招标文件要求的,或者拒不按照要求对投标文件进行澄清、说明或者补正的,评标委员会可以否决其投标。

评标委员会根据规定否决不合格投标后,因有效投标不足三个使得投标明显缺乏竞争的,评标委员会可以否决全部投标。

投标人少于三个或者所有投标被否决的,招标人在分析招标失败的原因并采取相应措施后,应当依法重新招标。

2. 详细评审

详细评审指在初步评审的基础上,对经初步评审合格的投标文件,按照招标文件确定的评标标准和方法,对其技术部分(技术标)和商务部分(经济标)进一步审查,评定其合理性,以及合同授予该投标人在履行过程中可能带来的风险。在此基础上再由评标委员会对各投标书分项进行量化比较,从而评定出优劣次序。

详细评审方法有经评审的最低投标价法及综合评估法。

(1) 经评审的最低投标价法。

以经过初步评审合格的投标报价为基础。投标总价的算术错误一般不予修正,均

以开标确认后的价格为准。然后，按招标文件约定的方法、因素和标准计算评标价，并进行比较。评标价计算通常包括工程招标文件引起的报价内容范围差异、投标人遗漏的费用、投标方案租用临时用地的数量（如果由发包人提供临时用地）、提前竣工的效益以及扣除按报价比例计算或招标人的暂列金额等直接反映价格的因素。使用外币项目，应根据招标文件约定，将不同外币报价金额转换为约定的货币金额进行比较。

**【应用案例】**

某公路工程施工招标，经咨询公司测算的拦标价为 1200 万元，工期 300 天，每天工期损益价为 2.5 万元，A、B、C 三家企业的工期和报价以及经评标委员会评审后的报价见表 5-5。

工期和报价表　　　　　　　　　　　　　　　　表 5-5

| 企业名称 | 报价（万元） | 工期（天） | 工期损益价格（万元） | 经评审综合价（万元） |
| --- | --- | --- | --- | --- |
| A | 1130 | 260 | −100 | 1030 |
| B | 1150 | 250 | −125 | 1025 |
| C | 1140 | 300 | 0 | 1140 |

综合考虑报价和工期因素后，以经评审的综合价作为选定中标候选人的依据，因此最后选定 B 企业为中标候选人。

**【分析】**

评审的综合价格是符合招标实质性条件的全部费用，报价不是定标的唯一依据。上述 3 家工期中 A、C 企业报价虽比 B 企业低，但综合考虑工期的损益价后，B 公司的经评审综合价格低，最后选定 B 企业为中标候选人。

本案例说明，工程报价最低并不是工程评审综合价格最低。在评审时要将所有实质性要求，如工期、质量等因素综合考虑到评审价格中，如工期提前可能为投资者节约各种利息，项目及时投入使用后及早回收建设资金，创造经济利益；又如可能因为工程质量不合格、合格而未达到优良，将给业主带来销售困难、因工程质量问题给投资者带来不良社会影响等问题。因此，招标人要合理确定利用最低评审价格法的具体操作步骤和价格因素，这样才能使评标更加合理、科学。

(2) 综合评估法

综合评估法，是最大限度地满足招标文件中规定的各项综合评价标准的投标，应当推荐为中标候选人的评标方法，亦即专家打分法。这种方法一般在不宜采用经评审的最低投标价法评标时采用。

衡量投标文件是否最大限度地满足招标文件中规定的各项评价标准，需要将报价、施工组织设计（施工方案）、质量保证、工期保证、业绩与信誉等赋予不同的权重，用打分的方法或折算货币的方法，评出中标人。需要量化的因素及其权重应当在招标文件中明确规定。评标委员会对各个评审因素进行量化时，应当将量化指标建立在同一基础或者同一标准上,使各投标文件具有可比性。对技术部分和商务部分进行量化后,评标委员会应当对这两部分的量化结果进行加权,计算出每一投标的综合评估价或者综合评估分。

【应用案例一】

某火电站施工采用综合单价合同的邀请招标,评标主要考察4个方面,每一方面再以百分制计分。

(1) 投标单位的业绩、信誉,权重0.15。内容包括:企业资质等级(30分);企业信誉、银行信誉(20分);类似工程的施工经历(20分);近5年质量回访记录(15分);近三年重大质量、安全事故(15分)。

(2) 施工管理能力,权重0.1。内容包括:主要施工机具及劳动力安排计划(50分);安全措施(30分);同期工程量(20分)。

(3) 施工组织设计,权重0.15。内容包括:施工方案(30分);现场组织机构(30分);网络进度计划(20分);质量保证体系(20分)。

(4) 投标报价,权重0.6。内容包括:投标报价(60分);单价表中人工、材料、机械费组成的合理性(30分);三材用量合理性(10分)。其中报价项的得分标准以[(报价—标底)/标底]来衡量,当偏差范围为—(3~5)%时得40分;—(1~2)%时得60分;+(1~2)%时得50分;+(3~5)%时得30分。

【应用案例二】

某招标项目为××县住房保障和城乡建设管理局安居小区经济适用住房四期工程,该项目已由××省发展和改革委员会以×××号文批准建设,招标人为县住房保障和城乡建设管理局,总投资935万元,资金来源为自筹;建筑总面积5013.54$m^2$,一栋六层砖混结构。工期要求365日历天。现进行公开招标。

前期共有5家投标单位在市交易中心于公告指定的时间内购买了招标文件,开标时有4家投标单位在规定的时间递交了投标文件。

开标后,随机抽取的5名评标专家对按时递交的4份投标文件进行了评审。评标采用综合因素评标法(具体办法附后)。

【评审过程】

1. 评委首先对投标文件进行初步评审;

1.1 形式评审标准:见评标办法前附表(见后附件);

1.2 资格评审标准:见评标办法前附表(见后附件);

1.3 响应性评审标准:见评标办法前附表(见后附件)。

经审查、所有投标人均按照招标文件要求编制投标书并签字盖章,均满足投标人的资格要求,且未发现有不响应招标文件的条款。

2. 评委对投标人的投标报价进行了分析与评审,未发现低于成本竞争、不可竞争费竞争、算术性错误修正、单价或合价遗漏、错漏项、不平衡报价等情况。

3. 详细评审

评标委员会按本章规定的量化因素和分值进行打分,并计算出综合评估得分。

3.1 按规定的评审因素和分值对施工组织设计计算出得分 A；
3.2 按规定的评审因素和分值对投标人和项目管理机构资信计算出得分 B；
3.3 按规定的评审因素和分值对投标报价计算出得分 C；
3.4 评分分值计算保留小数点后两位，小数点后第三位"四舍五入"；
3.5 投标人得分＝A＋B＋C。
4. 推荐中标候选人：

评标委员会按得分从高到低的顺序向招标人推荐前三名为中标候选人，招标人确定排名第一的中标候选人为中标人。

附件：评标办法

评标办法前附表（综合评估法）

| 条款号 | | 评审因素 | 评审标准 |
|---|---|---|---|
| 2.1.1 | 形式评审标准 | 投标人名称 | 与营业执照、资质证书、安全生产许可证一致 |
| | | 投标函签字盖章 | 有法定代表人或其委托代理人签字或加盖单位章 |
| | | 投标文件格式 | 符合招标文件要求 |
| | | 报价唯一 | 只能有一个有效报价 |
| | | …… | …… |
| 2.1.2 | 资格评审标准 | 营业执照 | 有效且符合招标文件要求 |
| | | 安全生产许可证 | 有效且符合招标文件要求 |
| | | 资质等级 | 有效且符合招标文件要求 |
| | | 规费计取证 | 有效且符合招标文件要求 |
| | | …… | …… |
| 2.1.3 | 响应性评审标准 | 投标内容 | 符合招标文件要求 |
| | | 工期 | 符合或优于招标文件要求 |
| | | 工程质量 | 符合招标文件要求 |
| | | 投标有效期 | 符合招标文件要求 |
| | | 投标保证金 | 符合招标文件要求 |
| | | 已标价工程量清单 | 符合招标文件要求 |
| | | 技术标准和要求 | 符合招标文件要求 |
| | | 投标总报价 | 设招标控制价：低于（或等于）招标控制价。 |
| | | …… | …… |
| 2.1.4 | 清标评审（对投标文件进行基础性数据分析和整理工作） | 算术性评审 | 对投标文件进行基础性数据分析和整理工作形成清标成果，按照规定进行修正并由投标人签字确认 |
| | | 单价遗漏 | |
| | | 重大偏差 | |
| | | 不平衡报价 | |
| | | 错漏项 | |

续表

| 条款号 | 条款内容 | 编列内容 |
|---|---|---|
| 2.2.1 | 分值构成（总分100分） | 投标报价：70分<br>（其中：投标报价总价30分；分部分项合价20分；措施项目合价20分）<br>施工组织设计：18分<br>投标人和项目经理资信：12分 |
| 2.2.2（1） | 投标报价<br>评标基准价计算方法 | 评标基准价＝去掉一个最高投标报价和一个最低投标报价的算术平均值 |
| 2.2.2（2） | 分部分项合计<br>评标基准价计算方法 | 评标基准价＝去掉一个最高分部分项合价和一个最低分部分项合价的算术平均值 |
| 2.2.2（3） | 措施项目费<br>评标基准价计算方法 | 评标基准价＝去掉一个最高措施项目合价后的算术平均值 |
| 2.2.3 | 偏差率计算公式 | 偏差率＝｜（投标人报价－评标基准价）｜/评标基准价×100% |

| 条款号 | | 评分因素 | 评分标准 |
|---|---|---|---|
| 2.2.4（1） | 施工组织设计 | 1. 施工方案全面完整、针对性强、切实可行 | 评审标准要求和方法详见"评标办法正文" |
| | | 2. 施工总平面图设计合理 | |
| | | 3. 劳动力计划安排合理 | |
| | | 4. 材料供应安排合理 | |
| | | 5. 关键部位施工方法明确、切实可行 | |
| | | 6. 质量安全保证措施切实可行 | |
| | | 7. 机械设备配置满足本工程施工要求 | |
| | | 8. 工期计划合理、保证措施切实可行 | |
| | | 9. 具有可行的提高工程质量、保证工期、降低造价的合理化建议 | |
| | | 10. 在施工中采用具有切实可行的新技术、新材料、新工艺、新设备 | |
| | | 11. 施工现场采用环保、消防、降噪声、文明等施工技术措施针对性强、切实可行 | |
| 2.2.4（2） | 投标人及项目经理资信 | 1. 投标人近五年承担过的同类型工程 | |
| | | 2. 项目经理近五年承担过的同类型工程 | |
| | | 3. 投标人近五年获省级优秀建筑企业荣誉 | |
| | | 4. 项目经理近五年获优秀项目经理荣誉 | |
| | | 5. 投标人近1年市场行为 | |
| | | 6. 项目经理近1年市场行为 | |
| 2.2.4（3） | 投标报价评审 | 1. 投标总报价<br>2. 分部分项报价<br>3. 措施项目报价 | |

续表

| 条款号 | | 编列内容 |
|---|---|---|
| 3 | 评标程序 | 1. 评标准备，评标委员会成员熟悉招标文件、投标文件、评标标准、方法和评审表格、投标文件基础数据整理分析（清标）。<br>2. 初步评审，包括：形式评审、资格评审、响应性评审、算术错误修正、判定废标情形等。<br>3. 详细评审，判定投标报价是否低于成本、技术方案可行性评审等。<br>4. 澄清说明或补正。<br>5. 向招标人推荐中标候选人 |
| 补2 | 投标人及项目经理资信认定依据 | 1. 投标人和项目经理同类工程，以同一工程的合同（协议书）、中标通知书（备案）、竣工验收证明为准，其他现场出示的证明无效。<br>2. 同类型工程指结构相同的工程，不分规模和层数。<br>3. 工程获奖和信誉以住房和城乡建设行政主管部门或其委托的社会团体评选结果文件并在网上公告为准，其他证明无效。<br>4. 不良行为是指已经住房和城乡建设行政主管部门文件通报或网络公告的建设市场主体在本省从事工程建设活动中，违反国家和省颁布的有关建设工程的法律、法规、规章、规范、标准和规范性文件的行为，其他证明材料不作为依据。<br>5. 评审内容需要的证书、证件的复印件应清晰地编入投标文件 |
| 补3 | 特殊情况处置 | 1. 评标委员会应当执行连续评标的原则，按评标办法中规定的程序、内容、方法、标准完成全部评标工作。只有发生不可抗力导致评标工作无法继续时，评标活动方可暂停。发生评标暂停情况时，评标委员会应当封存全部投标文件和评标记录，待不可抗力的影响结束且具备继续评标的条件时，由原评标委员会继续评标。<br>2. 除非发生下列情况之一，评标委员会成员不得在评标中途更换：<br>（1）因不可抗拒的客观原因，不能到场或需在评标中途退出评标活动。<br>（2）根据法律法规规定，某个或某几个评标委员会成员需要回避。<br>3. 退出评标的评标委员会成员，其已完成的评标行为无效。由招标人根据本招标文件规定的评标委员会成员产生方式另行确定替代者进行评标。<br>4. 在任何评标环节中，需评标委员会就某项定性的评审结论做出表决的，由评标委员会全体成员按照少数服从多数的原则，以记名投票方式表决。<br>5. 授权评标委员会确定中标人的，应确定经评审的投标价或评标价最低的投标人为中标人；没有授权的，招标人应当从中标候选人中确定中标人。<br>6. 签订合同前，中标人无正当理由放弃中标的，停止其在××省内一年投标资格；私自更换项目经理或项目班子主要人员，技术负责人、质量员、安全员、造价员的停止其在××省内半年投标资格。 |

续表

评标方法正文
1. 评标方法
本次评标采用综合评估法。评标委员会对满足招标文件实质性要求的投标文件，按照本章第2.2款规定的评分标准进行打分，并按得分由高到低顺序由评标委员会向招标人推荐前两名为中标候选人，但投标报价低于其成本的除外。综合评分相等时，以投标报价低的优先；投标报价也相等的，由招标人自行确定。
2. 评审标准
2.1 初步评审标准
2.1.1 形式评审标准：见评标办法前附表。
2.1.2 资格评审标准：见评标办法前附表。
2.1.3 响应性评审标准：见评标办法前附表。
2.2 分值构成与评分标准
2.2.1 分值构成（详细量化见后正文）
(1) 施工组织设计：见评标办法前附表；
(2) 项目管理机构：见评标办法前附表；
(3) 投标报价：见评标办法前附表；
(4) 其他评分因素：见评标办法前附表。
2.2.2 评标基准价计算
评标基准价计算方法：见评标办法前附表。
2.2.3 投标报价的偏差率计算
投标报价的偏差率计算公式：见评标办法前附表。
2.2.4 评分标准
(1) 施工组织设计评分标准：见评标办法前附表；
(2) 项目管理机构评分标准：见评标办法前附表；
(3) 投标报价评分标准：见评标办法前附表；
(4) 其他因素评分标准：见评标办法前附表。
2.2.5 评审分值构成（正文）
(1) 投标报价70分。
① 投标报价总价30分；
② 分部分项合价或直接工程费合价20分；
③ 措施项目合价20分。
(2) 施工组织设计18分
1) 评审因素及分值构成

| 评审因素 | 分值 |
|---|---|
| ① 施工方案全面完整、针对性强、切实可行 | 3分 |
| ② 施工总平面图设计合理 | 2分 |
| ③ 项目班子机构健全、人员齐备、专业配套、具备相关岗位证书、劳动力计划安排合理 | 2分 |
| ④ 材料供应安排合理 | 1分 |
| ⑤ 关键部位施工方法明确、切实可行 | 2分 |
| ⑥ 质量安全管理满足招标文件要求，保证措施切实可行 | 2分 |
| ⑦ 机械设备配置满足本工程施工要求 | 1分 |
| ⑧ 工期满足招标文件要求，计划合理、保证措施切实可行 | 1分 |
| ⑨ 具有可行的提高工程质量、保证工期、降低造价的合理化建议 | 1分 |

续表

⑩ 在施工中采用具有切实可行的新技术、新材料、新工艺、新设备　　　　　　　　　　2分
⑪ 施工现场采用环保、消防、降噪声、文明等施工技术措施针对性强、切实可行　　　1分

2) 评审要求

① 每一评审因素最低分值为其总分的60%~80%,具体比例现场随机抽取确定;
② 评审因素缺项或存在错误或违反国家和省建筑施工规范要求（经批准的除外）的评审因素可记零分;
③ 评委在评技术标时,应对最高分和最低分的打分理由写出书面意见;
④ 汇总评委计分去掉一个最高分和一个最低分后算术平均。

(3) 投标人和项目经理资信 12 分

1) 评审因素和分值构成

① 投标人近5年承担过的同类工程　　　　　　　　　　　　　　　　　　　　　　　满分3分

投标人近5年承担过一项同类工程加1分;

该工程获省级及以上质量优良奖的加1分、获市级质量优良奖的加0.5分;

该工程获省级及以上安全文明标准工地的加1分、获市级安全文明标准工地的加0.5分,获奖和安全文明工地加分均以最高分记,不累计。

② 项目经理近5年承担的同类工程　　　　　　　　　　　　　　　　　　　　　　　满分3分

项目经理近5年承担过一项同类工程加1分;

该工程获省级及以上质量优良奖的加1分、获市级质量优良奖的加0.5分;

该工程获省级及以上安全文明标准工地的加1分、获市级安全文明标准工地的加0.5分,获奖和安全文明工地加分均以最高分记,不累计。

③ 投标人近5年获省优秀建筑企业荣誉　　　　　　　　　　　　　　　　　　　　　满分1分

投标人近五年获省优秀建筑企业荣誉1分,市优秀建筑企业荣誉0.5分。

④ 项目经理近五年获优秀项目经理荣誉　　　　　　　　　　　　　　　　　　　　　满分1分

项目经理上年度获省级以上优秀项目经理荣誉1分,市优项目经理荣誉0.5分。

获优秀建筑企业、项目经理加分均以最高分记,不累计。

⑤ 投标人近1年市场行为　　　　　　　　　　　　　　　　　　　　　　　　　　　满分2分

以省住房城乡建设行政主管部门年度企业资质动态考核结论为记分依据,完全合格2分,合格1.5分,基本合格1分。

近1年有一次不良行为记录不得分且从投标人和项目经理资信总分中扣1分,扣到0分为止。

⑥ 项目经理近1年市场行为　　　　　　　　　　　　　　　　　　　　　　　　　　满分2分

以省住房城乡建设行政主管部门年度考核结论为记分依据。

近1年有一次不良行为记录不得分且从投标人和项目经理资信总分中扣1分,扣到0分为止。

2) 评审标准和要求

① 投标人和项目经理同类工程,以同一工程的合同（协议书）、中标通知书（备案）、竣工验收证明为准,其他现场出示的证明无效。

② 同类型工程:指结构相同的同类工程,不分层数和面积。

③ 工程获奖和信誉以住房城乡建设行政主管部门或其委托的社会团体评选结果文件并在网上公告为准,其他证明无效。

④ 不良行为是指经住房城乡建设行政主管部门文件通报或网络公告的建设市场主体在本省从事工程建设活动中,违反国家和省颁布的有关建设工程的法律、法规、规章、规范、标准和规范性文件的行为,其他证明材料不作为依据。

⑤ 评审内容需要的证书、证件的复印件应清晰地编入投标文件。

续表

3. 投标评审

3.1 成本评审。投标报价出现超出下列两项之一指标警戒范围情形的,启动成本评审,判定投标报价是否低于成本。

①区性投标报价的分部分项工程费合价低于招标控制价分部分项工程费合价 90% 的;

② 投标报价的措施项目费合价低于招标控制价措施项目费合价 70% 的。

判定方法:投标报价分部分项工程费中人、材、机合价和措施项目费中人、材、机合价之和减去招标控制价相对应的人、材、机合价之和的差值记为 M,M 为负值且 |M| 大于投标报价利润的,判定为低于其成本,拒绝其投标。

3.2 评标基准价和偏差率

3.2.1 投标报价总价

评标基准价 = 去掉一个最高投标报价和一个最低投标报价的算术平均值。

3.2.2 分部分项合价

评标基准价 = 去掉一个最高分部分项合价和一个最低分部分项合价的算术平均值。

3.2.3 措施项目合价

评标基准价 = 去掉一个最高措施项目合价后的算术平均值。

3.3 偏差

偏差率 = |投标人报价 − 评标基准价|/评标基准价 × 100%

3.4 报价得分

① 投标报价总价得分 = 30 − 偏差率 × 100

② 分部分项合价得分 = 20 − 偏差率 × 100

③ 措施项目合价得分 = 20 − 偏差率 × 100

④ 投标报价总得分 = ① + ② + ③

4. 中标人确定:

评标委员会按得分从高到低的顺序向招标人推荐前二名为中标候选人,招标人确定排名第一的中标候选人为中标人,当排名第一的中标候选人放弃中标,因不可抗力提出不能履行合同,招标人可以确定排名第二的中标候选人为中标人,当所有中标人都不能满足招标要求时,招标人应重新组织招标。

5. 中标价的确定:中标人的投标报价即为中标价。

6. 评标程序(略)

## 实施 5.3 中标和签约

### 5.3.1 定标

1. 评标报告

(1) 评标报告内容

评标委员会完成评标后，应当向招标人提出书面评标报告。评标报告应包括以下内容：

1) 基本情况和数据表；
2) 评标委员会成员名单；
3) 开标记录；
4) 符合要求的投标一览表；
5) 废标情况说明；
6) 评标标准、评标方法或者评标因素一览表；
7) 经评审的价格或者评分比较一览表；
8) 经评审的投标人排序；
9) 推荐的中标候选人名单与签订合同前要处理的事宜；
10) 澄清、说明、补充事项纪要。

评标报告应按行政监督部门规定的内容和格式填写。利用国际金融组织机构贷款项目的招标以及机电产品国际招标，分别对评标报告的内容和格式作了相应规定。招标人及招标代理机构应根据具体规定填写。

(2) 评标报告的签署

评标报告由评标委员会全体成员签字。对评标结论持有异议的评标委员会成员可以书面方式阐述其不同意见和理由。评标委员会成员拒绝在评标报告上签字且不陈述其不同意见和理由的，视为同意评标结论。

2. 中标候选人

评标委员会应按照招标文件规定的中标候选人数量推荐中标候选人，并标明排列顺序。中标候选人的数量应不超过三名。

中标候选人应当公示。中标候选人公示应当注意以下事项：

(1) 招标人应当根据招标文件明确的媒体和发布时间公示中标候选人，接受社会的监督。

(2) 招标人应当自收到评标报告之日起3日内公示中标候选人，公示期不得少于3日，但机电产品国际招标项目中标候选人公示时间为7日。

(3) 中标候选人公示期间内，投标人和其他利害相关人如对中标候选人或评标有异议，可以向招标人或招标代理机构提出。招标人应当自收到异议之日起3日内作出答复。

3. 确定中标人

(1) 招标人应当接受评标委员会推荐的中标候选人，不得在评标委员会推荐的中标候选人之外确定中标人。

(2) 根据《工程建设项目施工招标投标办法》第58条，国有资金占控股或者主导地位的依法必须进行招标的项目，招标人应当确定排名第一的中标候选人为中标人。排名第一的中标候选人放弃中标，因不可抗力提出不能履行合同，不按照招标文件的要求提交履约保证金，或者被查实存在影响中标结果的违法行为等情形，不符合中标条件的,招标人可以按照评标委员会提出的中标候选人名单排序依次确定其他中标候选人为中标人。依次确定其他中标候选人与招标人预期差距较大,或者对招标人明显不利的,招标人可以重新招标。

(3) 招标人可以授权评标委员会直接确定中标人。

### 5.3.2 中标通知书

中标通知书是指招标人在确定中标人后向中标人发出的,接受投标人提出要约的书面承诺文件。中标通知书的内容应当简明扼要,通常只需告知投标人招标项目已经中标,并确定签订合同的时间、地点即可。中标通知书发出后,对招标人和中标人具有法律约束力,如果招标人改变中标结果的,或者中标人放弃中标项目的,应当依法承担法律责任。

1. 中标人确定后,招标人应当向中标人发出中标通知书,并同时将中标结果通知所有未中标的投标人。

2. 中标通知书的发出时间不得超过投标有效期的时效范围。

3. 中标通知书需要载明签订合同的时间和地点。需要对合同细节进行谈判的,中标通知书上需要载明合同谈判的有关安排。

4. 中标通知书可以载明提交履约保证金等投标人需注意或完善的事项。

5. 招标人不得向中标人提出压低报价、增加工作量、缩短工期或其他违背中标人意愿的要求,以此作为发出中标通知书和签订合同的条件。

---

附表:中标通知书

中标通知书

_____(中标人名称):

你方于_____(投标日期)所递交的_____(项目名称)_____标段施工投标文件已被我方接受,被确定为中标人。

中标价:_____元。

工　期:_____日历天。

工程质量:符合_____标准。

项目经理:_____(姓名)。

请你方在接到本通知书后的_____日内到_____(指定地点)与我方签订施工承包合同,在此之前按招标文件第二章"投标人须知"第7.3款规定向我方提交履约担保。

特此通知。

招标人:_____(盖单位章)<br>
法定代表人:_____(签字)<br>
_____年_____月_____日

附表：中标结果通知书

中标结果通知书

_____（未中标人名称）：

我方已接受_____（中标人名称）于_____（投标日期）所递交的_____（项目名称）_____标段施工投标文件，确定_____（中标人名称）为中标人。

感谢你单位对我方工作的大力支持！

招标人：_____（盖单位章）<br>法定代表人：_____（签字）<br>___年___月___日

---

附表：确认通知

确认通知

_____（招标人名称）：

你方___年___月___日发出的_____（项目名称）____标段施工招标关于_____的通知，我方已于___年___月___日收到。

特此确认。

投标人：_____（盖单位章）<br>___年___月___日

### 5.3.3 招标投标情况的书面报告

依法必须进行施工招标的项目，招标人应当自发出中标通知书之日起 15 日内，向有关行政监督部门提交招标投标情况的书面报告。书面报告至少应包括下列内容：

(1) 招标范围；

(2) 招标方式和发布招标公告的媒介；

(3) 招标文件中投标人须知、技术条款、评标标准和方法、合同主要条款等内容；

(4) 评标委员会的组成和评标报告；

(5) 中标结果。

### 5.3.4 签订合同协议（详见工作任务 6）

招标人和中标人应当自中标通知书发出之日起 30 日内，按照招标文件和中标人的投标文件订立书面合同。

工程施工合同协议是依据招标人与中标人按照招标投标及中标结果形成的合同关系，为按约定完成招标工程建设项目，明确双方责任、权利、义务关系而签订的合同协议书。

签订协议时，双方在不改变招标投标实质性内容的条件下，对非实质性差异的内容可以通过协商取得一致意见。签约时，如果招标文件有规定，中标人应按招标文件约定向招标人提交工程施工合同履约保证金。以担保函形式提交履约保证金的，担保函应按招标文件规定的格式。

## 实施 5.4　案例分析

### 5.4.1　案例：开标组织程序

【案例背景】某工程施工招标项目为依法必须进行招标的项目，招标文件采用《中华人民共和国标准施工招标文件》（2007 年版）编制。为控制工程造价，招标人委托了一个有资质的工程造价公司编制工程标底。到招标人确定的投标截止时间前，招标人一共受理了 18 份投标文件，并在招标文件规定的地点组织开标。

【问题】
（1）招标人组织开标会议，应完成哪些准备工作？
（2）给出本项目一个完整的开标程序。

【分析】《招标投标法》第 34 条、第 35 条、第 36 条分别规定了开标会议的主持人、开标程序和内容，规定开标由招标人主持，在招标文件确定的提交投标文件截止时间的同一时间公开进行，邀请所有投标人参加；开标地点为招标文件中预先确定的地点，同时规定开标时，由投标人代表或招标人委托的公证机构检查投标文件的密封情况，经确认无误后，由工作人员当众拆封，宣读投标人名称、投标价格和投标文件的其他主要内容，并对开标过程记录，存档备查等，工程施工招标还涉及工程标底价格的公布等事项。

【参考答案】
（1）招标人组织开标会议，应完成以下准备工作：
1）投标文开标准备，将投标截止时间前受理的投标文件运送至开标现场；
2）开标现场准备，包括邀请开标过程监督人员、开标现场布置、准备开标需要的设备、设施等；

3) 开标需用资料准备,如招标文件、招标文件的澄清及修改、标底文件,以及一些记录表格,如投标文件接收登记表、投标人签到表、投标保证金签收凭证、开标记录表等;

4) 准备好参与开标会议的有关工作人员,包括主持人、唱标人、监标人、记录人及其他辅助人员等。

(2) 依据《中华人民共和国标准施工招标文件》(2007年版),本项目一个完整的开标程序如下:

1) 宣布开标纪律;

2) 公布在投标截止时间前递交投标文件的投标人名称,并点名确认投标人是否派人到场;

3) 宣布开标人、唱标人、记录人、监标人等有关人员姓名;

4) 按照投标人须知前附表规定检查投标文件的密封情况;

5) 按照投标人须知前附表的规定确定并宣布投标文件开标顺序;

6) 公布标底价格;

7) 按照宣布的开标顺序当众开标,公布投标人名称、标段名称、投标保证金的递交情况、投标报价、质量目标、工期及其他内容,并记录在案;

8) 投标人代表、招标人代表、监标人、记录人等有关人员在开标记录上签字确认;

9) 开标结束。

### 5.4.2 案例:投标文件接收与唱标

【案例背景】某工程货物采购招标项目在投标截止时间前收到了投标人A、B、C提交的三份投标文件。投标截止时间后1分钟,投标人D向招标人提交了投标文件,招标人接收了这四份投标文件,并按以下程序组织了开标:

(1) 宣布收到有效投标文件的投标人名单;

(2) 介绍有关嘉宾、主持人、唱标人、记录人和监标人名单;

(3) 投标人代表查验投标文件的密封情况,均符合要求;

(4) 组织唱标,按照投标文件递交的先后次序,唱标人依次唱出了投标人A、B、C、D的报价、投标保证金的合格与否、供货期等内容,并记录在案,其中投标人B没有递交投标保证金,招标人宣布其投标为废标;

(5) 主持人依次询问投标人A、B、C、D无异议后,要求其在唱标记录上进行签字确认;

(6) 宣布注意事项,开标结束。

【问题】

(1) 开标过程中,组织有关公证人员或投标人代表检查投标文件密封情况的目的是什么?

(2) 指出招标人开标组织中存在哪些问题,给出正确做法。

【分析】《招标投标法》第 28 条规定，在招标文件要求提交投标文件的截止时间后送达的投标文件，招标人应当拒收。第 36 条规定，开标时，由投标人推选的代表检查投标文件的密封情况，也可以由招标人委托的公证机构检查并公证；经确认无误后，由工作人员当众拆封，宣读投标人名称、投标价格和投标文件的其他主要内容。同时又规定，招标人在招标文件要求提交投标文件的截止时间前收到的所有投标文件，开标时都应当当众予以拆封、宣读。这里的"提交投标文件的截止时间前收到的所有投标文件"，指的是招标人已经按照招标文件规定的受理条件，正式受理的投标文件。所以，在开标会议上，招标人的主要工作就是在投标人及其他监督人员监督下，依据开标的程序与内容组织开标。值得注意的是，《招标投标法》规定的密封检查，最终目的是检查拟开标的投标文件与受理的投标文件的一致性，不是检查投标人对全套投标文件是否密封完好，是否有效，后者属于招标人接收投标文件时的工作。

招标人组织唱标过程中不得对唱标内容进行评判，作出合格与否的结论。依照《招标投标法》，判定一份投标文件及投标保证金合格与否，属于评标委员会的职责范围，而开标时，投标文件还没有经过评标委员会的评审，此时不能判定一份投标文件是否合格。

【参考答案】

（1）开标过程中，组织有关公证人员或投标人代表检查投标文件密封情况的目的，是确认拟开标投标文件与招标人受理的投标文件的一致性。

（2）本案中，招标人在开标组织过程中主要存在两个问题：

1）投标人 D 递交投标文件超过了投标截止时间，属于依法应予拒收的情形。招标人对其进行了受理并纳入了开标，违反了《招标投标法》第 28 条关于在招标文件要求提交投标文件的截止时间后送达的投标文件，招标人应当拒收的规定。

2）第 4 步中，对投标保证金唱出了合格与否，并宣布 B 的投标为废标属于招标人的越权行为。

正确的做法是，招标人在受理投标文件时，需要依据招标文件中的受理条件，检查投标文件的密封情况。投标人 D 提交投标文件的时间超出了招标文件约定的投标截止时间，招标人应拒收。然后组织 A、B、C 三个投标人参加的开标会议。唱标时，招标人应采用不加评判的语言进行唱标，对投标保证金，仅能唱出递交与否，不能唱合格与否。

### 5.4.3　案例：开标组织过程及特殊事件处理分析

【案例背景】某依法必须进行招标的工程施工项目采用资格后审组织公开招标，在投标截止时间前，招标人共受理了 6 份投标文件，随后组织有关人员对投标人的资格进行审查，查对有关证明、证件的原件。有一个投标人没有派人参加开标会议，还有一个投标人少携带了一个证件的原件，没能通过招标人组织的资格审查。招标人对通过资格审查的投标人 A、B、C、D 组织了开标。

投标人 A 没有递交投标保证金，招标人当场宣布 A 的投标文件为无效投标文件，不进入唱标程序。唱标过程中，投标人 B 的投标函上有两个投标报价，招标人要求其确认了其中一个报价进行唱标。投标人 C 在投标函上填写的报价，大写与小写不一致，招标人查对了其投标文件中工程报价汇总表，发现投标函上报价的小写数值与投标报价汇总表一致，于是按照其投标函上小写数值进行了唱标。投标人 D 的投标函没有盖投标人单位印章，同时又没有法定代表人或其委托代理人签字，招标人唱标后，当场宣布 D 的投标为废标。这样仅剩 B、C 两个人的投标，招标人认为有效投标少于三家，不具有竞争性，否决了所有投标。

【问题】

(1) 招标人确定进入开标或唱标投标人的做法是否正确？为什么？

(2) 招标人在唱标过程中针对一些特殊情况的处理是否正确？为什么？

(3) 开标会议上，招标人是否有权否决所有投标？为什么？给出正确的做法。

【分析】本案涉及招标人、投标人和行政监督部门在开标会议上的权利以及资格后审的审查主体问题。《招标投标法》第 35 条和第 36 条分别规定，开标由招标人主持，邀请所有投标人参加；开标时由投标人或者其推选的代表检查投标文件的密封情况，也可以由招标人委托的公证机构检查并公证。经确认无误后，由工作人员当众拆封，宣读投标人名称、投标价格和投标文件的其他主要内容。同时，第 36 条还规定，招标人在招标文件要求提交投标文件的截止时间前收到的所有投标文件，开标时都应当当众予以拆封、宣读。所以在开标会议上，招标人行使的是依据招标文件规定的程序，对接收的投标文件组织当众开标的义务；投标人、行政监督部门监督招标人开标程序、开标内容等的合法性。《招标投标法实施条例》第 20 条规定，招标人采用资格后审办法对投标人进行资格审查的，应当在开标后由评标委员会按照招标文件规定的标准和方法对投标人的资格进行审查。因此，采用资格后审方式的审查主体是评标委员会，开标过程中，任何一方均没有对投标文件的评审和比较权利，也没有确定一个投标是否满足招标文件要求的权利。

【参考答案】

(1) 本案中，招标人确定进入开标或唱标投标人的做法不正确。《招标投标法》第 36 条规定，招标人在招标文件要求提交投标文件的截止时间前收到的所有投标文件，开标时都应当当众予以拆封、宣读。《招标投标法实施条例》第 20 条规定，招标人采用资格后审办法对投标人进行资格审查的，应当在开标后由评标委员会按照招标文件规定的标准和方法对投标人的资格进行审查。招标人采用投标截止时间后，先行组织有关人员对投标人进行资格审查，查对有关证明、证件的原件并以此确定进入开标的投标人的做法不符合上述规定。

《招标投标法》第 35 条规定"开标由招标人主持，邀请所有投标人参加"。所以投标人参加开标是一种自愿行为。投标人参加开标的权利是监督招标人开标的合法性，确保投标人递交的投标文件与提交评标委员会评审的投标文件是同一份文件，了解其他投标人的投标情况。如果投标人不参加开标，视同其放弃了这项权利，不能以投标人是否参加开标而判定其投标的有效无效或其资格合格与否，更不能作为确定是否对投标进行开标或唱标的判断标准。

(2) 招标人开标过程中对一些特殊情况处理不正确。针对 B 的投标函上有两个投标报价，招标人应直接宣读投标人在投标函（正本）上填写的两个报价，不能要求该投标人确认其报价是这中间的哪一个报价，否则其行为相当于允许该投标人二次报价，违反了投标报价一次性的原则。针对 C 在投标函上填写的报价，大写与小写不一致，招标人在开标会议上无须去查对工程报价汇总表，仅需按照投标函（正本）上的大写数值唱标即可。针对投标人 D 的投标函没有盖投标人单位章，同时又没有法定代表人或其委托代理人签字，招标人仅需按照招标文件约定的唱标内容进行唱标即可，招标人唱标后宣布 D 的投标为废标的行为属于招标人越权。

(3) 招标人在开标会议没有权利否决所有投标。《招标投标法》将对投标文件的评审和比较权利依法赋予了招标人依法组建的评标委员会，其第 42 条规定，评标委员会经评审，认为所有投标都不符合招标文件要求的，可以否决所有投标。本案中，招标人否决所有投标的行为违反了法律规定。

正确的做法是，招标人应组织接收的 6 份投标文件开标，翔实记录开标唱标过程中发现的特殊事件或问题，然后将这 6 份投标文件及开标结果交由其依法组建的评标委员会进行评审和比较。

### 5.4.4 案例：评标组织程序

**【案例背景】** 某政府投资的工程建设项目组织工程施工招标，招标人共受理了 24 份投标文件。开标后，招标人在开标现场外约 12km 处选择了一个宾馆组织封闭评标。

**【问题】**

(1) 评标前，招标人组织评标委员会评标应进行哪些准备工作？
(2) 如评标委员会人数为 7 人，怎样组建本项目评标委员会？
(3) 安排一个完整的评标程序。

**【分析】** 招标人组织评标前，应进行评标场地、评标委员会成员、评标资料及相关设备设施、表格等准备工作。

《招标投标法》第 37 条规定了评标委员会的构成及专家资格条件，即依法必须进行招标的项目，其评标委员会由招标人的代表和有关技术、经济等方面的专家组成，成员人数为 5 人以上单数，其中技术、经济等方面的专家不得少于成员总数的 2/3，招标人代表应熟悉相关业务。《评标专家和评标专家库暂行办法》（国家发改委 29 号令）中，明确规定了政府投资项目的评标专家，应由政府相关部门组建的评标专家库中抽取或直接确定。这些规定是招标人组织评标活动必须遵守的准则。

**【参考答案】**

(1) 组织评标前，招标人应完成以下准备工作：

1) 准备评标需用的资料，如招标文件及其澄清与修改、标底文件、开标记录等，采用资格预审方式的，还应当包括资格预审文件、资格预审申请文件和相应的评审报告；

2) 准备评标相关表格；

3) 选择评标地点和评标场所；

4) 布置评标现场，必要时，准备好电脑、打印机、打印纸等；

5) 对开标后的 24 份投标文件进行妥善保管并运到评标现场；

6) 依法确定评标委员会成员名单并对其保密；

7) 安排评标委员会成员的食、住、行等辅助性工作；

8) 其他与评标活动有关的工作。

(2) 本项目为依法必须进行招标的政府投资项目，依据《招标投标法》第 37 条对评标委员会构成的规定，本项目招标人代表不能超过 2 人，并应熟悉相关业务及项目特点和建设要求；其余 5 人从政府建设主管部门组建的专家库中随机抽取技术、经济专家。

(3) 完整的评标程序如下：

1) 评标委员会专家签到；

2) 评标委员会推选或招标人指定主任委员；

3) 评标委员会熟悉招标文件和有关表格；

4) 评标委员会依据招标文件中的评标标准和方法，进行初步审查；

5) 评标委员会依据招标文件中的评标标准和方法，进行详细审查；

6) 评标委员会推荐中标候选人，完成并签署评标报告；

7) 评标委员会向招标人提交评标报告。

## 实施 5.5　能力训练

1. 基础训练

(1) 名词解释

开标　评标　经评审的最大投标价法　综合评估法

(2) 单选题

1) 下列关于开标的说法，错误的是(　　)。

A. 投标人不参加开标的，并不影响投标文件的有效性

B. 投标人不参加开标的，事后不得对开标结果提出异议

C. 应按招标文件规定的时间、地点开标

D. 投标文件截止时间与开标时间不能混为同一时间

2) 下列关于开标参与人中表述不正确的是(　　)。
   A. 开标由招标人主持，也可由招标代理机构主持。
   B. 投标人或其授权代表有权出席开标会且必须参加
   C. 招标人邀请所有投标人参加开标是法定的义务
   D. 招标采购单位在开标前，应当通知同级人民政府财政部门及有关部门

3) 关于开标程序和内容中，下列选项顺序正确的是(　　)。
   A. 密封情况检查-公证-拆封-唱标
   B. 密封情况检查-拆封-公正-唱标
   C. 密封情况检查-拆封-唱标-记录并存档
   D. 密封情况检查-拆封-公正-记录并存档

4) 评标专家应具备的条件不包括(　　)。
   A. 从事相关领域工作满 10 年
   B. 有高级职称或具有同等专业水平
   C. 熟悉有关招标的法律法规
   D. 能够认真公正地履行职责
   E. 身体健康，能够担任评标工作

5) 可以由评标人依法直接确定评标专家的特殊招标项目不包括(　　)。
   A. 技术特别复杂、专业要求特别高的项目
   B. 国家有特殊要求的招标项目
   C. 时间不允许随机抽取评标专家的项目
   D. 随机抽取的专家难以胜任的项目

6) 根据《招标投标法》的有关规定，下列不符合开标程序的是(　　)。
   A. 开标应当在招标文件确定的提交投标文件截止时间的同一时间公开进行
   B. 开标地点应当为招标文件中预先确定的地点
   C. 开标由招标人主持，邀请中标人参加
   D. 开标过程应当记录，并存档备查

7) 根据《招标投标法》的有关规定，下列符合开标程序的是(　　)。
   A. 开标应当在招标文件确定的提交投标文件截止时间的同一时间公开进行
   B. 开标地点由招标人在开标前通知
   C. 开标由建设行政主管部门主持，邀请所有投标人参加
   D. 开标由建设行政主管部门主持，邀请中标人参加

8) 根据《招标投标法》的有关规定，评标委员会由招标人的代表和有关技术、经济等方面的专家组成，成员数为(　　)以上单数，其中技术、经济等方面的专家不得少于成员数的三分之二。
   A. 3 人　　　　B. 5 人　　　　C. 7 人　　　　D. 9 人

9) 根据《招标投标法》的有关规定，评标委员会由(　　)依法组建。
   A. 县级以上人民政府　　　　B. 市级以上人民政府

C. 招标人　　　　　　　　　　D. 建设行政主管部门

10) 关于评标委员会的义务，下列说法中错误的是(　　)。

A. 评标委员会成员应当客观、公正地履行职务

B. 评标委员会成员可以私下接触投标人，但不得收受投标人的财物或者其他好处

C. 评标委员会成员不得透漏对投标文件的评审和比较情况

D. 评标委员会成员不得透露对中标候选人的推荐情况

11) 根据《招标投标法》的有关规定，(　　)应当采取必要的措施，保证评标在严格保密的情况下进行。

A. 招标人

B. 评标委员会

C. 工程所在地建设行政主管部门

D. 工程所在地县级以上人民政府

12) 招标人最迟在书面合同签订后(　　)日内，应当向中标人和未中标的投标人退还投标保证金及银行同期存款利息。

A. 2　　　　B. 3　　　　C. 5　　　　D. 6

13) 评标委员会推荐的中标候选人应当限定在(　　)，并标明排列顺序。

A. 1~2人　　B. 1~3人　　C. 1~4人　　D. 1~5人

14) 根据《招标投标法》的有关规定，中标通知书对招标人和中标人具有法律效力。中标通知书发出后，招标人改变中标结果的，或者中标人放弃中标项目的，应当依法承担(　　)。

A. 法律责任　　B. 经济责任　　C. 刑事责任　　D. 行政责任

15) 根据《招标投标法》的有关规定，招标人和中标人应当自中标通知书发出之日起(　　)日内，按照招标文件和中标人的投标文件订立书面合同。

A. 10日　　B. 15日　　C. 30日　　D. 3个月

16) 中标人不履行与招标人订立合同的，下列表述正确的是(　　)。

A. 履约保证金不予退还，不再赔偿招标人超过部分的其他损失

B. 履约保证金不予退还，另赔偿实际损失

C. 履约保证金不予退还，另赔偿超过履约保证金部分的实际损失

D. 按实际损失赔偿

17) 下述表述正确的是(　　)

A. 招标人完全可以以自己的意愿确定中标人

B. 对招标人报价进行评审时必须参考标底

C. 评标过程必须保密

D. 招标人与投标人可就投标价格以外的内容进行谈判

18) 某政府采购设备项目，单台设备20万元，拟采购20台，现组建评标委员会对投标人进行评标，则以下属于评标委员会组成要求的是(　　)。

A. 招标人代表至少有 1 人

B. 评标专家为 4 人及以上

C. 技术经济方面的专家不得少于 1/2

D. 技术经济方面的专家为五人以上的单数

19）评标专家可以要求投标人进行澄清的情况有（　　）。

A. 招标人对若干技术要点和难点提出问题，要求投标人提出具体、可靠的实施措施

B. 投标总价中，中文标示的数字和阿罗伯数字标示不一样的

C. 投标人工期超过招标文件要求工期的

D. 投标价明显低于标底的

20）某施工项目招标采用评标价法评标，招标文件规定工期提前 1 个月，评标优惠 20 万元。某投标人报价 1000 万元，工期提前 1 个月，如果只考虑工期因素，则其评标价应为（　　）。

A. 1020 万元　　B. 1000 万元　　C. 980 万元　　D. 960 万元

21）某大型基础设施项目向全国公开招标，下列不可以作为综合评估法评审因素的是（　　）。

A. 施工工期　　　　　　　B. 获得本省优质工程奖次数

C. 施工组织设计　　　　　D. 投标价格

22）确定中标人的程序包括①定标②公告③发通知④签约⑤退保证金，其正确的排列顺序为（　　）。

A. ①②③④⑤　　　　　　B. ①②③⑤④

C. ②①③④⑤　　　　　　D. ②③①④⑤

23）招标文件要求中标人提交履约保证金或者其他形式履约担保的，中标人拒绝提交的，视为（　　）。

A. 不同意履行中标项目　　B. 放弃中标项目

C. 暂缓执行中标项目　　　D. 中标人对招标人不满

(3) 多选题

1）根据《招标投标法》的有关规定，下列不符合开标程序的是（　　）。

A. 开标应当在招标文件确定的提交投标文件截止时间的同一时间公开进行

B. 开标由建设行政主管部门主持，邀请所有投标人参加

C. 开标由招标人主持，邀请中标人参加

D. 开标过程应当记录，并存档备查

E. 在招标文件规定的开标时间前收到的所有投标文件，开标时都应当当众予以拆封、宣读

2）下列关于评标委员会的叙述符合《招标投标法》的有关规定的有（　　）

A. 评标由招标人依法组建的评标委员会负责

B. 评标委员会由招标人的代表和有关技术、经济等方面的专家组成，其中技术、

经济等方面的专家不得少于成员数的二分之一。
　　C. 评标委员会由招标人的代表和有关技术、经济等方面的专家组成，成员数为5人以上单数。
　　D. 与投标人有利害关系的人不得进入相关项目的评标委员会
　　E. 评标委员会成员的名单在中标结果确定前应当保密
　3) 下列关于评标的规定，符合《招标投标法》的有关规定的有(　　)
　　A. 招标人应当采取必要的措施，保证评标在严格保密的情况下进行
　　B. 评标委员会完成评标后，应当向招标人提出书面评标报告，并决定合格的中标候选人
　　C. 招标人可以授权评标委员会直接确定中标人
　　D. 评标委员会经评审，认为所有投标都不符合招标文件要求的，可以否决所有投标
　　E. 任何单位和个人不得非法干预、影响评标的过程和结果
　4) 在确定中标人前，招标人不得与投标人就(　　)等实质性内容进行谈判。
　　A. 投标价格　　　　　　　　B. 评标标准
　　C. 开标方式　　　　　　　　D. 投标方案
　　E. 签订合同时间
　5)《招标投标法》规定，投标文件有下列情形，招标人不予受理(　　)。
　　A. 逾期送达的
　　B. 未送达指定地点的
　　C. 未按规定格式填写的
　　D. 无单位盖章并无法定代表人或法定代表人授权的代理人签字或盖章的
　　E. 未按招标文件要求密封的
　6) 某政府办公楼设备招标，下列人员不可以担任评标委员会成员的有(　　)。
　　A. 采购方基建处处长
　　B. 招标代理机构评标专家
　　C. 曾在某潜在供应商的公司中担任顾问
　　D. 就招标文件征询过意见的专家
　　E. 政府采购评审专家库中随机抽取的专家
2. 实务训练
(1) 案例一：评标委员会组成及其权限分析
**【案例背景】** 某依法必须进行招标的市政工程施工招标（涉及市政道路、隧道施工技术和造价等主要专业）。开标后，招标人组建了总人数为5人的评标委员会，其中招标人代表1人，为建设合同管理专业、招标代理机构代表1人，为市政工程造价专业、政府组建的综合评标专家库抽取3人，专业为市政道路工程施工。该项目评标委员会采用了以下评标程序对投标文件进行了评审和比较：
　1) 评标委员会成员签到。

2）选举评标委员会的主任委员。

3）学习招标文件，讨论并通过了招标代理机构提出的评标细则，该评标细则对招标文件中评标标准和方法中的一些指标进行了具体量化。

4）对投标文件的封装进行检查，确认封装合格后进行拆封。

5）逐一查验投标人的营业执照、资质证书、安全生产许可证、建造师证书、项目经理部主要人员执业或职业证书、合同及获奖证书的原件等，按评标细则，依据原件查验结果对投标人资质、业绩、项目管理机构等评标因素进行了打分。

6）按评标细则，对投标报价进行评审打分。此时评标委员会成员赵某在完成其评标工作前突发疾病，不得不紧急送往医院。其他人员完成了对投标报价的评审工作。

7）除赵某外的其他人员按评标细则，对施工组织设计进行了打分。

8）进行评分汇总，推荐中标候选人和完成评标报告工作，其中赵某的签字由评标委员会主任代签。

9）向招标人提交评标报告，评标结束。

【问题】

1）评标委员会组成是否存在问题？为什么？

2）上述评标程序是否存在问题？为什么？

(2) 案例二：初审合格投标人不足3个评标结果分析

【案例背景】

甲、乙两个项目均采用公开招标方式确定施工承包人，其中，甲项目为中部地区跨江桥梁施工工程，有工期紧、施工地点偏远、环境恶劣的特点。评标时属于枯水期，距离汛期来临有1个多月。投标截止时A、B、C共三家投标单位递交了投标文件，评标过程中A、B两家单位的投标文件未能通过初步评审。在详细评审阶段，评标委员会评审后认为，C单位的投标文件有一定的竞争性，故继续评审并推荐C单位为中标候选人。

乙项目为西北高海拔地区二级公路施工工程，仅每年4~10月可进行施工，其他时间因气温太低无法进行施工。评标时为当年11月份。投标截止时共有D、E、F三家投标单位递交了投标文件，评标过程中D、E两家单位的投标文件未能通过初步评审。在详细评审阶段，评标委员会评审后认为F单位的投标文件明显缺乏竞争，遂否决了投标，建议招标人重新招标。

【问题】

1）同时出现有效投标文件不足3个的情况，但是作出不同的评标结果是否合乎法规？为什么？

2）分析甲乙两个项目评标结果的合法性。

(3) 收集相关素材（可以利用前述任务3、4已经完成的成果），模拟开标现场，采用角色扮演法，完成一个工程项目的开标、评标工作。

# 学习情境 2　工程项目合同管理

合同管理是工程项目管理的核心，贯穿于工程项目实施的全过程和实施的各个方面。合同确定了工程项目的质量、工期和投资三大目标，规定了双方的责权利关系。有效的合同管理是促进参与工程建设各方履行合同约定的义务，确保实现项目目标的重要手段。对完善和发展建筑市场有着重要作用，成为我国建筑业可持续发展、实现科学管理的重要内容。

合同管理的全过程就是合同双方进行谈判、签订、履约及合同终止的过程。

以下，将工程项目合同管理的真实工作场景作为学习情境，按照工程项目合同管理的工作流程提炼出三个典型工作任务：

由学习者扮演合同谈判的双方，完成合同起草、谈判及签订的任务；

由学习者扮演承包方合同管理人员，完成施工合同履约管理的任务；

由学习者扮演承包方合同管理人员，完成处理索赔事件，计算索赔费用的任务。

通过模拟在真实的合同管理情境中，实践完成各项工作任务，使学习者初步具备从事招标代理机构招标师助理、建筑业施工企业项目管理等相关岗位的工作能力。

工作任务 6

# 建设工程合同的签订

**工作任务提要：**

本任务对建设工程合同的概念、类型、体系作了简要概述，对施工合同示范文本的基本内容作了介绍，同时对合同谈判、合同签订的原则、程序、内容、注意事项以及采用的担保方式有详细的阐述。

## 工 作 任 务 描 述

| 任务单元 | 工作任务6：建设工程合同的签订 | 参考学时 | 8 |
|---|---|---|---|
| 职业能力 | 担任招标师助理岗位工作，协助业主起草合同相关事宜；<br>担任施工等中标单位相关负责人助理，协助起草合同并与对方谈判。 | | |
| 学习目标 | 素质：渗透《合同法》相关知识，养成"遵守国家法律法规，政策和行业自律规则，诚信守法，客观公正"的职业道德。<br>知识：掌握：施工合同（示范文本）内容；掌握总价合同、单价合同的应用范围。<br>熟悉：合同审查分析的目的、内容；合同谈判的程序、技巧、内容、注意问题；合同签订的原则、程序、注意事项。<br>了解：合同担保的概念、类型及应用。<br>技能：初步具备起草合同，并通过谈判签订合同的能力（与人交流能力，与人合作能力、信息处理能力）。 | | |
| 任务描述 | 结合前面所学，给出某工程案例背景，组织同学们学习有关合同管理专业知识，完成起草合同、谈判并签订的任务。 | | |
| 教学方法 | 角色的扮演、项目驱动、启发引导、互动交流。 | | |
| 组织实施 | 1. 资讯（明确任务、资料准备）<br>结合工程实际布置合同签订的任务→合同管理专业知识学习。<br>2. 决策（分析并确定工作方案）<br>角色扮演，分组进行，依据《合同法》等相关规定，确定合同签订的工作分工。<br>3. 计划（制定计划）<br>制定合同起草、谈判等相关计划。<br>4. 实施（实施工作方案）<br>起草合同，模拟谈判并签订合同。<br>5. 检查<br>各小组互查，教师检查合同内容。<br>6. 评估<br>学生扮演合同谈判的双方，就各方利益针对合同内容进行谈判，最后由教师对合同签订的具体内容进行答辩。 | | |
| 教学手段 | 教学场所 | 考核方式 | 其他 |
| 实物、多媒体 | 本班教室（外出参观） | 自评、互评、教师考评 | 相关企业文化教育 |

## 实施 6.1  建设工程合同基础

### 6.1.1  建设工程合同的概念

合同是平等主体的法人、自然人、其他组织之间设立、变更、终止民事权利义务关系的协议。

根据《合同法》的规定，建设工程合同适用于勘察、设计、施工，是承包人进行工程建设、发包人支付价款的合同。由工程建设项目业主（投资方）与项目设计、施工、供货承包商签署，也可以由上述承包商与其合法分包商签署。

### 6.1.2  建设工程合同类型

1. 按合同签约的对象内容划分

（1）建设工程勘察、设计合同。是指业主（发包人）与勘察人、设计人为完成一定的勘察、设计任务，明确双方权利、义务的协议。

（2）建设工程施工合同。通常也称为建筑安装工程承包合同。是指建设单位（发包方）和施工单位（承包方），为了完成商定的或通过招标投标确定的建筑工程安装任务，明确相互权利、义务关系的书面协议。

（3）建设工程委托监理合同。简称监理合同，是指工程建设单位聘请监理单位代其对工程项目进行管理，明确双方权利、义务的协议。建设单位称委托人（甲方）、监理单位称受委托人（乙方）。

（4）工程项目物资购销合同。由建设单位或承建单位根据工程建设的需要，分别与有关物资、供销单位，为执行建筑工程物资（包括设备、建材等）供应协作任务，明确双方权利和义务而签订的具有法律效力的书面协议。

（5）建设项目借款合同。由建设单位与中国人民建设银行或其他金融机构，根据国家批准的投资计划、信贷计划，为保证项目贷款资金供应和项目投产后能及时收回贷款签订的明确双方权利义务关系的书面协议。

除以上合同外，还有运输合同、劳务合同、供电合同等。

2. 按合同签约各方的承包关系划分

（1）总包合同。建设单位（发包方）将工程项目建设全过程或其中某个阶段的全部工作，发包给一个承包单位总包，发包方与总包方签订的合同称为总包合同。总包合同签订后，总承包单位可以将若干专业性工作交给不同的专业承包单位去完成，并统一协调和监督它们的工作。在一般情况下，建设单位仅同总承包单位发生法律关系，而不同各专业承包单位发生法律关系。

(2) 分包合同。即总承包方与发包方签订了总包合同之后，将若干专业性工作分包给不同的专业承包单位去完成，总包方分别与几个分包方签订的分包合同。对于大型工程项目，有时也可由发包方直接与每个承包方签订合同，而不采取总包形式。这时每个承包方都是处于同样地位，各自独立完成本单位所承包的任务，并直接向发包方负责。

3. 按承包合同的不同计价方法划分

(1) 单价合同

单价合同是指合同当事人约定以工程量清单及其综合单价进行合同价格计算、调整和确认的建设工程施工合同，在约定的范围内合同单价不作调整。合同当事人应在专用合同条款中约定综合单价包含的风险范围和风险费用的计算方法，并约定风险范围以外的合同价格的调整方法。

(2) 总价合同

总价合同是指合同当事人约定以施工图、已标价工程量清单或预算书及有关条件进行合同价格计算、调整和确认的建设工程施工合同，在约定的范围内合同总价不作调整。合同当事人应在专用合同条款中约定总价包含的风险范围和风险费用的计算方法，并约定风险范围以外的合同价格的调整方法。

(3) 其他价格形式

合同当事人可在专用合同条款中约定其他合同价格形式，比如成本加酬金合同等。

### 6.1.3 建设工程中的主要合同关系

建设工程项目是个极为复杂的社会生产过程。完成一个建筑工程项目，依次要经历可行性研究、勘察设计、工程施工和运行等阶段；涉及建筑工程、装饰工程、安装工程、水电工程、机械设备、通信等专业设计和施工活动；在这些活动中需要消耗大量的劳动力、材料、设备以及资金。由于现代的社会化大生产和专业化分工，参与工程项目建设的单位有十几个、几十个，甚至成百上千个。它们之间形成各式各样的经济关系，而维系这种关系的纽带是合同，所以就有各式各样的合同，形成一个复杂的合同网络。因此，工程项目的建设过程实质上又是一系列经济合同的签订和履行过程。在这个网络中，业主和工程的承包商是两个最主要的节点。

在工程实践中，业主与承包商之间存在着复杂的合同关系。无论是主动还是被动，业主与众多的承包商、设备供应商之间都会签订许多合同，形成许多合同关系。

1. 业主的主要合同关系

业主作为建筑产品（服务）的买方，是工程最终的所有者，它可能是政府、企业、其他投资者，或几个企业的联合体、政府与企业的联合体。业主投资一个项目，通常委派一个代理人或代表以业主的身份进行工程项目的经营管理。

业主根据对工程的需求，确定工程项目的整体目标。这个目标是所有相关工程合同的核心。要实现工程目标，业主必须将建设工程的勘察设计、各专业工程施工、设备和材料供应等工作委托出去，必须与有关单位签订如下各种合同：

(1) 咨询（监理）合同，即业主与咨询（监理）公司签订的合同。咨询合同签订后，咨询公司负责承担工程项目建设过程中的可行性研究、设计、招投标和施工阶段监理等某一项或几项工作。

(2) 咨询（造价）合同，即业主与造价（或投资）咨询公司签订的合同。此合同签订后，咨询公司负责承担工程项目建设过程中的可行性研究、工程概预算、工程招投标、工程结算、竣工决算编制和审计等某一项或几项工作。

(3) 勘察设计合同，即业主与勘察设计单位签订的合同。由勘察设计单位负责工程的地质勘察和技术设计工作。

(4) 工程施工合同，即业主与工程承包商签订的工程施工合同。一个或几个承包商承包或分别承包建筑工程、装饰工程、机械设备、安装工程等的施工。

(5) 供应合同，即业主与材料或设备供应商（厂家）签订的材料和设备供应合同。由各供应商向业主进行材料、设备供应。

(6) 贷款合同，即业主与金融机构签订的合同。后者向业主提供资金保证。按照资金来源的不同，可能有贷款合同、融资合同、合资合同或 BOT 合同等。

在建筑工程中业主的主要合同关系如图 6-1 所示：

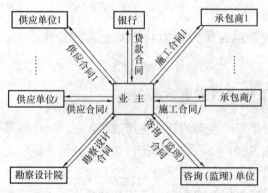

图 6-1 业主的主要合同关系

2. 承包商的主要合同关系

承包商作为工程承包合同的履行者。要完成承包合同的责任，包括由工程量表所确定的工程范围的施工、竣工和保修，为完成这些工程提供劳动力、施工设备、材料等，有时也包括项目立项、技术设计等，任一承包商都不可能，也不必具备所有的专业工程的施工能力、材料和设备的生产和供应能力，可以通过签订合同将工程承包合同中所确定的工程设计、施工、设备材料采购等部分任务委托给其他相关单位来完成。承包商的主要合同关系包括：

(1) 分包合同

对于大中型工程的承包商，常常必须与其他承包商合作才能完成施工总承包责任。承包商把从业主那里承接到的工程中的某些分项工程或工作分包给另一承包商来完成,则与其签订分包合同。

(2) 供应合同

承包商在进行工程施工中,对由自己进行采购和供应的材料和设备,必须与相应的供应商签订供应合同。

(3) 运输合同

如果承包商在与供应商签订合同时,对所采购的材料、设备由承包商自己进行运输,则承包商须与运输单位签订运输合同。

(4) 加工合同

即承包商将建筑构配件、特殊构件的加工任务委托给加工单位而签订的合同。

(5) 租赁合同

在建筑工程施工中,需要大量的施工设备、运输设备、周转材料,当承包商没有这些东西,而又不具备这个经济实力进行购置时,可以采用租赁的方式,与租赁单位签订租赁合同。

(6) 劳务供应合同

现在的许多承包商大部分没有属于自己的施工队伍,在承揽到工程时,与劳务供应商签订劳务合同,由劳务供应商向其提供劳务。

(7) 担保或保险合同

承包商按施工合同要求对工程进行担保或保险,与担保或保险公司签订担保或保险合同。

上述承包商的主要合同关系如图6-2所示。

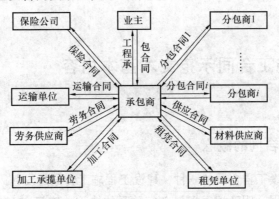

图6-2 承包商的主要合同关系

3. 建设工程合同体系

建设工程项目的合同体系在项目管理中是一个非常重要的概念,它从一个重要角度反映了项目的形象,对整个项目管理的动作有很大的影响。建设工程合同体系如图6-3所示。

建立这些关系有以下方面的作用:

(1) 将整个项目划分为相对独立的、易于管理的较小的单位。

(2) 将这些单位与参加项目的组织相联系，将这些组织要完成的工作用合同形式确定下来。

(3) 对每一单位做出详细的时间与费用估计，形成进度目标和费用目标。

(4) 确定项目需要完成的工作内容、质量标准和各项工作的顺序，建立项目质量控制计划。

(5) 估计项目全过程的费用，建立项目成本控制计划。

(6) 预计项目的完成时间，建立项目进度控制计划。

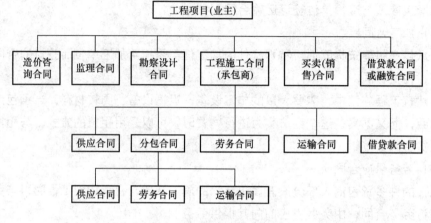

图 6-3 建设工程合同体系

# 实施 6.2 施工合同示范文本基本内容

## 6.2.1 施工合同的概念

施工合同是建设工程合同的一种，建设工程施工合同是发包人和承包人就为完成双方商定的建设工程，明确相互权利义务关系的协议。在订立时应遵守自愿、公平、诚实信用等原则。

建设工程施工合同的发包方可以是法人，也可以是依法成立的其他组织或公民，而承包方必须是法人。

## 6.2.2 施工合同的特点

1. 合同标的的特殊性

施工合同的标的是各类建筑产品，建设产品的固定性、个体性，生产的流动性、单件性以及一次性投资数额较大，使得合同标的具有特殊性。

2. 合同履行期限的长期性

建筑物的施工由于结构复杂、体积大、建筑材料类型多、工作量大，使得工期都较长。在较长的合同期内，项目进展、承发包方履行义务受到不可抗力、政策法规、市场变化等多方面多条件的限制和影响。

3. 合同内容的复杂性

施工合同的履行过程中涉及的主体有许多种，牵涉到分包方、材料供应单位、构配件生产和设备加工厂家，以及政府、银行等部门。施工合同内容的约定还需与其他相关合同，如设计合同、供货合同等相协调，建设工程施工合同内容繁杂，合同的涉及面广。

4. 合同风险大

施工合同的上述特点以及金额大，再加上建筑市场竞争激烈等因素，构成和加剧了施工合同的风险性。因此，在签订合同中应慎重分析研究各种因素和避免承担风险条款。

### 6.2.3 国内工程类合同示范文本介绍

1. 示范文本的作用

示范文本的作用在于提示当事人在订立合同时更好地明确各自的权利义务，承担相应的风险，对防止合同纠纷起到积极的作用。

《合同法》规定："当事人可以参照各类合同的示范文本订立合同。"因此我国的合同示范文本具有任意性、协商性和选择性，而不具有强制性。国家制定的目的在于为当事人提供指导性文件，当事人可根据其自身情况和需要，决定是否采用，以及进行必要的添加、补充、修改和保留。另外，合同示范文本的发布部门将根据市场变化和工程管理的要求及时进行修订和完善。

2. 示范文本的类型

按照合同对象的不同，合同示范文本可以分为以下类型：

(1) 建设工程勘察、设计合同示范文本；

(2) 建设工程施工合同示范文本；

(3) 建设工程委托监理合同示范文本；

(4) 建设工程物资采购等其他示范文本。

### 6.2.4 施工合同《示范文本》基本内容

1. 施工合同《示范文本》的性质和适用范围

《示范文本》为非强制性使用文本。《示范文本》适用于房屋建筑工程、土木工程、线路管道和设备安装工程、装修工程等建设工程的施工承发包活动，合同当事人可结合建设工程具体情况，根据《示范文本》订立合同，并按照法律法规规定和合同约定承担相应的法律责任及合同权利义务。

建设部和国家工商行政管理总局 1991 年 3 月 31 日发布了《建设工程施工合同（示范文本）》GF—1991—0201，根据有关工程建设施工的法律、法规，结合我国工程建设施工的实际情况，并借鉴了国际上广泛使用的土木工程施工合同（特别是 FIDIC 土木工程施工合同条件）对其进行了修订，建设部、国家工商行政管理局 1999 年 12 月 24 日发布了《施工合同（示范文本）》GF—1999—0201。

为了指导建设工程施工合同当事人的签约行为，维护合同当事人的合法权益，依据《中华人民共和国合同法》、《中华人民共和国建筑法》、《中华人民共和国招标投标法》以及相关法律法规，住房城乡建设部、国家工商行政管理总局对《建设工程施工合同（示范文本）》GF—1999—0201 进行了修订，制定了《建设工程施工合同（示范文本）》GF—2013—0201（以下简称《示范文本》）。

2.《示范文本》的组成

《示范文本》由合同协议书、通用合同条款和专用合同条款三部分组成，并附有 11 个附件。

(1) 协议书

"协议书"是《施工合同文本》中总纲性文件，是发包人与承包人就建设工程施工中最基本、最重要的事项协商一致而订立的合同。

合同协议书共计 13 条，主要包括：工程概况、合同工期、质量标准、签约合同价和合同价格形式、项目经理、合同文件构成、承诺以及合同生效条件等重要内容，集中约定了合同当事人基本的合同权利义务。合同当事人在这份文件上签字盖章，因此具有很高的法律效力，在所有施工合同文件组成中具有最优的解释效力。

(2) 通用条款

通用合同条款是合同当事人根据《中华人民共和国建筑法》、《中华人民共和国合同法》等法律法规的规定，就工程建设的实施及相关事项，对合同当事人的权利义务作出的原则性约定。

通用合同条款共计 20 条，具体条款分别为：一般约定、发包人、承包人、监理人、工程质量、安全文明施工与环境保护、工期和进度、材料与设备、试验与检验、变更、价格调整、合同价格、计量与支付、验收和工程试车、竣工结算、缺陷责任与保修、违约、不可抗力、保险、索赔和争议解决。前述条款安排既考虑了现行法律法规对工程建设的有关要求，也考虑了建设工程施工管理的特殊需要。

(3) 专用条款

专用合同条款是对通用合同条款原则性约定的细化、完善、补充、修改或另行约定的条款。合同当事人可以根据不同建设工程的特点及具体情况，通过双方的谈判、协商对相应的专用合同条款进行修改补充。在使用专用合同条款时，应注意以下事项：

1) 专用合同条款的编号应与相应的通用合同条款的编号一致。

2) 合同当事人可以通过对专用合同条款的修改，满足具体建设工程的特殊要求，避免直接修改通用合同条款。

3) 在专用合同条款中有横道线的地方，合同当事人可针对相应的通用合同条款进行细化、完善、补充、修改或另行约定；如无细化、完善、补充、修改或另行约定，则填写"无"或划"/"。

(4) 附件

《施工合同示范文本》提供的十一个附件是对施工合同当事人权利义务的进一步明确，并且使发包方和承包方的有关工作一目了然，便于执行和管理。

协议书附件分别是《承包人承揽工程项目一览表》、《发包人供应材料设备一览表》、《工程质量保修书》、《主要建设工程文件目录》、《承包人用于本工程施工的机械设备表》、《承包人主要施工管理人员表》、《分包人主要施工管理人员表》、《履约担保格式》、《预付款担保格式》、《支付担保格式》、《暂估价一览表》。

3. 施工合同《示范文本》的基本内容

为了方便大家学习，本书中保留施工合同《示范文本》的格式。限于篇幅，通用条款的内容仅列出部分条款。

## 第一部分　协议书

发包人（全称）：_____。

承包人（全称）：_____。

根据《中华人民共和国合同法》、《中华人民共和国建筑法》及有关法律规定，遵循平等、自愿、公平和诚实信用的原则，双方就_____工程施工及有关事项协商一致，共同达成如下协议：

一、工程概况

1. 工程名称：_____。
2. 工程地点：_____。
3. 工程立项批准文号：_____。
4. 资金来源：_____。
5. 工程内容：_____。

群体工程应附《承包人承揽工程项目一览表》(附件1)。

6. 工程承包范围：
_____
_____。

二、合同工期

计划开工日期：_____年_____月_____日。

计划竣工日期：_____年_____月_____日。

工期总日历天数：_____天。工期总日历天数与根据前述计划开竣工日期计算的工期天数不一致的，以工期总日历天数为准。

三、质量标准

工程质量符合_____标准。

**四、签约合同价与合同价格形式**

1. 签约合同价为：

人民币（大写）_____（￥_____元）；

其中：

（1）安全文明施工费：

人民币（大写）_____（￥_____元）；

（2）材料和工程设备暂估价金额：

人民币（大写）_____（￥_____元）；

（3）专业工程暂估价金额：

人民币（大写）_____（￥_____元）；

（4）暂列金额：

人民币（大写）_____（￥_____元）。

2. 合同价格形式：_____。

**五、项目经理**

承包人项目经理：_____。

**六、合同文件构成**

本协议书与下列文件一起构成合同文件：

（1）中标通知书（如果有）；

（2）投标函及其附录（如果有）；

（3）专用合同条款及其附件；

（4）通用合同条款；

（5）技术标准和要求；

（6）图纸；

（7）已标价工程量清单或预算书；

（8）其他合同文件。

在合同订立及履行过程中形成的与合同有关的文件均构成合同文件组成部分。

上述各项合同文件包括合同当事人就该项合同文件所作出的补充和修改，属于同一类内容的文件，应以最新签署的为准。专用合同条款及其附件须经合同当事人签字或盖章。

**七、承诺**

1. 发包人承诺按照法律规定履行项目审批手续、筹集工程建设资金并按照合同约定的期限和方式支付合同价款。

2. 承包人承诺按照法律规定及合同约定组织完成工程施工，确保工程质量和安全，不进行转包及违法分包，并在缺陷责任期及保修期内承担相应的工程维修责任。

3. 发包人和承包人通过招投标形式签订合同的，双方理解并承诺不再就同一工程另行签订与合同实质性内容相背离的协议。

**八、词语含义**

本协议书中词语含义与第二部分通用合同条款中赋予的含义相同。

**九、签订时间**

本合同于_____年___月___日签订。

**十、签订地点**

本合同在_____签订。

**十一、补充协议**

合同未尽事宜，合同当事人另行签订补充协议，补充协议是合同的组成部分。

**十二、合同生效**

本合同自_____生效。

**十三、合同份数**

本合同一式_____份，均具有同等法律效力，发包人执_____份，承包人执_____份。

发包人：（公章）　　　　　　　　　　承包人：（公章）

法定代表人或其委托代理人：　　　　　法定代表人或其委托代理人：
（签字）　　　　　　　　　　　　　　（签字）

组织机构代码：_____　　　　　　组织机构代码：_____

地　　址：_____　　　　　　　　地　　址：_____

邮政编码：_____　　　　　　　　邮政编码：_____

法定代表人：_____　　　　　　　法定代表人：_____

委托代理人：_____　　　　　　　委托代理人：_____

电　　话：_____　　　　　　　　电　　话：_____

传　　真：_____　　　　　　　　传　　真：_____

电子信箱：_____　　　　　　　　电子信箱：_____

开户银行：_____　　　　　　　　开户银行：_____

账　　号：_____　　　　　　　　账　　号：_____

## 第二部分　通用条款

1. 发包人

发包人应按协议条款约定的时间和要求，完成以下工作：

（1）法律规定由其办理的许可、批准或备案，并协助承包人办理法律规定的有关施工证件和批件。

(2) 负责向承包人移交施工现场。

(3) 负责提供施工所需要的条件，包括：

①将施工用水、电力、通信线路等施工所必需的条件接至施工现场内；

②保证向承包人提供正常施工所需要的进入施工现场的交通条件；

③协调处理施工现场周围地下管线和邻近建筑物、构筑物、古树名木的保护工作，并承担相关费用；

④按照专用合同条款约定应提供的其他设施和条件。

(4) 提供施工现场及工程施工所必需的毗邻地下管线资料，气象和水文观测资料，地质勘察资料，相邻建筑物、构筑物和地下工程等有关基础资料，并对所提供资料的真实性、准确性和完整性负责。

(5) 提供能够按照合同约定支付合同价款的相应资金来源证明。发包人要求承包人提供履约担保的，发包人应当向承包人提供支付担保。

(6) 按合同约定向承包人及时支付合同价款。

(7) 按合同约定及时组织竣工验收。

(8) 签订施工现场统一管理协议，明确各方的权利义务。

2. 承包人

承包人在履行合同过程中应遵守法律和工程建设标准规范，并履行以下义务：

(1) 办理法律规定应由承包人办理的许可和批准，并将办理结果书面报送发包人留存；

(2) 按法律规定和合同约定完成工程，并在保修期内承担保修义务；

(3) 按法律规定和合同约定采取施工安全和环境保护措施，办理工伤保险，确保工程及人员、材料、设备和设施的安全；

(4) 按合同约定的工作内容和施工进度要求，编制施工组织设计和施工措施计划，并对所有施工作业和施工方法的完备性和安全可靠性负责；

(5) 在进行合同约定的各项工作时，不得侵害发包人与他人使用公用道路、水源、市政管网等公共设施的权利，避免对邻近的公共设施产生干扰。承包人占用或使用他人的施工场地，影响他人作业或生活的，应承担相应责任；

(6) 按照约定负责施工场地及其周边环境与生态的保护工作；

(7) 按照约定采取施工安全措施，确保工程及其人员、材料、设备和设施的安全，防止因工程施工造成的人身伤害和财产损失；

(8) 将发包人按合同约定支付的各项价款专用于合同工程，且应及时支付其雇用人员工资，并及时向分包人支付合同价款；

(9) 按照法律规定和合同约定编制竣工资料，完成竣工资料立卷及归档，并按专用合同条款约定的竣工资料的套数、内容、时间等要求移交发包人；

(10) 应履行的其他义务。

3. 工程质量

(1) 工程质量等级

工程质量标准必须符合现行国家有关工程施工质量验收规范和标准的要求。有关工程质量的特殊标准或要求由合同当事人在专用合同条款中约定。因发包人或承包人原因造成工程质量未达到合同约定标准的，由自身承担由此增加的费用和（或）延误的工期。

(2) 检查程序

承包人应按照法律规定和发包人的要求，对材料、工程设备以及工程的所有部位及其施工工艺进行全过程的质量检查和检验，并接受监理人的检查和检验。但不免除或减轻承包人按照合同约定应当承担的责任。

监理人的检查和检验不应影响施工正常进行。如影响施工正常进行，且经检查检验不合格的，影响正常施工的费用由承包人承担，工期不予顺延；经检查检验合格的，由此增加的费用和（或）延误的工期由发包人承担。

(3) 隐蔽工程检查

承包人应当对工程隐蔽部位进行自检，经自检确认具备覆盖条件的，承包人应在共同检查前 48 小时书面通知监理人检查，通知中应载明隐蔽检查的内容、时间和地点，并应附有自检记录和必要的检查资料。

监理人应按时到场并对隐蔽工程及其施工工艺、材料和工程设备进行检查。经监理人检查合格，并在验收记录上签字后，承包人才能进行覆盖和继续施工。检查不合格的，承包人应在监理人指示的时间内完成修复，并由监理人重新检查，由此增加的费用和（或）延误的工期由承包人承担。

(4) 重新检查

承包人覆盖工程隐蔽部位后，发包人或监理人对质量有疑问的，可要求承包人对已覆盖的部位进行钻孔探测或揭开重新检查，承包人应遵照执行，并在检查后重新覆盖恢复原状。经检查证明工程质量符合合同要求的，由发包人承担由此增加的费用和（或）延误的工期，并支付承包人合理的利润；经检查证明工程质量不符合合同要求的，由此增加的费用和（或）延误的工期由承包人承担。

4. 安全文明施工与环境保护

(1) 安全文明施工

承包人应当按照有关规定编制安全技术措施或者专项施工方案，建立安全生产责任制度、治安保卫制度及安全生产教育培训制度，并履行安全职责。开工前做好安全技术交底工作，施工过程中做好各项安全防护措施。

承包人在动力设备、输电线路、地下管道、密封防震车间、易燃易爆地段以及临街交通要道附近施工时，施工开始前应向发包人和监理人提出安全防护措施，经发包人认可后实施。

实施爆破作业，在放射、毒害性环境中施工（含储存、运输、使用）及使用毒害性、腐蚀性物品施工时，承包人应在施工前 7 天以书面通知发包人和监理人，并报送相应的安全防护措施，经发包人认可后实施。

(2) 职业健康

承包人应按照法律规定保障现场施工人员的劳动安全,并提供劳动保护,采取有效的防止粉尘、降低噪声、控制有害气体和保障高温、高寒、高空作业安全等劳动保护措施。

(3) 环境保护

在合同履行期间,承包人应采取合理措施保护施工现场环境。对施工作业过程中可能引起的大气、水、噪声以及固体废物污染采取具体可行的防范措施。

5. 工期和进度

(1) 进度计划

承包人应在协议条款约定的日期,向发包人或监理人提交施工组织设计,由发包人或监理人在合同约定的时间内给予批准或提出修改意见,逾期不批复,可视为该施工组织设计(或施工方案)和进度计划已经批准。承包人必须按批准的进度计划及双方共同认可的月度实施计划组织施工,并接受监理人的检查、监督,在合同工期内完成工程项目的施工。

(2) 工期延误

在合同履行过程中,因下列情况导致工期延误和(或)费用增加的,由发包人承担由此延误的工期和(或)增加的费用,且发包人应支付承包人合理的利润:

因承包人原因造成工期延误的,承包人支付逾期竣工违约金后,不免除承包人继续完成工程及修补缺陷的义务。

遇到不利物质条件和异常恶劣的气候条件,承包人应采取克服异常恶劣的气候条件的合理措施继续施工,并及时通知发包人和监理人。监理人经发包人同意后应当及时发出指示,指示构成变更的,按变更的约定办理。承包人因采取合理措施而增加的费用和(或)延误的工期由发包人承担。

(3) 暂停施工

发包人或监理人认为确有必要时,可要求暂停施工。如果停工责任在发包人或监理人,由发包人或监理人承担经济支出,相应顺延工期;反之由承包人承担发生的费用,工期不予顺延。

暂停施工期间,承包人应负责妥善照管工程并提供安全保障,由此增加的费用由责任方承担。

(4) 工期提前

发包人要求承包人提前竣工的,发包人应通过监理人向承包人下达提前竣工指示,承包人应向发包人和监理人提交提前竣工建议书,提前竣工建议书应包括实施的方案、缩短的时间、增加的合同价格等内容。

发包人要求承包人提前竣工,或承包人提出提前竣工的建议能够给发包人带来效益的,合同当事人可以在专用合同条款中约定提前竣工的奖励。

6. 材料与设备

(1) 发包人供应材料与工程设备

发包人自行供应材料、工程设备的,应在签订合同时在专用合同条款的附件《发包人供应材料设备一览表》中明确材料、工程设备的品种、规格、型号、数量、单价、质量等级和送达地点。

(2) 承包人采购材料与工程设备

承包人负责采购材料、工程设备的,应按照设计和有关标准要求采购,并提供产品合格证明及出厂证明,对材料、工程设备质量负责。合同约定由承包人采购的材料、工程设备,发包人不得指定生产厂家或供应商,发包人违反本款约定指定生产厂家或供应商的,承包人有权拒绝,并由发包人承担相应责任。

7. 试验与检验

根据合同约定或监理人指示,应由承包人提供试验场所、试验人员、试验设备以及其他必要的试验条件及相应进场计划表。承包人对试验人员的试验程序和试验结果的正确性负责。

承包人应按合同约定进行材料、工程设备和工程的试验和检验,并为监理人对上述材料、工程设备和工程的质量检查提供必要的试验资料和原始记录。

监理人对承包人的试验和检验结果有异议的,要求承包人重新试验和检验。质量不符合合同要求的,由此增加的费用和(或)延误的工期由承包人承担;符合合同要求的,由此增加的费用和(或)延误的工期由发包人承担。

8. 设计变更

(1) 设计变更

承包人对原设计进行变更,须经发包人或监理人同意,并由发包人取得相应的批准。发包人对原设计变更,在取得有关批准后,向承包人发出变更通知,承包人接通知进行变更,否则承包人有权拒绝变更。

承包人提出合理化建议的,应向监理人提交合理化建议说明,说明建议的内容和理由,以及实施该建议对合同价格和工期的影响。

除专用合同条款另有约定外,合同履行过程中发生以下情形的,应按照本条约定进行变更:

1) 增加或减少合同中任何工作,或追加额外的工作;
2) 取消合同中任何工作,但转由他人实施的工作除外;
3) 改变合同中任何工作的质量标准或其他特性;
4) 改变工程的基线、标高、位置和尺寸;
5) 改变工程的时间安排或实施顺序。

(2) 确定变更价款

除专用合同条款另有约定外,变更估价按照本款约定处理:

1) 已标价工程量清单或预算书有相同项目的,按照相同项目单价认定;
2) 已标价工程量清单或预算书中无相同项目,但有类似项目的,参照类似项目的单价认定;
3) 变更导致实际完成的变更工程量与已标价工程量清单或预算书中列明的该项

目工程量的变化幅度超过 15% 的，或已标价工程量清单或预算书中无相同项目及类似项目单价的，按照合理的成本与利润构成的原则，由合同当事人按照第 4.4 款（商定或确定）确定变更工作的单价。

9. 合同价款与支付

(1) 合同价款及调整

发包人和承包人应在合同协议书中选择下列一种合同价格形式：单价合同、总价合同或其他价格形式的合同。

专用合同条款另有约定外，市场价格波动超过合同当事人约定的范围，合同价格应当调整。合同当事人可以在专用合同条款中约定选择以下一种方式对合同价格进行调整：

第 1 种方式：采用价格指数进行价格调整。

① 价格调整公式

因人工、材料和设备等价格波动影响合同价格时，根据专用合同条款中约定的数据，按以下公式计算差额并调整合同价格：

$$\Delta P = P_0 \left[ A + \left( B_1 \times \frac{F_{t1}}{F_{01}} + B_2 \times \frac{F_{t2}}{F_{02}} + B_3 \times \frac{F_{t3}}{F_{03}} + \cdots + B_n \times \frac{F_{tn}}{F_{0n}} \right) - 1 \right]$$

式中　　　　$\Delta P$——需调整的价格差额；

$P_0$——约定的付款证书中承包人应得到的已完成工程量的金额，此项金额应不包括价格调整、不计质量保证金的扣留和支付、预付款的支付和扣回，约定的变更及其他金额已按现行价格计价的，也不计在内；

$A$——定值权重（即不调部分的权重）；

$B_1$，$B_2$，$B_3$……$B_n$——各可调因子的变值权重（即可调部分的权重），为各可调因子在签约合同价中所占的比例；

$F_{t1}$，$F_{t2}$，$F_{t3}$……$F_{tn}$——各可调因子的现行价格指数，指约定的付款证书相关周期最后一天的前 42 天的各可调因子的价格指数；

$F_{01}$，$F_{02}$，$F_{03}$……$F_{0n}$——各可调因子的基本价格指数，指基准日期的各可调因子的价格指数。

以上价格调整公式中的各可调因子、定值和变值权重，以及基本价格指数及其来源在投标函附录价格指数和权重表中约定，非招标订立的合同，由合同当事人在专用合同条款中约定。价格指数应首先采用工程造价管理机构发布的价格指数，无前述价格指数时，可采用工程造价管理机构发布的价格代替。

② 暂时确定调整差额

在计算调整差额时无现行价格指数的，合同当事人同意暂用前次价格指数计算。实际价格指数有调整的，合同当事人进行相应调整。

③ 权重的调整

因变更导致合同约定的权重不合理时，按照第 4.4 款〔商定或确定〕执行。

④因承包人原因工期延误后的价格调整

因承包人原因未按期竣工的,对合同约定的竣工日期后继续施工的工程,在使用价格调整公式时,应采用计划竣工日期与实际竣工日期的两个价格指数中较低的一个作为现行价格指数。

第2种方式:采用造价信息进行价格调整。

合同履行期间,因人工、材料、工程设备和机械台班价格波动影响合同价格时,人工、机械使用费按照国家或省、自治区、直辖市建设行政管理部门、行业建设管理部门或其授权的工程造价管理机构发布的人工、机械使用费系数进行调整;需要进行价格调整的材料,其单价和采购数量应由发包人审批,发包人确认需调整的材料单价及数量,作为调整合同价格的依据。

第3种方式:专用合同条款约定的其他方式。

基准日期后,法律变化导致承包人在合同履行过程中所需要的费用发生除市场价格波动引起的调整约定以外的增加时,由发包人承担由此增加的费用;减少时,应从合同价格中予以扣减。基准日期后,因法律变化造成工期延误时,工期应予以顺延。因承包人原因造成工期延误,在工期延误期间出现法律变化的,由此增加的费用和(或)延误的工期由承包人承担。

(2) 付款内容

工程付款的内容主要有预付款、工程进度款、竣工结算款和质量保证金。有关这部分的详细内容参见工作任务6的6.3节。

10. 验收和工程试车

(1) 分部分项工程验收

分部分项工程经承包人自检合格并具备验收条件的,承包人应提前48小时通知监理人进行验收。监理人不能按时进行验收的,应在验收前24小时向承包人提交书面延期要求,但延期不能超过48小时。监理人未按时进行验收,也未提出延期要求的,承包人有权自行验收,监理人应认可验收结果。分部分项工程未经验收的,不得进入下一道工序施工。

分部分项工程的验收资料应当作为竣工资料的组成部分。

(2) 竣工验收

工程具备竣工验收条件,承包人向监理人报送竣工验收申请报告,监理人审查后认为已具备竣工验收条件的,应将竣工验收申请报告提交发包人,发包人应在收到经监理人审核的竣工验收申请报告后28天内审批完毕并组织监理人、承包人、设计人等相关单位完成竣工验收。竣工验收不合格的,监理人应按照验收意见发出指示,要求承包人对不合格工程返工、修复或采取其他补救措施,由此增加的费用和(或)延误的工期由承包人承担。承包人在完成不合格工程的返工、修复或采取其他补救措施后,应重新提交竣工验收申请报告

工程经竣工验收合格的,以承包人提交竣工验收申请报告之日为实际竣工日期,并在工程接收证书中载明;因发包人原因,未在监理人收到承包人提交的竣工验收申

请报告 42 天内完成竣工验收,或完成竣工验收不予签发工程接收证书的,以提交竣工验收申请报告的日期为实际竣工日期;工程未经竣工验收,发包人擅自使用的,以转移占有工程之日为实际竣工日期。

(3) 试车

具备单机无负荷试车条件,承包人组织试车,并在试车前 48 小时书面通知监理人,通知中应载明试车内容、时间、地点。

具备无负荷联动试车条件,发包人组织试车,并在试车前 48 小时以书面形式通知承包人。

因设计原因导致试车达不到验收要求,发包人应要求设计人修改设计,承包人按修改后的设计重新安装。发包人承担修改设计、拆除及重新安装的全部费用,工期相应顺延。因承包人原因导致试车达不到验收要求,承包人按监理人要求重新安装和试车,并承担重新安装和试车的费用,工期不予顺延。

因工程设备制造原因导致试车达不到验收要求的,由采购该工程设备的合同当事人负责重新购置或修理,承包人负责拆除和重新安装,由此增加的修理、重新购置、拆除及重新安装的费用及延误的工期由采购该工程设备的合同当事人承担。

如需进行投料试车的,发包人应在工程竣工验收后组织投料试车。

11. 缺陷责任与保修

(1) 缺陷责任

在工程移交发包人后,因承包人原因产生的质量缺陷,承包人应承担质量缺陷责任和保修义务。缺陷责任期届满,承包人仍应按合同约定的工程各部位保修年限承担保修义务。

缺陷责任期自实际竣工日期起计算,合同当事人应在专用合同条款约定缺陷责任期的具体期限,但该期限最长不超过 24 个月。

(2) 保修

承包人应按国家有关规定和协议条款约定的保修项目、内容、范围、期限及保修金支付办法,进行工程保修并支付保修金。

工程保修期从工程竣工验收合格之日起算,具体分部分项工程的保修期由合同当事人在专用合同条款中约定,但不得低于法定最低保修年限。

12. 不可抗力

不可抗力是指合同当事人在签订合同时不可预见,在合同履行过程中不可避免且不能克服的自然灾害和社会性突发事件,如地震、海啸、瘟疫、骚乱、戒严、暴动、战争和专用合同条款中约定的其他情形。

由不可抗力造成的损失由合同当事人按照法律规定及合同约定各自承担。不可抗力导致的人员伤亡、财产损失、费用增加和(或)工期延误等后果,由合同当事人按以下原则承担:

(1) 永久工程、已运至施工现场的材料和工程设备的损坏,以及因工程损坏造成的第三人人员伤亡和财产损失由发包人承担;

(2) 承包人施工设备的损坏由承包人承担；

(3) 发包人和承包人承担各自人员伤亡和财产的损失；

(4) 因不可抗力影响承包人履行合同约定的义务，已经引起或将引起工期延误的，应当顺延工期，由此导致承包人停工的费用损失由发包人和承包人合理分担，停工期间必须支付的工人工资由发包人承担；

(5) 因不可抗力引起或将引起工期延误，发包人要求赶工的，由此增加的赶工费用由发包人承担；

(6) 承包人在停工期间按照发包人要求照管、清理和修复工程的费用由发包人承担。

13. 工程保险

发包人按协议条款的约定，办理建筑工程和在施工场地甲方人员及第三方人员生命财产的保险，并支付保险费用。

承包人办理己方在施工场地人员生命财产和机械设备的保险，并支付保险费用。

保险事故发生时，投保人应按照保险合同规定的条件和期限及时向保险人报告。发包人和承包人应当在知道保险事故发生后及时通知对方。

14. 争议、违约和索赔

(1) 争议

发包人和承包人双方因合同发生争执，可按协议条款的约定，采用和解、调解、仲裁、诉讼或争议评审等方式解决。

合同有关争议解决的条款独立存在，合同的变更、解除、终止、无效或者被撤销均不影响其效力。

(2) 违约

发包人或监理人不能及时给出必要指令、确认、批准，发包人不按合同约定履行自己的各项义务、支付款项及发生其他使合同无法履行的行为，发包人应承担因其违约给承包人增加的费用和（或）延误的工期，并支付承包人合理的利润。

承包人不能按合同工期竣工，施工质量达不到合同要求，或发生其他使合同无法履行的行为，承包人应承担因其违约行为而增加的费用和（或）延误的工期。

合同当事人可在专用合同条款中另行约定违约责任的承担方式和计算方法。

(3) 索赔

发包人未能按合同约定支付各种费用、顺延工期、赔偿损失等，承包人可按合同规定向发包人提出索赔。有关工程索赔的详细内容参见工作任务8。

## 第三部分 专用合同条款

附件

协议书附件：

附件1：承包人承揽工程项目一览表

专用合同条款附件：

附件2：发包人供应材料设备一览表
附件3：工程质量保修书
附件4：主要建设工程文件目录
附件5：承包人用于本工程施工的机械设备表
附件6：承包人主要施工管理人员表
附件7：分包人主要施工管理人员表
附件8：履约担保格式
附件9：预付款担保格式
附件10：支付担保格式
附件11：暂估价一览表

附件1：

## 承包人承揽工程项目一览表

| 单位工程名称 | 建设规模 | 建筑面积（平方米） | 结构形式 | 层数 | 生产能力 | 设备安装内容 | 合同价格（元） | 开工日期 | 竣工日期 |
|---|---|---|---|---|---|---|---|---|---|
|  |  |  |  |  |  |  |  |  |  |
|  |  |  |  |  |  |  |  |  |  |
|  |  |  |  |  |  |  |  |  |  |
|  |  |  |  |  |  |  |  |  |  |
|  |  |  |  |  |  |  |  |  |  |

附件2：

## 发包人供应材料设备一览表

| 序号 | 材料、设备品种 | 规格型号 | 单位 | 数量 | 单价（元） | 质量等级 | 供应时间 | 送达地点 | 备注 |
|---|---|---|---|---|---|---|---|---|---|
|  |  |  |  |  |  |  |  |  |  |
|  |  |  |  |  |  |  |  |  |  |
|  |  |  |  |  |  |  |  |  |  |
|  |  |  |  |  |  |  |  |  |  |
|  |  |  |  |  |  |  |  |  |  |

附件3：

## 工程质量保修书

发包人（全称）：_____

承包人（全称）：_____

发包人和承包人根据《中华人民共和国建筑法》和《建设工程质量管理条例》，

经协商一致就_____（工程全称）签订工程质量保修书。

一、工程质量保修范围和内容

承包人在质量保修期内，按照有关法律规定和合同约定，承担工程质量保修责任。

质量保修范围包括地基基础工程、主体结构工程，屋面防水工程、有防水要求的卫生间、房间和外墙面的防渗漏，供热与供冷系统，电气管线、给排水管道、设备安装和装修工程，以及双方约定的其他项目。具体保修的内容，双方约定如下：

_____

_____

_____。

二、质量保修期

根据《建设工程质量管理条例》及有关规定，工程的质量保修期如下：

1. 地基基础工程和主体结构工程为设计文件规定的工程合理使用年限；
2. 屋面防水工程、有防水要求的卫生间、房间和外墙面的防渗漏为_____年；
3. 装修工程为_____年；
4. 电气管线、给排水管道、设备安装工程为_____年；
5. 供热与供冷系统为_____个采暖期、供冷期；
6. 住宅小区内的给排水设施、道路等配套工程为_____年；
7. 其他项目保修期限约定如下：

_____

_____

_____。

质量保修期自工程竣工验收合格之日起计算。

三、缺陷责任期

工程缺陷责任期为_____个月，缺陷责任期自工程竣工验收合格之日起计算。单位工程先于全部工程进行验收，单位工程缺陷责任期自单位工程验收合格之日起算。

缺陷责任期终止后，发包人应退还剩余的质量保证金。

四、质量保修责任

1. 属于保修范围、内容的项目，承包人应当在接到保修通知之日起7天内派人保修。承包人不在约定期限内派人保修的，发包人可以委托他人修理。
2. 发生紧急事故需抢修的，承包人在接到事故通知后，应当立即到达事故现场抢修。
3. 对于涉及结构安全的质量问题，应当按照《建设工程质量管理条例》的规定，立即向当地建设行政主管部门和有关部门报告，采取安全防范措施，并由原设计人或者具有相应资质等级的设计人提出保修方案，承包人实施保修。
4. 质量保修完成后，由发包人组织验收。

### 五、保修费用

保修费用由造成质量缺陷的责任方承担。

### 六、双方约定的其他工程质量保修事项：_____

_____。

工程质量保修书由发包人、承包人在工程竣工验收前共同签署，作为施工合同附件，其有效期限至保修期满。

发包人（公章）：_____　　　承包人（公章）：_____
地　　址：_____　　　　　　地　　址：_____
法定代表人（签字）：_____　法定代表人（签字）：_____
委托代理人（签字）：_____　委托代理人（签字）：_____
电　　话：_____　　　　　　电　　话：_____
传　　真：_____　　　　　　传　　真：_____
开户银行：_____　　　　　　开户银行：_____
账　　号：_____　　　　　　账　　号：_____
邮政编码：_____　　　　　　邮政编码：_____

附件 4：

### 主要建设工程文件目录

| 文件名称 | 套数 | 费用（元） | 质量 | 移交时间 | 责任人 |
| --- | --- | --- | --- | --- | --- |
|  |  |  |  |  |  |
|  |  |  |  |  |  |
|  |  |  |  |  |  |
|  |  |  |  |  |  |
|  |  |  |  |  |  |
|  |  |  |  |  |  |
|  |  |  |  |  |  |
|  |  |  |  |  |  |
|  |  |  |  |  |  |
|  |  |  |  |  |  |
|  |  |  |  |  |  |
|  |  |  |  |  |  |

附件 5：

**承包人用于本工程施工的机械设备表**

| 序号 | 机械或设备名称 | 规格型号 | 数量 | 产地 | 制造年份 | 额定功率（kW） | 生产能力 | 备注 |
|---|---|---|---|---|---|---|---|---|
|  |  |  |  |  |  |  |  |  |
|  |  |  |  |  |  |  |  |  |
|  |  |  |  |  |  |  |  |  |
|  |  |  |  |  |  |  |  |  |
|  |  |  |  |  |  |  |  |  |
|  |  |  |  |  |  |  |  |  |

附件 6：

**承包人主要施工管理人员表**

| 名称 | 姓名 | 职务 | 职称 | 主要资历、经验及承担过的项目 |
|---|---|---|---|---|
| 一、总部人员 | | | | |
| 项目主管 |  |  |  |  |
| 其他人员 |  |  |  |  |
|  |  |  |  |  |
|  |  |  |  |  |
| 二、现场人员 | | | | |
| 项目经理 |  |  |  |  |
| 项目副经理 |  |  |  |  |
| 技术负责人 |  |  |  |  |
| 造价管理 |  |  |  |  |
| 质量管理 |  |  |  |  |
| 材料管理 |  |  |  |  |
| 计划管理 |  |  |  |  |
| 安全管理 |  |  |  |  |
| 其他人员 |  |  |  |  |
|  |  |  |  |  |
|  |  |  |  |  |
|  |  |  |  |  |
|  |  |  |  |  |

附件7：

### 分包人主要施工管理人员表

| 名 称 | 姓名 | 职务 | 职称 | 主要资历、经验及承担过的项目 |
|---|---|---|---|---|
| 一、总部人员 | | | | |
| 项目主管 | | | | |
| 其他人员 | | | | |
| | | | | |
| 二、现场人员 | | | | |
| 项目经理 | | | | |
| 项目副经理 | | | | |
| 技术负责人 | | | | |
| 造价管理 | | | | |
| 质量管理 | | | | |
| 材料管理 | | | | |
| 计划管理 | | | | |
| 安全管理 | | | | |
| 其他人员 | | | | |
| | | | | |
| | | | | |
| | | | | |
| | | | | |

附件8：

### 履 约 担 保

_____（发包人名称）：

鉴于_____（发包人名称，以下简称"发包人"）与_____（承包人名称）（以下称"承包人"）于\_\_\_年\_\_\_月\_\_\_日就_____（工程名称）施工及有关事项协商一致共同签订《建设工程施工合同》。我方愿意无条件地、不可撤销地就承包人履行与你方签订的合同，向你方提供连带责任担保。

1. 担保金额人民币（大写）_____元（￥_____）。

2. 担保有效期自你方与承包人签订的合同生效之日起至你方签发或应签发工程接收证书之日止。

3. 在本担保有效期内，因承包人违反合同约定的义务给你方造成经济损失时，我方在收到你方以书面形式提出的在担保金额内的赔偿要求后，在7天内无条件支付。

4. 你方和承包人按合同约定变更合同时，我方承担本担保规定的义务不变。

5. 因本保函发生的纠纷，可由双方协商解决，协商不成的，任何一方均可提请_____仲裁委员会仲裁。

6. 本保函自我方法定代表人（或其授权代理人）签字并加盖公章之日起生效。

担　保　人：_____（盖单位章）

法定代表人或其委托代理人：_____（签字）

地　　址：_____

邮政编码：_____

电　　话：_____

传　　真：_____

　　　　　　　　　_____年_____月_____日

**附件9：**

## 预 付 款 担 保

_____（发包人名称）：

根据_____（承包人名称）（以下称"承包人"）与_____（发包人名称）（以下简称"发包人"）于_____年_____月_____日签订的_____（工程名称）《建设工程施工合同》，承包人按约定的金额向你方提交一份预付款担保，即有权得到你方支付相等金额的预付款。我方愿意就你方提供给承包人的预付款为承包人提供连带责任担保。

1. 担保金额人民币（大写）_____元（¥_____）。

2. 担保有效期自预付款支付给承包人起生效，至你方签发的进度款支付证书说明已完全扣清止。

3. 在本保函有效期内，因承包人违反合同约定的义务而要求收回预付款时，我方在收到你方的书面通知后，在7天内无条件支付。但本保函的担保金额，在任何时候不应超过预付款金额减去你方按合同约定在向承包人签发的进度款支付证书中扣除的金额。

4. 你方和承包人按合同约定变更合同时，我方承担本保函规定的义务不变。

5. 因本保函发生的纠纷，可由双方协商解决，协商不成的，任何一方均可提请_____仲裁委员会仲裁。

6. 本保函自我方法定代表人（或其授权代理人）签字并加盖公章之日起生效。

担　保　人：_____（盖单位章）

法定代表人或其委托代理人：_____（签字）

地　　址：_____

邮政编码：_____

电　　话：_____

传　　真：_____

　　　　　　　　　_____年_____月_____日

附件10：

支 付 担 保

_____（承包人）：

　　鉴于你方作为承包人已经与_____（发包人名称）（以下称"发包人"）于____年____月____日签订了_____（工程名称）《建设工程施工合同》（以下称"主合同"），应发包人的申请，我方愿就发包人履行主合同约定的工程款支付义务以保证的方式向你方提供如下担保：

　　一、保证的范围及保证金额

　　1. 我方的保证范围是主合同约定的工程款。

　　2. 本保函所称主合同约定的工程款是指主合同约定的除工程质量保证金以外的合同价款。

　　3. 我方保证的金额是主合同约定的工程款的_____%，数额最高不超过人民币元（大写：_____）。

　　二、保证的方式及保证期间

　　1. 我方保证的方式为：连带责任保证。

　　2. 我方保证的期间为：自本合同生效之日起至主合同约定的工程款支付完毕之日后　日内。

　　3. 你方与发包人协议变更工程款支付日期的，经我方书面同意后，保证期间按照变更后的支付日期做相应调整。

　　三、承担保证责任的形式

　　我方承担保证责任的形式是代为支付。发包人未按主合同约定向你方支付工程款的，由我方在保证金额内代为支付。

　　四、代偿的安排

　　1. 你方要求我方承担保证责任的，应向我方发出书面索赔通知及发包人未支付主合同约定工程款的证明材料。索赔通知应写明要求索赔的金额，支付款项应到达的账号。

　　2. 在出现你方与发包人因工程质量发生争议，发包人拒绝向你方支付工程款的情形时，你方要求我方履行保证责任代为支付的，需提供符合相应条件要求的工程质量检测机构出具的质量说明材料。

3. 我方收到你方的书面索赔通知及相应的证明材料后7天内无条件支付。

五、保证责任的解除

1. 在本保函承诺的保证期间内，你方未书面向我方主张保证责任的，自保证期间届满次日起，我方保证责任解除。

2. 发包人按主合同约定履行了工程款的全部支付义务的，自本保函承诺的保证期间届满次日起，我方保证责任解除。

3. 我方按照本保函向你方履行保证责任所支付金额达到本保函保证金额时，自我方向你方支付（支付款项从我方账户划出）之日起，保证责任即解除。

4. 按照法律法规的规定或出现应解除我方保证责任的其他情形的，我方在本保函项下的保证责任亦解除。

5. 我方解除保证责任后，你方应自我方保证责任解除之日起＿＿个工作日内，将本保函原件返还我方。

六、免责条款

1. 因你方违约致使发包人不能履行义务的，我方不承担保证责任。

2. 依照法律法规的规定或你方与发包人的另行约定，免除发包人部分或全部义务的，我方亦免除其相应的保证责任。

3. 你方与发包人协议变更主合同的，如加重发包人责任致使我方保证责任加重的，需征得我方书面同意，否则我方不再承担因此而加重部分的保证责任，但主合同第10条（变更）约定的变更不受本款限制。

4. 因不可抗力造成发包人不能履行义务的，我方不承担保证责任。

七、争议解决

因本保函或本保函相关事项发生的纠纷，可由双方协商解决，协商不成的，按以下方式解决：

（1）向＿＿＿＿＿＿＿＿＿＿仲裁委员会申请仲裁；

（2）向＿＿＿＿＿＿＿＿＿＿人民法院起诉。

八、保函的生效

本保函自我方法定代表人（或其授权代理人）签字并加盖公章之日起生效。

担保人：＿＿＿＿＿＿＿＿＿＿＿＿＿＿＿＿（盖章）

法定代表人或委托代理人：＿＿＿＿＿＿＿＿＿＿（签字）

地　　址：＿＿＿＿＿＿＿＿＿＿＿＿＿＿＿＿

邮政编码：＿＿＿＿＿＿＿＿＿＿＿＿＿＿＿＿

传　　真：＿＿＿＿＿＿＿＿＿＿＿＿＿＿＿＿

年＿＿＿＿月＿＿＿＿日

附件11：

**11-1：材料暂估价表**

| 序号 | 名　称 | 单位 | 数量 | 单价（元） | 合价（元） | 备注 |
|---|---|---|---|---|---|---|
|  |  |  |  |  |  |  |
|  |  |  |  |  |  |  |
|  |  |  |  |  |  |  |
|  |  |  |  |  |  |  |
|  |  |  |  |  |  |  |

**11-2：工程设备暂估价表**

| 序号 | 名　称 | 单位 | 数量 | 单价（元） | 合价（元） | 备注 |
|---|---|---|---|---|---|---|
|  |  |  |  |  |  |  |
|  |  |  |  |  |  |  |
|  |  |  |  |  |  |  |
|  |  |  |  |  |  |  |
|  |  |  |  |  |  |  |

**11-3：专业工程暂估价表**

| 序号 | 名　称 | 单位 | 数量 | 单价（元） | 合价（元） | 备注 |
|---|---|---|---|---|---|---|
|  |  |  |  |  |  |  |
|  |  |  |  |  |  |  |
|  |  |  |  |  |  |  |
|  |  |  |  |  |  |  |
|  |  |  |  |  |  |  |

## 实施6.3　建设工程合同的担保方式

担保是指承担保证义务的一方，即保证人（担保人）应债务人（被保证人或称被担保人）的要求，就债务人应对债权人（权利人）的某种义务向债权人作出的书面承诺，保证债务人按照合同规定条款履行义务和责任，或及时支付有关款项，保障债权人实现债权的信用工具。

担保制度在国际上已有很长的历史，已经形成了比较完善的法规体系和成熟的运作方式。中国的担保制度的建设是以 1995 年颁布的《中华人民共和国担保法》为标志的，现在已经进入了一个快速发展阶段。

在工程担保中大量采用的是第三方担保，也就是保证担保。

### 6.3.1 合同担保的基本概念

工程合同担保是合同当事人为了保证工程合同的切实履行，由保证人作为第三方对建设工程中一系列合同的履行进行监管并承担相应的责任，是一种采用市场经济手段和法律手段进行风险管理的机制。在工程建设中，权利人（债权人）为了避免因义务人（债务人）原因而造成的损失，往往要求由第三方为义务人提供保证，即通过保证人向权利人进行担保，倘若被保证人不能履行其对权利人的承诺和义务，以致权利人遭受损失，则由保证人代为履约或负责赔偿。工程保证担保制度在世界发达国家已有一百多年的发展历程，已成为一种国际惯例。

工程担保制度是以经济责任链条建立起保证人与建设市场主体之间的责任关系。工程承包人在工程建设中的任何不规范行为都可能危害担保人的利益，担保人为维护自身的经济利益，在提供工程担保时，必然对申请人的资信、实力、履约记录等进行全面的审核，根据被保证人的资信实行差别费率，并在建设过程中对被担保人的履约行为进行监督。通过这种制约机制和经济杠杆，可以迫使当事人提高素质、规范行为，保证工程质量、工期和施工安全。另外，承建商拖延工期、拖欠工人工资和供货商货款、保修期内不尽保修义务和设计人延迟交付图纸及业主拖欠工程款等问题光靠工程保险解决不了，必须借助于工程担保。实践证明，工程保证担保制度对规范建筑市场、防范建筑风险特别是违约风险、降低建筑业的社会成本、保障工程建设的顺利进行等方面都有十分重要和不可替代的作用。

引进并建立符合中国国情的工程保证担保制度是完善和规范我国建设市场的重要举措。

### 6.3.2 担保的原则

遵循平等、自愿、公平、诚实信用的原则。

### 6.3.3 担保方式

担保方式为保证、抵押、质押、留置、定金。

1. 保证

保证是指保证人和债权人约定，当债权人不履行债务时，保证人按照约定履行债务或者承担责任的行为。

不能作为保证人的是：

(1) 企业法人的分支机构、职能部门。企业法人的分支机构有法人书面授权的，可以在授权范围内提供保证。

(2) 国家机关。经国务院批准为使用外国政府或者国际经济组织贷款进行转贷的除外。

(3) 学校、幼儿园、医院等以公益为目的的事业单位、社会团体。

2. 抵押

(1) 抵押是指债务人或者第三人向债权人以不转移占有的方式提供一定的财产作为抵押物，用以担保债务履行的担保方式。

(2) 债务人不履行债务时，债权人有权依照法律规定以抵押物折价或者从变卖抵押物的价款中优先受偿。

(3) 债务人或者第三人称为抵押人，债权人称为抵押权人，提供担保的财产为抵押物。

(4) 不得抵押的财产有：

1) 土地所有权；

2) 耕地、宅基地、自留地、自留山等集体所有的土地使用权；

3) 学校、幼儿园、医院等以公益为目的的事业单位、社会团体的教育设施、医疗卫生设施和其他社会公益设施；

4) 所有权、使用权不明或者有争议的财产；

5) 依法被查封、扣押、监管的财产；

6) 依法不得抵押的其他财产。

(5) 当事人以土地使用权、城市房地产、林木、航空器、船舶、车辆等财产抵押的，应当办理抵押物登记，抵押合同自登记之日起生效；当事人以其他财产抵押的，可以自愿办理抵押物登记，抵押合同自签订之日起生效。

3. 质押

质押是指债务人或者第三人将其财产或权利移交债权人占有，用以担保债权履行的担保。质押后，当债务人不能履行债务时，债权人依法有权就该动产或权利优先得到清偿。

债务人或者第三人为出质人，债权人为质权人，移交的动产或权利为质物。

质押可分为动产质押和权利质押。

(1) 动产质押是指债务人或者第三人将其动产移交债权人占有，将该动产作为债权的担保，能够用作质押的动产没限制。

动产质押合同的订立及其生效：出质人和质权人应当以书面形式订立质押合同。质押合同自质物移交于质权人占有时生效。

(2) 权利质押一般是将权利凭证交付质权人的担保。

权力质押合同的生效：自权力凭证交付之日起生效。可以质押的权利包括：

1) 汇票、支票、本票、债券、存款单、仓单、提单；

2) 依法可以转让的股份、股票；

3) 依法可以转让的商标专用权、专利权、著作权中的财产权；

4)依法可以质押的其他权利。

4. 留置

(1)留置是指债权人按照合同约定占有对方(债务人)的动产,当债务人不能按照合同约定期限履行债务时,债权人有权依照法律规定留置该动产并享有处置该动产得到优先受偿的权利。

(2)留置的使用范围:因保管合同、运输合同、加工承揽合同发生的债权,债务人不履行债务的,债权人有留置权。

5. 定金

(1)定金,是指当事人双方为了保证债务的履行,约定由当事人一方先行支付给对方一定数额的货币作为担保。

(2)定金的数额由当事人约定,但不得超过主合同标的额的20%。

(3)定金合同采用书面形式,并在合同中约定交付定金的期限,定金合同从实际交付定金之日起生效。债务人履行债务后,定金应当抵作价款或者收回。

(4)给付定金的一方不履行约定的债务的,无权要求返回定金;收受定金的一方不履行约定的债务的,应当双倍返还定金。

### 6.3.4 工程投标担保

1. 投标担保的概念和作用

投标担保,或投标保证金,是指投标人保证中标后履行签订承发包合同的义务,否则,招标人将对投标保证金予以没收。投标人不按招标文件要求提交投标保证金的,该投标文件可视为不响应招标而予以拒绝或作为废标处理。

投标担保的作用有以下两点:

(1)确保投标人在投标有效期内不中途撤回标书,是保护招标人不因中标人不签约而蒙受经济损失。

(2)保证投标人在中标后与业主签订合同,并提供招标文件所要求的履约担保、预付款担保等。

2. 投标担保的形式

投标担保的形式有很多,可以采用保证担保、抵押担保等方式,具体方式由招标人在招标文件中规定。通常有如下几种:

(1)现金;

(2)保兑支票;

(3)银行汇票;

(4)现金支票;

(5)不可撤销信用证。

3. 投标担保的额度

根据《关于废止和修改部分招投标规章和规范性文件的决定》(九部委23号令)规定,施工投标保证金的数额一般不得超过项目估算价的2%,但最高不得超过80

万元人民币。

国际上常见的投标担保的保证金数额为2%～5%。

4. 担保的有效期

投标保证金有效期应当与投标有效期一致。合同签订后5日内向中标和未中标的投标人退还投标保证金及银行同期存款利息。

### 6.3.5 履约担保

1. 履约担保的概念

所谓履约担保，是指发包人在招标文件中规定的要求承包人提交的保证履行合同义务的担保。履约担保是为保障承包商履行承包合同义务所作的一种承诺，充分保障了业主依照合同条件完成工程的合法权益。这是工程担保中最重要的也是担保金额最大的一种工程担保。

2. 担保方式

履约担保一般有三种形式：

（1）银行履约保函

银行履约保函是由商业银行开具的担保证明，通常为合同金额的10%左右。银行保函分为有条件的银行保函和无条件的银行保函。

（2）履约担保书

当承包人在履行合同中违约时，开出担保书的担保公司或者保险公司用该项担保金去完成施工任务或者向发包人支付该项保证金。工程采购项目保证金提供担保形式的，其金额一般为合同价的30%～50%。承包人违约时，由工程担保人代为完成工程建设的担保方式，有利于工程建设的顺利进行。

（3）保留金

保留金是指在发包人根据合同的约定，每次支付工程进度款时扣除一定数目的款项，作为承包人完成其修补缺陷义务的保证。保留金一般为每次工程进度款的10%，但总额一般应限制在合同总价款的5%（通常最高不得超过10%）。

3. 担保额度

采用履约担保金方式（包括银行保函）的履约担保额度为合同价的5%～10%；采用担保书和同业担保方式的一般为合同价的10%～15%。根据《关于废止和修改部分招投标规章和规范性文件的决定》（九部委23号令）的规定，履约担保金的数额不得超过中标合同金额的10%。

履约保证金额的大小取决于招标项目的类型与规模，但必须保证承包人违约时，发包人不受损失。在投标须知中，承包人要规定使用哪一种形式的履约担保。发包人应当按照招标文件中的规定提交履约担保。没有按照上述要求提交履约担保的，将没收其投标保证金。

4. 履约担保的有效期

承包商履约担保的有效期应当截止到承包商根据合同完成了工程施工并经竣工验

收合格之日。业主应当按承包合同约定在承包商履约担保有效期截止日后若干天之内退还承包商的履约担保。

### 6.3.6 预付款担保

1. 预付款担保的概念和作用

预付款担保是指承包人与发包人签订合同后,承包人正确、合理使用发包人支付的预付款的担保。建设工程合同签订以后,发包人给承包人一定比例的预付款,一般为合同金额的10%,但需由承包人的开户银行向发包人出具预付款担保。

预付款担保的主要作用在于保证承包人能够按合同规定进行施工,偿还发包人已支付的全部预付金额。如果承包人中途毁约,中止工程,使发包人不能在规定期限内从应付工程款中扣除全部预付款,则发包人作为保函的受益人有权凭预付款担保向银行索赔该保函的担保金额作为补偿。

2. 担保方式

(1) 银行保函

预付款担保的主要形式即银行保函。预付款担保的担保金额通常与发包人的预付款是等值的。预付款一般逐月从工程预付款中扣除,预付款担保的担保金额也相应逐月减少。承包人在施工期间应当定期从发包人处取得同意此保函减值的文件,并送交银行确认。承包人还清全部预付款后,发包人应退还预付款担保,承包人将其退回银行注销,解除担保责任。

(2) 发包人与承包人约定的其他形式

预付款担保也可由保证担保公司担保,或采取抵押等担保形式。

3. 担保额度

预付款担保额度与预付款数额相同,但其担保额度应随投标人返还的金额而逐渐减少。预付款不计利息。

4. 预付款担保有效期

发包人将按合同专用条款中规定的金额和日期向承包人支付预付款。预付款保函应在预付款全部扣回之前保持有效。

### 6.3.7 支付担保

1. 支付担保的概念和作用

支付担保是指应承包人的要求,发包人提交的保证履行合同中约定的工程款支付义务的担保。

支付担保的主要作用是通过对发包人资信状况进行严格审查并落实各项反担保措施,确保工程费用及时支付到位;一旦发包人违约,付款担保人将代为履约。业主支付担保对于解决我国普遍存在的拖欠工程款现象是一项有效的措施。

2. 支付担保的形式

(1) 银行保函;

(2) 履约保证金；
(3) 担保公司担保；
(4) 抵押或者质押。

发包人支付担保应是金额担保。实行履约金分段滚动担保。担保额度为工程总额的 20%～25%。本段清算后进入下段。已完成担保额度，发包人未能按时支付，承包人可依据担保合同暂停施工，并要求担保人承担支付责任和相应的经济损失。

3. 支付担保有关规定

《建设工程施工合同（示范文本）》第 2 条规定了关于发包人工程款支付担保的内容：

发包人应在收到承包人要求提供资金来源证明的书面通知后 28 天内，向承包人提供能够按照合同约定支付合同价款的相应资金来源证明。

发包人要求承包人提供履约担保的，发包人应当向承包人提供支付担保。支付担保可以采用银行保函或担保公司担保等形式，具体由合同当事人在专用合同条款中约定。

### 6.3.8 维修担保

1. 维修担保的概念

维修担保是为保障维修期内出现质量缺陷时，承包商负责维修而提供的担保。

2. 维修担保的形式

维修担保可以单列，也可以包含在履约担保内，也有采用扣留一定比例工程款作担保的。

经合同当事人协商一致扣留质量保证金的，应在专用合同条款中予以明确。承包人提供质量保证金有以下三种方式：

(1) 质量保证金保函；
(2) 相应比例的工程款；
(3) 双方约定的其他方式。

3. 质量保证金的有关规定

《建设工程施工合同（示范文本）》第 15 条对质量保证金作了相关规定：

质量保证金的扣留有以下三种方式：

(1) 在支付工程进度款时逐次扣留，在此情形下，质量保证金的计算基数不包括预付款的支付、扣回以及价格调整的金额；
(2) 工程竣工结算时一次性扣留质量保证金；
(3) 双方约定的其他扣留方式。

发包人累计扣留的质量保证金不得超过结算合同价格的 5%，如承包人在发包人签发竣工付款证书后 28 天内提交质量保证金保函，发包人应同时退还扣留的作为质量保证金的工程价款。

发包人应按相关的约定退还质量保证金。

## 实施 6.4　建设工程合同谈判与订立

### 6.4.1　合同审查

1. 合同审查分析的目的

建设方和施工方签订合同之前进行施工合同的审查,可以发现施工合同中潜在问题,尽可能地减少和避免在履行施工合同的过程中产生不必要的分歧和争议。在实践中,合同审查分析的目的有以下几点:

(1) 剖析合同文本,使谈判双方对合同有一个全面、完整的认识和理解;

(2) 检查合同结构和内容的完整性,及时发现缺少和遗漏的必需条款;

(3) 分析评价每一合同条款执行的法律后果,其中包含哪些风险,为投标报价制定提供资料,为合同谈判和签订提供决策依据。

2. 合同审查分析的内容

合同审查分析是一项技术性很强的综合性工作,它要求合同管理者必须熟悉与合同相关的法律法规,精通合同条款,对工程环境有全面的了解,有合同管理的实际工作经验并有足够的细心和耐心。

合同的三大要素为合同主体、客体、合同内容。合同审查分析主要包括以下几方面内容:

(1) 合同主体资格审查

合同主体是否具备签订及履行合同的资格,是合同审查中首先要注重的问题,这涉及交易是否合法、合同是否有效的问题。

1) 合同主体的合法性和真实性的审查

合同主体的合法性和真实性是合同审查的重要项目之一,是关系合同目的能否实现的前提之一。注意审核或确认负责签订合同的单位或个人是否已取得相应的合法授权,以防止无权代理或超越代理权限订立合同的情形存在。

2) 注意合同主体是否具备相关的资质或许可

根据我国法律规定,无论是发包人还是承包人必须具有发包和承包工程、签订合同的资格。违反这些规定,将因项目不合法而导致所签订的建设工程施工合同无效。因此,在订立合同时,应先审查建设单位是否依法领取企业法人营业执照,取得相应的经营资格和等级证书,审查建设单位签约代表人的资格。对承包人来讲,要承包工程不仅必须具备相应的营业执照、许可证,而且还必须具备相应的资质等级证书。

3) 合同主体资信能力、业绩、人员等进行审查

合同主体资信能力是影响其履约能力的重要因素,一个规模较大、信誉良好、业绩精彩的组织同样有可能因为资金周转的问题而影响其详细项目的操作,从而可能造成缔约方的损失,轻则延误履行期限,重则违约不能履行。

业绩和人员素质也是缔约目的实现的保障之一,对业绩和人员的资料审查应该列

入合同要害审查项目之一。还要审查施工当事人的设备、技术水平、经营范围、履约能力、信誉等情况，加以调查核实。

(2) 合同客体资格审查

1) 是否具备工程项目建设所需要的各种批准文件；

2) 工程项目是否已经列入年度建设计划；

3) 建设资金和主要建筑材料和设备来源是否已经落实。

(3) 合同内容的审查

《合同法》规定，一份完整的合同应包括合同当事人、合同标的、标的的数量和质量、合同价款或酬金、履行期限、地点和方式、违约责任和解决争议的方法等条款。由于建设工程的工程活动多，涉及面广，合同履行中不确定性因素多，从而给合同履行带来很大风险。如果合同不够完备，就可能会给当事人造成重大损失。因此，必须对合同内容进行审查。主要包括：合同文件是否齐全；合同条款是否齐全，是否存在漏项；各条款内容是否具体、明确；合同条款是否公正、合理；合同风险分担是否合理。

对施工合同而言，应当重点审查以下内容：

1) 工作内容

工作内容是承包人所承担的工作范围，包括：施工，材料和设备供应，施工人员的提供，工程量的确定，质量、工期要求及其他义务。在这方面，经常发生的问题有：

① 因工作范围和内容规定不明确，或承包人未能正确理解而出现报价漏项，从而导致成本增加甚至整个项目出现亏损。

② 由于工作范围不明确，对一些应包括进去的工程量没有进行计算而导致施工成本上升。

③ 规定工作内容时，对于规格、型号、质量要求、技术标准文字表达不清楚，从而在实施过程中易产生合同纠纷。

2) 合同权利和义务审查

在合同审查时，一定要进行权利义务关系分析，检查合同双方责任、权利、义务是否平衡对等，还必须对双方责任和权力的制约关系进行分析。如在合同中规定一方当事人有一项权力，则要分析该权力的行使会对对方当事人产生什么影响，该权力是否需要制约，权力方是否会滥用该权力，使用该权力的权力方应承担什么责任等。据此可以提出对该项权力的反制约。

同时，如合同中规定一方当事人必须承担一项责任，则要分析要承担该责任应具备什么前提条件，以及相应应拥有什么权力，如果对方不履行相应的义务应承担什么责任等。

在审查时，还应当检查双方当事人的责任和权益是否具体、详细明确。

3) 工期

工期的长短直接影响到承包方的利益。对承包人来说，明确合同工期的定义

(合同范围内工程完工工期、总承包工程开工至整体竣工验收的工期);明确计划开工日、实际开工日、计划完工日、实际完工日、计划竣工日和实际竣工日的定义、确认程序和时限;工期顺延的条件和确认程序;工期延误、逾期竣工的违约责任及赔偿范围。

如期竣工,发包人应当提供什么条件,承担什么义务;由于工程变更、不可抗力及其他发包人原因而导致承包人不能按期竣工的,承包人是否可延长竣工时间等。由业主及其他承包商原因造成,承包商有权要求延长工期,并在合同中明确规定如发包人不履行义务应承担什么责任,以及承包人不能按时完工应当承担什么责任等。

4) 工程质量

不同的工程质量对工程造价有很大的影响。关于工程质量有无明晰的标准,是否符合国家颁发的施工质量标准,工程质量要求合格,还是优良。质量验收的范围(尤其是对中间和隐蔽工程的验收),工程验收程序及期限规定、材料设备的标准及验收规定;质量争议的处理方式及违约责任是否约定;工程质量保修范围、保修期和保修金的规定等。

5) 工程款及支付问题

① 合同价款

主要审查合同的计价方式,采用固定价格方式、单价方式、成本加酬金方式,还应检查竣工结算的前提条件。如结算的条件、依据、结算的期限、程序、审核,逾期审核的责任等。

② 工程款支付

主要审查分析预付款的比例、支付时间及扣还方式等。施工企业保证金等是否符合法定数额,工程预付款数目是否合理,施工进度款支付数额、日期是否合理,维修保证金是否合规。价款的调整条件和方法;价款调整的依据;固定总价时的包干范围和风险包干系数;固定单价时的工程量调整依据、计量方法及适用单价。

6) 违约责任

违约责任条款的约定必须具体、完整。施工合同中违约责任与义务要相对应,应符合法律法规规定,约定的违约金和赔偿金的数额不得高于或者低于法律法规规定的比例幅度或限额。应当根据不同的违约行为,约定违约责任。

还要审查争议解决的途径。一旦发生争议,尽量选择双方协商,协商不成时申请仲裁或诉讼。

此外,审查合同签订的手续和形式是否完备。

施工合同都难以做到十分详尽,在合同审查时,还必须注意合同中关于保险、担保、工程保修、变更、索赔等条款的约定是否完备、公平合理。对影响合同变动的因素考虑得越周密细致,就越能避免纠纷,当事人的合同权益也就越容易得到保障。

3. 合同审查表

(1) 合同审查表的作用

合同审查后，对上述分析研究结果可以用合同审查表进行归纳整理。用合同审查表可以系统地针对合同文本中存在的问题提出相应的对策。通过合同审查表可以发现：

1) 合同条款之间的矛盾；
2) 不公平条款，如过于苛刻、责权利不平衡、单方面约束性条款；
3) 隐含着较大风险的条款；
4) 内容含糊，概念不清，或未能完全理解的条款。

(2) 合同审查表

1) 合同审查表的格式（见表6-1）

合同审查表　　　　　　　　　　　　　表6-1

| 审查项目编号 | 审查项目 | 条款号 | 条款内容 | 条款说明 | 建议或对策 |
| --- | --- | --- | --- | --- | --- |
| S06021 | 责任和义务 | 6.1 | 承包商严格遵守工程师对本工程的各项指令并使工程师满意 | 工程师对承包商产生约束 | 工程师指令及满意仅限技术规范及合同条件范围内并增加反约束条款 |
| S07056 | 工程质量 | 16.2 | 承包商在施工中应加强质量管理工作，确保交工时工程达到设计生产能力，否则应对业主损失给予赔偿 | 达不到设计生产能力的原因很多，责权不平衡 | 1. 赔偿责任仅限因承包商原因造成的。2. 对因业主原因达不到设计生产能力的，承包商有权获得补偿 |
| …… | …… | …… | …… | …… | …… |

2) 审查项目

审查项目的建立和合同结构标准化是审查的关键。在实际工程中，某一类合同，其条款内容、性质和说明的对象往往基本相同，此时，即可将这类合同的合同结构固定下来，作为该类合同的标准结构。合同审查可以从合同标准结构中的项目和子项目作为具体的审查项目。

3) 编码

这是为了计算机数据处理的需要而设计的，以方便调用、对比、查询和储存。编码应能反映所审查项目的类别、项目、子项目等项目特征，对复杂的合同还可以细分。为便于操作，合同结构编码系统要统一。

4) 合同条款号及内容

审查表中的条款号必须与被审查合同条款号相对应。

被审查合同相应条款的内容是合同分析研究的对象，可从被审查合同中直接摘录该被审查合同条款到合同审查表中来。

5) 说明

这是对该合同条款存在的问题和风险进行分析研究。主要是具体客观地评价该条款执行的法律后果及将给合同当事人带来的风险。这是合同审查中最核心的问题，分析的结果是否正确、完备将直接影响到以后的合同谈判、签订乃至合同的履行时合同当事人的地位和利益。因此，合同当事人对此必须给予高度重视。

6) 建议或对策

针对审查分析得出的合同中存在的问题和风险，提出相应的对策或建议，并将合同审查表交给合同当事人和合同谈判者。合同谈判者在与对方进行合同谈判时可以针对审查出来的问题和风险，落实审查表中的对策或建议，做到有的放矢，以维护合同当事人的合法权益。

### 6.4.2 合同谈判

合同谈判，是工程施工合同签订双方对是否签订合同以及合同具体内容达成一致的协商过程。为了切实维护自己的合法利益，在合同谈判之前，无论是发包人还是承包人都必须仔细认真地研究招标文件及双方在招投标过程中达成的协议，审查每一个合同条款，分析该条款的履行后果，从中寻找合同漏洞及于己不利的条款，力争通过合同谈判使自己处于较为有利的位置，以改善合同条件中一些主要条款的内容，从而能够从合同条款上全力维护自己的合法权益。

发包人愿意进一步通过合同谈判签订合同的原因是：

(1) 完善合同条款。招标文件中往往存在缺陷和漏洞，如工程范围含糊不清；合同条款较抽象，可操作性不强；合同中出现错误、矛盾和二义性等，从而给今后合同履行带来很大困难。为保证工程顺利实施，必须通过合同谈判完善合同条款。

(2) 降低合同价格。在评标时，虽然从总体上可以接受承包人的报价，但投标报价仍有部分不太合理。因此，希望通过合同谈判，进一步降低正式的合同价格。

(3) 分析投标报价过程中承包人是存在欺诈等违背诚实信用原则的现象。评标时发现其他投标人的投标文件中某些建议非常可行，而中标人并未提出，发包人非常希望中标人能够采纳这些建议。因此需要与承包人商讨这些建议，并确定由于采纳建议导致的价格变更。

(4) 讨论某些局部变更，包括设计变更、技术条件或合同条件变更对合同价格的影响。

作为承包方，承包人只能处于被动应付的地位。因此，业主所提供的合同条款往往很难达到公平公正的程度。因此，承包人应逐条审查合同条款是否公平公正，对明显缺乏公平公正的条款，在合同谈判时，通过寻找合同漏洞，或向发包人解释自己合理化建议，以及利用发包人澄清合同条款及进行变更的机会等方式，力争发包人对合同条款作出有利于自己的修改。谋求公正和合理的权益，使承包人的权利与义务达到平衡。进行谈判主要有以下几个目的：

(1) 澄清标书中某些含糊不清的条款，充分解释自己在投标文件中的某些建议或保留意见。

(2) 争取合理的价格，既要对付发包方的压价，当发包方拟修改设计、增加项目或提供标准时又要适当增加报价。

(3) 争取改善合同条款，主要是争取修改过于苛刻的不合理条款，增加保护自身利益的条款。

1. 合同谈判的准备工作

合同谈判是业主与承包商面对面的直接较量，谈判的结果直接关系到合同条款的订立是否于己有利，因此，在合同正式谈判开始前，无论是业主还是承包商，必须深入细致地做好充分的组织准备、资料准备等。谈判工作的成功与否，通常取决于准备工作的充分程度、谈判策略与技巧的运用程度。

谈判的准备工作具体包括以下几部分：

(1) 合同谈判的组织准备

如何组织一个精明强干、经验丰富的谈判班子进行谈判工作至关重要。谈判组成员的专业知识结构、综合业务能力和基本素质对谈判结果有着重要的影响。谈判小组一般由3~5人组成，包括有谈判经验的技术人员、财务人员、法律人员。谈判组长应该选择思维敏捷，精力充沛，具备高度组织能力与应变能力，熟悉业务并有着丰富经验的谈判专家担任。

(2) 合同谈判的资料准备

合同谈判必须有理有据，因此谈判前必须收集和整理各种材料。

这些资料包括：

1) 原招标文件中的合同条件、技术规范及投标文件、中标函等文件，以及前期接触过程中已经达成的意向书、会议纪要、备忘录等。

2) 谈判时对方可能索取的资料，针对对方可能提出的各种问题准备好的资料论据，以及向对方提出的建议等资料。

3) 能够证明自己能力和资信程度的资料，使对方能够确信自己具备履约能力，包括项目的资金来源、土地获得情况、项目目前进展情况等。

(3) 具体分析

1) 对对方的分析

① 对对方谈判意图的分析。只有在充分了解对方谈判意图和谈判动机后，才能在谈判中把握主动权，达到谈判的目标。

② 对对方资格、实力的分析。主要是指对方是否具备主体资格，以及对对方资信、技术、物力、财力等状况的分析。无论发包方还是承包方都要对对方的实力进行考察，否则就很难保证项目的正常进行。

③ 对对方谈判人员的分析。主要了解对方的谈判人员由谁组成，了解他们的身份、资历、专业水平、谈判风格等，注意与对方建立良好的关系，发展谈判双方的友谊，为谈判创造良好的氛围。

2) 对自己的分析

对发包人而言，应该了解建设项目准备情况，包括技术准备、征地拆迁、现场准备和资金准备情况，及自己在质量、工期、造价等方面的要求，以确定自己的谈判方案。对承包人而言，应该分析项目的合法性与有效性、项目的自然条件和施工条件，以及自己在承包该项目时的优势和劣势,以确定自己的谈判地位。

(4) 谈判方案的准备

要根据谈判目标,总结该项目的操作风险、双方的共同利益、双方的利益冲突,以及在哪些问题上已和发包方取得一致,还存在着哪些问题甚至原则性的分歧等,准备几个不同的谈判方案,还要研究和考虑其中哪个方案较好以及对方可能倾向哪个方案。这样,当对方不易接受某一方案时,就可以改换另一种方案,通过协商选择一个为双方都能够接受的最佳方案。谈判中切忌只有一个方案,当对方拒不接受时,易使谈判陷入僵局。

(5) 会议具体事务的安排准备

会议具体事务的安排准备,包括三方面内容:选择谈判的时机、谈判的地点以及谈判议程的安排。尽可能选择有利于己方的时间和地点,同时要兼顾对方能否接受。应根据具体情况安排议程,议程安排应松紧适度。

2. 谈判程序

(1) 一般讨论

谈判开始阶段通常都是先广泛交换意见,各方提出自己的设想方案,探讨各种可能性,经过商讨逐步将双方意见综合并统一起来,形成共同的问题和目标,为下一步详细谈判做好准备。不要一开始就使会谈进入实质性问题的争论,或逐条讨论合同条款。要先搞清基本概念和双方的基本观点,在双方相互了解基本观点之后,再逐条逐项仔细地讨论。

(2) 技术谈判

在一般讨论之后,就要进入技术谈判阶段。主要对原合同中技术方面的条款进行讨论,包括工程范围、技术规范、标准、施工条件、施工方案、施工进度、质量检查、竣工验收等。

(3) 商务谈判

主要对原合同中商务方面的条款进行讨论,包括工程合同价款、支付条件、支付方式、预付款、履约保证、保留金、货币风险的防范、合同价格的调整等。需注意的是,技术条款与商务条款往往是密不可分的,因此,在进行技术谈判和商务谈判时,不能将两者分割开来。

(4) 合同拟定

谈判进行到一定阶段后,在双方都已表明了观点、对原则问题双方意见基本一致的情况下,相互之间就可以交换书面意见或合同稿。然后以书面意见或合同稿为基础,逐条逐项审查讨论合同条款。先审查一致性问题,后审查讨论不一致的问题,对双方不能确定、达不成一致意见的问题,再请示上级审定,下次谈判继续讨论,直至双方对新形成的合同条款一致同意并形成合同草案为止。

3. 谈判的策略和技巧

合同谈判是一门科学也是一门艺术,它直接关系到谈判桌上各方最终利益的得失,因此,根据项目特征和谈判对象不同,注重谈判的策略和技巧。

以下介绍几种常见的谈判策略和技巧：

(1) 合理把握谈判议程

施工合同谈判涉及众多事项，而谈判各方对同一事项的关注程度也不相同。这就要求合同谈判人员善于把握谈判的进程，引导对方商讨自己所关注的主要议题，从而抓住有利时机，促成有利于己方的协议。同时，谈判者应合理分配谈判时间，把大部分时间和精力放在主要议题上，不要过于拘泥于细节性问题。

(2) 注意谈判氛围

合同谈判中，施工企业与业主的地位是平等的。双方通过谈判主要是维护各方的利益，求同存异。谈判双方希望在轻松舒缓的气氛中完成谈判，但是难免出现争执，使谈判气氛比较紧张。有经验的谈判者会采取润滑措施，舒缓压力。

(3) 确立谈判的基本立场和原则

明确己方谈判的基本立场和原则，在整个谈判过程中，要始终注意抓住主要的实质性问题，如工作范围、合同价格、工期、支付条件、验收及违约责任等来谈，要本着抓大放小的原则，哪些问题是必须坚持的，哪些问题可以做出一定的合理让步以及让步的程度等。同时，还应具体分析在谈判中可能遇到的各种复杂情况及其对谈判目标实现的影响，遇到实质性问题争执不下如何解决等。

(4) 扬长避短，对等让步

谈判各方都有自己的优势和弱点。谈判者应在充分分析形势的情况下，做出正确判断，利用正确判断，抓住对方弱点，猛烈攻击，迫其就范，做出妥协。而对己方的弱点，则要尽量注意回避。

当己方准备对某些条件作出让步时，可以要求对方在其他方面也应作出相应的让步。要争取把对方的让步作为自己让步的前提和条件。同时应分析对方让步与己方作出的让步是否均衡，在未分析研究对方可能作出的让步之前轻易表态让步是不可取的。

(5) 分配谈判角色，发挥专家的作用

谈判双方的谈判组都由众多人士组成。谈判中应充分利用个人不同的性格特征，各自扮演不同的角色，有积极进攻的角色，也有和颜悦色的角色，有软有硬，软硬兼施，这样可以事半功倍。同时注意谈判中充分发挥各领域专家作用，既可以在专业问题上获得技术支持，又可以利用专家的权威性给对方以心理压力，从而取得谈判的成功。

4. 施工合同谈判的主要内容

(1) 关于工程内容和范围的确认

工程范围包括施工、设备采购、安装和调试等。在签订合同时要做到范围清楚、责任明确。在谈判中双方达成一致的内容，包括在谈判讨论中经双方确认的工程内容和范围方面的修改或调整，应以文字方式确定下来，并以"合同补遗"或"会议纪要"方式作为合同附件，明确它是构成合同的一部分。

(2) 关于技术要求、技术规范和施工技术方案双方可以对技术要求、技术规范和施工技术方案等进行进一步讨论和确认,必要的情况下甚至可以变更技术要求和施工方案。

(3) 关于合同价格条款

依据计价方式的不同,建设工程施工合同可以分为总价合同、单价合同和成本加酬金合同。一般在招标文件中就会明确规定合同将采用什么计价方式,在合同谈判阶段往往没有讨论的余地。但在可能的情况下,中标人在谈判过程中仍然可以提出降低风险的改进方案。

(4) 关于价格调整条款

对于工期较长的建设工程,容易遭受货币贬值或通货膨胀等因素的影响,可能给承包人造成较大损失。价格调整条款可以比较公正地解决这一承包人无法控制的风险损失。无论是单价合同还是总价合同,都可以确定价格调整条款,即是否调整以及如何调整等。可以说,合同计价方式以及价格调整方式共同确定了工程承包合同的实际价格,直接影响着承包人的经济利益。在建设工程实践中,由于各种原因导致费用增加的几率远远大于费用减少的几率,有时最终的合同价格调整金额会很大,远远超过原定的合同总价,因此承包人在投标过程中,尤其是在合同谈判阶段务必对合同的价格调整条款予以充分的重视。

(5) 关于合同款支付方式的条款

建设工程施工合同的付款分四个阶段进行,即:预付款、工程进度款、最终付款和退还保留金。关于支付时间、支付方式、支付条件和支付审批程序等有很多种可能的选择,并且可能对承包人的成本、进度等产生比较大的影响,因此,合同支付方式的有关条款是谈判的重要方面。

(6) 关于工期和维修期

明确开工日期、竣工日期等。双方可根据各自的项目准备情况、季节和施工环境因素等条件洽商适当的开工时间。

双方应通过谈判明确,因变更设计造成工程量增加或修改原设计方案,或恶劣的气候影响,或其他由于发包方的原因以及"作为一个有经验的承包人无法预料的工程施工条件的变化"等原因对工期产生不利影响时的解决办法,通常在上述情况下应该给予承包人要求合理延长工期的权利。

合同文本中应当对维修工程的范围、维修责任及维修期的开始和结束时间有明确的规定,承包人应该只承担由于材料和施工方法及操作工艺等不符合合同规定而产生的缺陷。承包人应力争以维修保函来代替工程价款的保证金,业主扣留的保留金。维修保函对承包人有利,因为维修保函具有保函有效期的规定,可以保障承包方在维修期满时自行撤销其维修责任。维修期满后,承包人应及时从业主处撤回保函。

(7) 不可预见的自然条件和人为障碍问题

对于这个问题,必须在合同中明确界定。若招标文件中提供的气象、地质、水文资料与实际情况有出入,则应争取列出"遇非正常气象和水文情况时,由发包方提供额外补偿费用"的条款。

(8) 关于工程的变更

对于工程变更，应有一个合适的限额，超过限额，承包方有权修改单价。对于单项工程的大幅度变更，应在工程施工初期提出，并争取规定限期；超过限期且大幅度增加的单项工程，由发包方承担材料、工资价格上涨而引起的额外费用；大幅度减少的单项工程，发包方应承担因材料业已订货而造成的损失。

5. 谈判时应注意的问题

(1) 谈判态度

谈判时必须注意礼貌，态度要友好，行为举止讲究文明。当对方提出相反意见或不愿接受自己的意见时，认真倾听，并复述对方的建议或记笔记，表示尊重。然后用详实的数据、资料去说服对方。说话要有理有据，不卑不亢，尽量避免发生僵局。另外适当地运用语言艺术也可以缓解谈判的紧张气氛。

(2) 内部意见要统一

当谈判小组成员对某些事项或决定出现意见分歧时，不要在对手面前暴露出来，应在内部讨论解决，由谈判小组组长集中多数成员的意见决定有关事项。而组长对对方提出的各种要求，不应急于表态，特别是不要轻易承诺承担违约责任，而是在和大家讨论后，再作出决定。

(3) 注重实际

在双方初步接触，交换基本意见后，就应当对谈判目标和意图尽可能多商讨具体的办法和意见，可进行多轮技术谈判和商务谈判，具体数量由谈判小组根据具体情况确定。同时要掌握谈判的技巧和分寸，谈判的进程及节奏。

### 6.4.3 合同签订

经过合同谈判，双方对新形成的合同条款一致同意并形成合同草案后，即进入合同签订阶段。这是确立承发包双方权利义务关系的最后一步工作，一个符合法律规定的合同一经签订，即对合同当事人双方产生法律约束力。

订立工程合同前，要细心研究招标文件和合同条款，要结合项目特点和当事人自身情况，设想在履行中可能出现的问题，事先提出解决的应对和防范措施。合同条款用词要准确，发包人和承包人的义务、责任、权利要写清楚，切不要因准备不足或疏忽而使合同条款留下漏洞，给合同履行带来困难，使双方尤其是施工单位合法权益蒙受损失。

因此，无论发包人还是承包人，应当抓住这最后的机会，再认真审查分析合同草案，检查其合法性、完备性和公正性，争取改变合同草案中的某些内容，以最大限度地维护自己的合法权益。

1. 合同订立的概念

合同订立，是合同当事人依法就合同内容经过协商达成一致意见的法律行为。

2. 合同订立的基本原则

工程合同的签订直接关系到合同的履行和实现，关系到合同当事人各方的利益和信誉，因此必须采取严格认真的态度。为此，在签订工程合同时，必须遵循一定的基本原则：

(1) 平等自愿原则

根据《合同法》规定，签订工程合同的双方当事人的法律地位是平等的。

自愿是指是否订立合同、与谁订立合同、订立合同的内容及是否变更合同，都要由当事人依法自愿决定。

(2) 公平原则

签订工程合同，双方当事人的权利义务关系必须对等，即合同对各方规定的责任必须公平合理，要照顾到双方的利益，不论是哪一方，只要享有某种权利就应当承担相应的责任；反之，只要向对方承担了某种义务，同时也应为自己规定相应的权利，即权利义务必须对等。

(3) 诚实信用原则

当事人在订立、履行合同时，应当表里如一，正确、适当地行使合同规定的权利，全面履行合同义务；不做损害对方、国家、集体或第三人以及社会公共利益的事情；不采用欺诈、胁迫或乘人之危，要求订立违背对方意愿的合同。

(4) 合法原则

即工程合同当事人、合同的订立形式和程序、合同各项条款的内容、履行合同的方式、合同解除条件和程序等约定，必须符合国家法律、行政法规及社会公共利益。

3. 工程合同的订立形式

我国《合同法》第 10 条规定："当事人订立合同，有书面形式、口头形式和其他形式。法律、行政法规规定采用书面形式的，应当采用书面形式。当事人约定采用书面形式的，应当采用书面形式。"

根据合同自由原则，除法律另有规定外，当事人可以自由约定合同的形式。合同形式有以下几种：

(1) 口头形式

即当事人以口头语言的方式达成协议，订立合同的形式，包括当面对话、电话联系等形式。其优点是简便易行，缺点是发生合同纠纷时取证困难。因此，口头形式一般只用于即时清结的情况，如零售买卖等。

(2) 书面形式

即当事人以书面文字有形地表现合同内容的方式。合同书、信件、数据电文等可以记载当事人合同内容的书面文件都是合同书面形式的具体表现。其优点是发生合同纠纷时有据可查，同时由于当事人在将其意思通过文字表现出来时，往往会更加审慎，因此书面形式可以使合同内容更加详细、周密。

由于工程合同涉及面广、内容复杂、建设周期长、标的金额大，因此《合同法》规定建设工程合同应当采用书面形式。

(3) 其他形式

包括默示形式和视听形式等。

4. 工程合同的订立程序

《合同法》第 13 条规定:"当事人订立合同,采取要约、承诺方式。"

根据我国《合同法》、《招标投标法》及《房屋建筑和市政基础设施工程施工招标投标管理办法》的规定,工程合同的订立程序如下:

(1) 要约邀请

《合同法》第 15 条规定:"要约邀请是希望他人向自己发出要约的意思表示"。

"价目表的寄送、拍卖公告、招标公告、招股说明书、商业广告等为要约邀请。"在合同订立的过程中,要约邀请即发包人采取招标通知或公告的方式,向不特定人发出的,以吸引或邀请相对人发出要约为目的的意思表示。招标人通过媒体发布招标公告,或向符合条件的投标人发出招标文件,为要约邀请。

(2) 要约

要约是指一方当事人以缔结合同为目的,向对方当事人所作的意思表示。发出要约的人为要约人,接受要约的人为受要约人。要约是订立合同所必须经过的程序。《合同法》第 14 条规定:"要约是希望和他人订立合同的意思表示。""要约到达受要约人时生效。"

在合同订立的过程中,要约即投标,指投标人按照招标人提出的要求,在规定的期间内向招标人发出的,以订立合同为目的的,包括合同的主要条款的意思表示。投标人应当按照招标文件的要求编制投标文件,对招标文件提出的实质性要求和条件作出响应。投标人根据招标文件内容在约定的期限内向招标人提交投标文件,为要约。

(3) 承诺

承诺方式是指受要约人采用一定的形式将承诺的意思表示告诉要约人。《合同法》第 22 条规定:"承诺应当以通知的方式,但根据交易习惯或者要约表明可以通过行为作出承诺的除外。"因此承诺的方式可以有通知和行为两种。

在合同订立的过程中,承诺即中标通知,指由招标人通过评标后,在规定期间内发出的,表示愿意按照投标人所提出的条件与投标人订立合同的意思表示。招标人通过评标确定中标人,发出中标通知书,为承诺。

(4) 签约

根据《中华人民共和国招标投标法》第 46 条规定:"招标人和中标人应当自中标通知书发出之日起三十日内,按照招标文件和中标人的投标文件订立书面合同。招标人和中标人不得再行订立背离合同实质性内容的其他协议。"

第 59 条规定:"招标人与中标人不按照招标文件和中标人的投标文件订立合同的,或者招标人、中标人订立背离合同实质性内容的协议的,责令改正;可以处中标项目金额千分之五以上千分之十以下的罚款。"

根据《合同法》规定,在承诺生效后,即中标通知产生法律效力后,工程合同就已经成立。但是,由于工程建设的特殊性,招标人和中标人在此后还需要按照中标通知书、招标文件和中标人的投标文件等内容经过合同谈判,订立书面合同后,工程合同成立并生效。需注意的是,《招标投标法》及《房屋建筑和市政基础设施工程施工招标投标管理办法》的规定，书面合同的内容必须与中标通知书、招标文件和中标人的投标文件等内容基本一致，招标人和中标人不得再订立背离合同实质性内容的其他协议。

招标人和中标人按照中标通知书、招标文件和中标人的投标文件等订立书面合同时，合同成立并生效。

5. 建设项目合同签订步骤

招标人与中标人应当自发出中标通知书之日起 30 日内，依据中标通知书、招标、投标文件中的合同构成文件签订合同协议书。一般经过以下步骤：

(1) 中标人按招标文件要求向招标人提交履约保证金；

(2) 双方签订合同协议书，并按照法律、法规规定向有关行政监督部门备案、核准或登记；

(3) 招标人退还投标保证金，投标人退还招标文件约定的设计图纸等资料。

建设工程施工合同的订立往往要经历一个较长的过程。在明确中标人并发出中标通知书后，双方即可就建设工程施工合同的具体内容和有关条款展开谈判，直到最终签订合同。

## 实施 6.5　案例分析

以下是某施工合同的部分内容，根据所学的知识，回答问题：

【案例背景】

×××工程施工合同书（节选）

1. 协议书

(1) 工程概况

该工程位于某市的 x 路段，建筑面积 $3000m^2$，砌体结构住宅楼（其他概况略）。

(2) 承包范围

承包范围为该工程施工图所包括的土建工程。

(3) 合同工期

合同工期为 2008 年 2 月 21 日～2008 年 9 月 20 日，合同工期总日历天数为 223 天。

(4) 合同价款

本工程采用总价合同形式，合同总价为贰佰叁拾肆万元整人民币（￥234.00 万元）。

(5) 质量标准

本工程质量标准要求达到承包商最优的工程质量。

(6) 质量保修

施工单位在该项目的设计规定的使用年限内承担全部保修责任。

(7) 工程款支付

在工程基本竣工时，支付全部合同价款，为确保工程如期竣工，乙方不得因甲方资金的暂时不到位而停工和拖延工期。

2. 其他补充协议

(1) 乙方在施工前不允许将工程分包，只可以转包。

(2) 甲方不负责提供施工场地的工程地质和地下主要管网线路资料。

(3) 乙方应按项目经理批准的施工组织设计组织施工。

(4) 涉及质量标准的变更由乙方自行解决。

(5) 合同变更时，按有关程序确定变更工程价款。

【问题】

(1) 从节选的项目来看，该项工程施工合同协议书中有哪些不妥之处？

(2) 该项工程施工合同的其他补充协议中有哪些不妥之处？

(3) 该工程按工期定额来计算，其工期为 212 天，那么你认为该工程的合同工期应为多少天？

(4) 合同审查和谈判的主要工作内容包括哪些？

【分析】

(1) 该项工程施工合同协议书存在以下 6 处不妥之处：

1) 施工单位承包工程，应将工程的土建、装饰、水暖电等作为一个标包承包，不能将其分解。因此，协议中承包范围不妥，应为施工图所包括的土建、装饰、水暖电等全部工程。

2) 本工程采用总价合同形式不妥。因为该工程采用边设计边施工的方式进行，对工程总价估算难度大。所以最好采用单价合同。

3) 工程质量标准应以《建筑工程施工质量验收统一标准》中规定的质量标准为准。因此以达到承包商最优的工程质量为质量标准不妥。

4) 质量保修条款不妥。应按《建设工程质量管理条例》的有关规定进行。

5) 约定在工程基本竣工时支付全部合同价款不妥。"基本竣工"概念不明确，容易发生分歧，支付合同价款时间应在合同中明确指出。

6) 约定乙方不得因甲方资金的暂时不到位而停工和拖延工期不妥。应说明甲方资金不到位在什么期限内乙方不得停工和拖延工期。

(2) 补充协议有以下 3 处不妥之处：

1) 约定乙方在施工前不允许将工程分包，只可以转包，不妥。法律禁止转包，但可在法定条件下分包。

2) 约定甲方不负责提供施工场地的工程地质和地下主要管网线资料，不妥。如果不提供施工场地的工程地质和地下主要管网资料,将会严重影响施工单位正常施工,因此,甲方应负责提供工程地质和地下主要管网线的资料。

3)约定乙方应按项目经理批准的施工组织设计组织施工,不妥。乙方应按工程师(或业主代表)批准的施工组织设计组织施工。

(3)合同工期是建设方与施工方在施工合同中签订的工期,不因工期定额计算的工期的改变而改变,因此该工程的合同工期仍为223天。

## 实施6.6 能力训练

1. 基础训练

(1) 名词解释

总价合同 单价合同 投标保证金 履约保证金

(2) 单选题

1)我国《建设工程施工合同(示范文本)》由( )三部分组成。

A. 协议书、合同条款和工程图纸

B. 协议书、合同条款和专用条款

C. 合同条款、专用条款和工程图纸协议书、通用条款和专用条款

D. 协议书、通用条款和专用条款

2)施工合同文件正确的解释顺序是( )。

A. 施工合同协议书→施工合同专用条款→施工合同通用条款→工程量清单→工程报价单或预算书

B. 施工合同协议书→中标通知书→施工合同通用条款→施工合同专用条款→工程量清单

C. 施工合同协议书→中标通知书→施工合同专用条款→施工合同通用条款→工程量清单

D. 施工合同协议书→中标通知书→投标书及其附件→施工合同通用条款→施工合同专用条款

3)固定单价合同适用于( )的项目。

A. 工期长,工程量变化幅度很大

B. 工期长,工程量变化幅度不太大

C. 工期短,工程量变化幅度不太大

D. 工期短,工程量变化幅度很大

4) 实行工程量清单报价宜采用(　　)合同,承发包双方必须在合同专用条款内约定风险范围和风险费用的计算方法。

A. 固定单价　　　B. 固定总价　　　C. 成本加酬金　　　D. 可调价格

5) 对于施工合同约定由发包人提供的图纸,如果承包人要求增加图纸套数,则下列关于图纸的复制人和复制费用承担的说法中,正确的是(　　)。

A. 应由承包人自行复制,复制费用自行承担

B. 应由承包人自行复制,复制费用由发包人承担

C. 应由发包人复制,复制费用由发包人承担

D. 应由发包人复制,复制费用由承包人承担

6) 按照设计合同示范文本规定,当设计工作超过一半时,因发包人原因要求解除合同,发包人应(　　)。

A. 允许设计人没收定金

B. 将设计费的50%支付给设计人

C. 将全部设计费支付给设计人

D. 按实际完成的工作量支付设计费

7) 工程师对已经验收合格的隐蔽工程要求重新检验,如果检验结果不合格,则(　　)。

A. 承包人承担发生的全部费用,工期不予顺延

B. 发包人承担发生的全部费用,工期不予顺延

C. 承包人承担发生的全部费用,工期相应顺延

D. 发包人承担发生的全部费用,工期相应顺延

8) 承、发包双方对工程质量有争议的,(　　)。

A. 由双方同意的工程质量检测机构鉴定

B. 由工程师指定的工程质量检测机构鉴定

C. 由发包人指定的工程质量检测机构鉴定

D. 由承包人指定的工程质量检测机构鉴定

9) 发包人收到竣工验收报告后的一定期限内组织验收,并在验收后的一定期限内给予认可或提出修改意见。这两个期限(　　)。

A. 均为 28 天　　　　　　　　B. 分别为 28 天和 14 天

C. 均为 14 天　　　　　　　　D. 分别为 14 天和 28 天

10) 以下(　　)是发包人向承包人提供的担保。

A. 支付担保　　　B. 履约担保　　　C. 预付款担保　　　D. 维修担保

(3) 多选题

1) 根据《中华人民共和国合同法》,下列合同中属于委托合同的有(　　)。

A. 工程监理合同　　B. 设计合同　　C. 咨询合同　　D. 勘察合同

E. 施工承包合同

2) 成本加酬金合同的形式包括(　　)

A. 成本加固定百分比酬金合同  B. 成本加递增百分比酬金合同
C. 成本加递减百分比酬金合同  D. 成本加固定酬金合同
E. 最高限额成本加固定最大酬金

3) 承包人应在工程竣工验收前，与发包人签订工程质量保修书，其主要内容包括( )。
A. 保修范围   B. 保修内容   C. 保修期限   D. 保修担保
E. 保修程序

4) 在我国《建设工程施工合同（示范文本）》中，为使用者提供的标准化附件包括( )。
A. 承包人承包工程项目一览表   B. 发包人提供施工准备一览表
C. 发包人供应材料设备一览表   D. 工程竣工验收标准规定一览表
E. 房屋建筑工程质量保修书

5) 《担保法》规定的担保方式有( )。
A. 保函   B. 抵押   C. 保证   D. 留置
E. 定金

(4) 简答题
1) 建设工程施工合同示范文本的主要内容是什么？
2) 施工合同示范文本中，承包人有哪些义务？违约责任有哪些？
3) 合同谈判的准备工作有哪些？
4) 合同谈判的主要内容有哪些？
5) 合同谈判时对合同文件有哪些要求？
6) 签订施工合同有哪些基本原则？
7) 试述定金与预付款的区别。
8) 投标担保和履约担保的区别在哪里？

2. 实务训练
(1) 案例一

【案例背景】

某港口码头工程，在签订施工合同前，业主即委托一家监理公司协助业主完善和签订施工合同以及进行施工阶段的监理，监理工程师查看了业主（甲方）和施工单位（乙方）草拟的施工合同条件后，注意到有以下一些条款。

(1) 乙方按监理工程师批准的施工组织设计（或施工方案）组织施工，乙方不应承担因此引起的工期延误和费用增加的责任。

(2) 甲方向乙方提供施工场地的工程地质和地下主要管网线路资料，供乙方参考使用。

(3) 乙方不能将工程转包，但允许分包，也允许分包单位将分包的工程再次分包给其他施工单位。

(4) 监理工程师应当对乙方提交的施工组织设计进行审批或提出修改意见。

(5) 无论监理工程师是否参加隐蔽工程的验收，当其提出对已经隐蔽的工程重新检验的要求时，乙方应按要求进行剥露，并在检验合格后重新进行覆盖或者修复。检验如果合格，甲方承担由此发生的经济支出，赔偿乙方的损失并相应顺延工期。检验如果不合格，乙方则应承担发生的费用，工期应予顺延。

(6) 乙方按协议条款约定时间应向监理工程师提交实际完成工程量的报告。监理工程师接到报告7日内按乙方提供的实际完成的工程量报告核实工程量（计量），并在计量24小时前通知乙方。

【问题】

请逐条指出以上合同条款中的不妥之处，并提出改正措施。

(2) 案例二

【案例背景】

我市A服务公司因建办公楼与B建设工程总公司签订了建筑工程承包合同。其后，经A服务公司同意，B建设工程总公司分别与市C建筑设计院和市D建筑工程公司签订了建设工程勘察设计合同和建筑安装合同。建筑工程勘察设计合同约定由C建筑设计院对A服务公司的办公楼水房、化粪池、给水排水、空调及煤气外管线工程提供勘察、设计服务，做出工程设计书及相应施工图纸和资料。建筑安装合同约定由D建筑工程公司根据C建筑设计院提供的设计图纸进行施工，工程竣工时依据国家有关验收规定及设计图纸进行质量验收。合同签订后，C建筑设计院按时做出设计书并将相关图纸资料交付D建筑工程公司，D建筑公司依据设计图纸进行施工。工程竣工后，发包人会同有关质量监督部门对工程进行验收，发现工程存在严重质量问题，主要是由于设计不符合规范所致。原来C建筑设计院未对现场进行仔细勘察即自行进行设计导致设计不合理，给发包人带来了重大损失。由于设计人拒绝承担责任，B建设工程总公司又以自己不是设计人为由推卸责任，发包人遂以C建筑设计院为被告向法院起诉。法院受理后，追加B建设工程总公司为共同被告，让其与C建筑设计院一起对工程建设质量问题承担连带责任。

【问题】法院判决是否正确？说出你的理由。

工作任务 7

# 建筑工程施工合同的履约管理

**工作任务提要：**
　　本任务针对施工合同履约管理提出来的基本要求，对施工合同的履约管理即合同分析、合同交底、合同控制环节作了详细阐述。对施工合同变更的范围、内容、程序等作了说明，最后针对建设工程合同经常出现的争议，提出了解决的方法。

## 工 作 任 务 描 述

| 任务单元 | 工作任务7：建筑工程施工合同的履约管理 | | 参考学时 | 8 |
|---|---|---|---|---|
| 职业能力 | 担任项目管理岗位，能正确处理合同履约管理过程中的相关事务。 | | | |
| 学习目标 | 素质 | 培养实事求是、科学严谨的工作态度；培养诚实守信的职业道德；培养团队协作、勇于创新精神。 | | |
| | 知识 | 掌握：施工合同分析的概念、作用、方法；掌握施工合同实施控制的概念、作用、方法。<br>熟悉：施工合同变更的概念、种类、程序；施工合同的常见争议及解决方式；<br>了解：施工合同交底的概念、作用、方法。 | | |
| | 技能 | 具备对施工合同进行分析与控制的能力；初步具备对施工合同进行变更管理的能力；具备对施工合同进行争议管理的能力。 | | |
| 任务描述 | 给出某工程案例背景，组织同学们学习有关合同管理专业知识，针对合同执行过程中出现的相关问题，能提出正确合理的解决方案。 | | | |
| 教学方法 | 角色的扮演、项目驱动、启发引导、互动交流。 | | | |
| 组织实施 | 1. 资讯（明确任务、资料准备）<br>结合工程实际布置施工合同管理案例→施工合同管理专业知识学习。<br>2. 决策（分析并确定工作方案）<br>分组讨论，依据收集到的相关资料，确定施工合同管理的工作分工。<br>3. 实施（实施工作方案）<br>分析施工合同管理案例。<br>4. 检查<br>提交分析处理结果。<br>5. 评估<br>教师扮演发包人方专家，学生扮演承包单位管理人员，对施工合同管理中的具体内容进行答辩。 | | | |
| 教学手段 | 教学场所 | | 考核方式 | 其他 |
| 实物、多媒体 | 本班教室（外出参观施工单位项目部） | | 自评、互评、教师考评 | 介绍各方合同管理的重点 |

## 实施 7.1 施工合同履约管理的基本要求

### 7.1.1 施工合同履行的概念

施工合同的履行是指建设项目的发包方和承包方根据合同规定的时间、地点、方式、内容及标准等要求，各自完成合同义务的行为。合同的履行是合同当事人双方都应尽的义务。任何一方违反合同，不履行合同义务，或者未完全履行合同义务，给对方造成损失时，都应当承担赔偿责任。

对于发包方来说，履行合同最主要的义务是按约定支付合同价款，而对于承包方而言，最主要的是一系列义务的总和。

### 7.1.2 施工合同履行的基本要求

1. 实际履行原则

实际履行原则的含义是指当事人一定按合同约定履行义务，不能用违约金或赔偿金来代替合同的标的；任何一方违约时，也不能以支付违约金或赔偿损失的方式来代替合同的履行，守约一方要求继续履行的，应当继续履行。

2. 全面履行原则

《合同法》第60条第1款规定："当事人应当按照约定全面履行自己的义务"。全面履行原则，又称适当履行原则或正确履行原则。它要求当事人按合同约定的标的及其质量、数量，合同约定的履行期限、履行地点、适当的履行方式，全面完成合同义务的履行原则。

3. 协作履行原则

即合同当事人各方在履行合同过程中，应当互谅、互助，尽可能为对方履行合同义务提供相应的便利条件。

4. 诚实信用原则

《合同法》第60条第2款规定："当事人应当遵循诚实信用原则，根据合同的性质、目的和交易习惯履行通知、协助、保密等义务。"诚实信用原则是合同法的基本原则，对施工合同来说，业主应当按合同规定向承包方提供施工场地，及时支付工程款，聘请工程师进行公正的现场协调和监理；承包方应当认真计划、组织好施工，努力按质按量在规定时间内完成施工任务，并履行合同所规定的其他义务等。

5. 情事变更原则

情事变更原则是指在合同订立后，如果发生了订立合同时当事人不能预见并且不能克服的情况,改变了订立合同时的基础,使合同的履行失去意义或者履行合同将使当事人之间的利益发生重大失衡,应当允许受不利影响的当事人变更合同或者解除合同。情事变更原则实质上是按诚实信用原则履行合同的延伸,其目的在于消除合同因情事变更所产生的不公平后果。

## 实施 7.2　建筑工程施工合同的实施管理

### 7.2.1　施工合同分析

1. 施工合同分析的概念

合同分析是从合同执行的角度去分析、补充和解释合同的具体内容和要求,将合同目标和合同规定落实到合同实施的具体问题和具体时间上,用以指导具体工作,使合同能符合日常工程管理的需要。使工程按合同要求实施,为合同执行和控制确定依据。

从项目管理的角度来看,合同分析就是为合同控制确定依据。合同分析确定合同控制的目标,并结合项目进度控制、质量控制、成本控制的计划,为合同控制提供相应的合同工作、合同对策、合同措施。从此意义上讲,合同分析是承包商项目管理的起点。

合同履行阶段的合同分析不同于合同谈判阶段的合同审查与分析。合同谈判时的合同分析主要是对尚未生效的合同草案的合法性、完备性和公正性进行审查,其目的是针对审查发现的问题,争取通过合同谈判改变合同草案中于己不利的条款,以维护己方的合法权益。而合同履行阶段的合同分析主要是对已经生效的合同进行分析,其目的主要是明确合同目标,并进行合同结构分解,将合同落实到合同实施的具体问题上和具体事件上,用以指导具体工作,保证合同能够得到顺利履行。

2. 施工合同分析的作用

(1) 分析合同漏洞、解释争议内容

在合同起草和谈判过程中,双方都会力争完善。但是工程施工的实际情况千变万化,一份再标准的合同也不可能将所有问题都考虑在内,难免会有漏洞。在这种情况下,通过分析合同漏洞,并将分析的结果作为合同的履行依据。

在合同执行过程中,合同双方有时也会发生争议,往往是由于对合同条款的理解不一致,或者施工中出现合同未作出明确约定的情况造成的,要解决争执,双方必须就合同条文的理解达成一致。特别是在索赔中,合同分析为索赔提供了理由和根据。

(2) 分析合同风险，制定风险对策

不同的工程合同，其风险的来源和风险量的大小都不同，要根据合同进行分析，因此在合同实施前有必要作进一步的全面分析，以落实风险责任。对己方应承担的风险也有必要通过风险分析和评价，制定和落实风险回应措施。

(3) 分解合同工作并落实合同责任

在实际工程中，要将合同中的任务进行分解，将合同中与各部分任务相对应的具体要求明确，然后落实到具体的工程小组或部门、人员身上，以便于实施与检查。这就需要通过合同分析分解合同工作，落实合同责任。

3. 施工合同分析的要求

(1) 准确客观

合同分析的结果应准确、全面地反映合同内容。如果不能准确客观地分析合同，就不可能有效、全面地执行合同，从而导致合同实施产生更大失误。事实证明许多工程失误和合同争议都起源于不能准确地理解合同。

尤其对合同的风险分析，划分双方合同责任和权益，都必须实事求是，而不能以当事人的主观愿望解释合同，否则必然导致合同争执。

(2) 简明清晰

合同分析的结果必然采用使不同层次的管理人员、工作人员都能够接受的表达方式。使用简单易懂的工程语言，如图、表等形式，对不同层次的管理人员提供不同要求、不同内容的合同分析资料。

(3) 协调一致

合同分析实质上是双方对合同的详细解释。由于在合同分析时要落实各方面的责任，这容易引起争执。因此，双方在合同分析时应尽可能协调一致，分析的结果应能为对方认可，以减少合同争执。

(4) 全面完整

合同分析应全面，对全部的合同文件进行解释。对合同中的每一条款、每句话，甚至每个词都应认真推敲，细心琢磨，全面落实。

合同分析应完整，从整体上分析合同，特别当不同文件、不同合同条款之间规定不一致或有矛盾时，更应当全面整体地理解合同。

4. 施工合同分析的内容

合同分析是从合同执行的角度去分析、补充和解释合同的具体内容和要求，将合同目标和合同规定落实到合同实施的具体问题和具体时间上，用以指导具体工作，使合同能符合日常工程管理的需要，使工程按合同要求实施，为合同执行和控制确定依据。合同分析往往由企业的合同管理部门或项目中的合同管理人员负责。合同分析不同于招投标过程中对招标文件的分析，按其性质、对象和内容，合同分析可分为：合同总体分析、合同详细分析。

(1) 合同总体分析

合同总体分析的主要对象是合同协议书和合同条件。通过合同的总体分析，将合同条款和合同规定落实到一些带全局性的具体问题上。

合同总体分析的结果是工程施工总的指导性文件，应该用简单的形式表达出来，以便于进行合同交底。

合同总体分析的内容包括：

1) 合同的法律基础

2) 承包人的主要任务

① 承包人的总任务，即合同标的。承包人在设计、采购、制作、试验、运输、土建施工、安装、验收、试生产、缺陷责任期维修等方面的主要责任，施工现场的管理，给业主的管理人员提供生活和工作条件等责任。

在合同实施中，如果工程师指令的工程变更属于合同规定的工程范围，则承包人必须无条件执行；如果工程变更超过承包人应承担的风险范围，则可向业主提出工程变更的补偿要求。

② 关于工程变更的规定。在合同实施过程中，变更程序非常重要，通常要作工程变更工作流程图，并交付相关的职能人员。

工程变更的补偿范围，通常以合同金额一定的百分比表示。通常这个百分比越大，承包人的风险越大。

工程变更的索赔有效期由合同具体规定，一般为28天，也有14天的。一般这个时间越短，对承包人管理水平的要求越高，对承包人越不利。

3) 发包人的责任

这里主要分析发包人（业主）的合作责任。其责任通常有如下几方面。

① 业主雇用工程师并委托其在授权范围内履行业主的部分合同责任。

② 业主和工程师有责任对平行的各承包人和供应商之间的责任界限作出划分，对这方面的争执作出裁决，对他们的工作进行协调，并承担管理和协调失误造成的损失。

③ 及时作出承包人履行合同所必需的决策，如下达指令、履行各种批准手续、作出认可、答复请示、完成各种检查和验收手续等。

④ 提供施工条件，如及时提供设计资料、图纸、施工场地、道路等。

⑤ 按合同规定及时支付工程款，及时接收已完工程等。

4) 合同价格

对合同的价格，应重点分析以下几个方面：

① 合同所采用的计价方法及合同价格所包括的范围；

② 工程量计量程序，工程款结算（包括进度付款、竣工结算、最终结算）方法和程序；

③ 合同价格的调整，即费用索赔的条件、价格调整方法、计价依据、索赔有效期规定；

④ 拖欠工程款的合同责任。

5) 违约责任

如果合同一方未遵守合同规定，造成对方损失，应受到相应的合同处罚。通常分析：

① 承包人不能按合同规定工期完成工程的违约金或承担业主损失的条款；
② 由于管理上的疏忽造成对方人员和财产损失的赔偿条款；
③ 由于预谋或故意行为造成对方损失的处罚和赔偿条款等；
④ 由于承包人不履行或不能正确履行合同责任，或出现严重违约时的处理规定；
⑤ 由于业主不履行或不能正确履行合同责任，或出现严重违约时的处理规定，特别是对业主不及时支付工程款的处理规定。

6）验收、移交和保修

验收包括许多内容，如材料和机械设备的现场验收、隐蔽工程验收、单项工程验收、全部工程竣工验收等。

在合同分析中，应对重要的验收要求、时间、程序以及验收所带来的法律后果作说明。

竣工验收合格即办理移交。移交作为一个重要的合同事件，同时又是一个重要的法律概念。

7）索赔程序和争执的解决

这里要分析：

① 索赔的程序；
② 争议的解决方式和程序；
③ 仲裁条款，包括仲裁所依据的法律、仲裁地点、方式和程序、仲裁结果的约束力等。

(2) 合同详细分析

为了使工程有计划、有秩序、按合同实施，必须将承包合同目标、要求和合同双方的责权利关系分解落实到具体的工程活动上。这就是合同详细分析。

合同详细分析涉及承包商签约后的所有活动，其结果实质上是承包商的合同执行计划，它包括：

1）工程项目的结构分解，即工程活动的分解和工程活动逻辑关系的安排。
2）技术会审工作。
3）工程实施方案、总体计划和施工组织计划。在投标书中已包括这些内容，但在施工前，应进一步细化，作详细的安排。
4）工程详细的成本计划。
5）合同工作分析，不仅针对承包合同，而且包括与承包合同同级的各个合同的协调，包括各个分合同的工作安排和各分合同之间的协调。

5. 合同事件表

合同详细分析的结果是合同事件表。承包合同的实施由许多具体的工程活动和合同双方的其他经济活动构成。这些活动也都是为了实现合同目的，履行合同责任，也必须受合同的制约和控制。这些工程活动所确定的状态常常又被称为合同事件。

合同事件表是工程施工中最重要的文件之一，它从各个方面定义了该合同事件。它实质上是承包商详细的合同执行计划，有利于项目目标分解，落实各分包商、项目管理人员及各工程小组在合同责任，进行合同监督、跟踪、分析和处理索赔事项。

合同事件表（见表 7-1）具体说明如下：

合同事件表　　　　　　　　　　　　　　　　　表 7-1

| 子项目 | 事件编码 | 日期变更次数 |
|---|---|---|
| 事件名称和简要说明 | | |
| 事件内容说明 | | |
| 前提条件 | | |
| 本事件的主要活动 | | |
| 负责人（单位） | | |
| 费用：<br>计划：<br>实际： | 其他参加者 | 工期：<br>计划：<br>实际： |

(1) 事件编码

这是为了计算机数据处理的需要，对事件的各种数据处理都靠编码识别。所以编码要能反映事件的各种特性，如所属的项目、单项工程、单位工程、专业性质、空间位置等。通常它应与网络事件（或活动）的编码有一致性。

(2) 事件名称和简要说明

对一个确定的承包合同，承包商的工程范围、合同责任是一定的，则相关的合同事件和工程活动也是一定的，在一个工程中，这样的事件通常可能有几百甚至几千件。

(3) 变更次数和最近一次的变更日期

它记载着与本事件相关的工程变更。在接到变更指令后，应落实变更，修改相应栏目的内容。

最近一次的变更日期表示，从这一天以来的变更尚未考虑到。这样可以检查每个变更指令落实情况，既防止重复，又防止遗漏。

(4) 事件的内容说明

主要为该事件的目标，如某一分项工程的数量、质量、技术要求以及其他方面的要求。这由工程量清单、工程说明、图纸、规范等定义，是承包商应完成的任务。

(5) 前提条件

该事件进行前应有哪些准备工作？应具备什么样的条件？这些条件有的应由事件的责任人承担，有的应由其他工程小组、其他承包商或业主承担。这里不仅确定事件之间的逻辑关示，而且确定了各参加者之间的责任界限。

(6) 本事件的主要活动

即完成该事件的一些主要活动和它们的实施方法、技术与组织措施。

(7) 责任人

即负责该事件实施的工程小组负责人或分包商。

(8) 成本（或费用）

这里包括计划成本和实际成本。

(9) 计划和实际的工期

计划工期由网络分析得到。这里有计划开始期、结束期和持续时间。实际工期按实际情况，在该事件结束后填写。

### 7.2.2 合同交底

1. 合同交底概念

合同交底指合同管理人员在对合同的主要内容作出解释和说明的基础上，通过组织项目管理人员和各工程小组负责人学习合同条文和合同总体分析结果，使大家熟悉合同中的主要内容、各种规定、管理程序，了解承包商的合同责任和工程范围、各种行为的法律后果等，使大家树立全局观念，避免执行中的违约行为，同时使大家的工作协调一致。

2. 合同交底作用

合同交底的目的是将合同目标和合同责任具体落实到全体项目实施者，指导实施者以合同作为工作的行为准则，因此合同交底的作用是十分重要的。在我国传统的施工项目管理系统中，人们十分注重"图纸交底"工作，但对合同交底工作不太重视，所以项目组和各工程小组对项目的合同体系、合同基本内容不甚了解。

合同管理人员应在合同分析的基础上，按施工管理程序，在工程开工前，逐级进行合同交底，使得每一个项目参加者都能够清楚地掌握自身的合同责任，以及自己所涉及的应当由对方承担的合同责任。以保证在履行合同义务过程中自己不违约，同时，如发现对方违约，及时向合同管理人员汇报，以便及时要求对方履行合同义务及进行索赔。在交底的同时，应将各种合同事件的责任分解落实到各分包商或工程小组直至每一个项目参加者，以经济责任制形式规范各自的合同行为，以保证合同目标能够得到实现。

3. 合同交底内容

前面提到，合同交底的作用就是落实业主（含监理）和承包商的各项合同责任，因此合同交底涉及合同的所有内容，特别是关系到合同能否得到顺利实施的核心条款。合同交底一般包括以下内容：

(1) 工程概况及合同工作范围；

(2) 合同关系及合同涉及各方之间的权利、义务；

(3) 合同工期、质量、成本、控制总目标及阶段控制目标；

(4) 合同风险及防范措施，特别是承担风险的范围（或幅度）及超出风险范围（或幅度）的调整方法；

(5) 合同双方责任界限的划分及违约责任；

(6) 合同双方争议问题的处理方式、程序和要求。

4. 合同交底实施

合同交底通常可以分层次、分重点，按一定程序进行。具体包括：

（1）企业合同管理人员向项目负责人及项目合同管理人员进行合同交底。交底的内容包括合同背景、合同工作范围、合同目标、合同执行要点及特殊情况处理，并解答项目负责人及项目合同管理人员提出的问题，最后形成书面合同交底记录。

（2）项目负责人或由其委派的合同管理人员向项目职能部门负责人进行合同交底。交底的内容包括合同基本情况、合同执行计划、各职能部门的执行要点、合同风险、防范措施等，并解答各职能部门提出的问题，最后形成书面合同交底记录。

（3）各职能部门负责人向其所属执行人员进行合同交底。交底的内容包括合同基本情况、本部门（岗位）的合同责任及执行要点、合同风险防范措施等，并解答所属人员提出的问题，最后形成书面合同交底记录。

（4）各部门（岗位）将交底情况反馈给项目合同管理人员，由其对合同执行计划、合同管理程序、合同管理措施及风险防范措施进行进一步修改完善，最后形成合同管理文件，下发各执行人员，以指导其工程管理活动。具体见合同交底表。

### 7.2.3 施工合同控制

1. 合同控制概述

（1）合同控制概念

合同控制指承包商的合同管理组织为保证合同所约定的各项义务的全面完成及各项权利的实现，以合同分析的成果为基准，对整个合同实施过程进行全面监督、检查、对比和纠正的管理活动。

工程施工合同定义了承包商项目管理的三大目标，即进度目标、质量目标、成本目标。承包商最根本的合同责任是实现这三大目标。由于在工程施工中各种干扰的作用，常常使工程实施过程偏离总目标。为了顺利地实现既定的目标，整个项目需要实施控制，而合同控制是成本控制、质量控制、进度控制的保障。通过合同控制可以使质量控制、进度控制和成本控制协调一致，形成一个有序的项目管理过程。

（2）合同控制内容表

从表 7-2 可以看出，合同控制的目的是按合同的规定，全面完成承包商的义务，防止违约。合同控制的目标就是合同规定的各项义务。承包商在施工过程中必须按合同规定的成本、质量、进度等要求完成既定目标，履行合同规定的各项义务和享有合同规定的各项权利。这一切都必须通过合同控制来实施和保障。

此外，合同控制的范围不仅包括与业主之间的工程承包合同。分包合同、供应合同、担保合同等，而且包括总合同与各分合同、各分合同之间的协调控制。

可见，合同控制的内容较成本控制、质量控制、进度控制广得多。而且合同实施受到外界干扰，常常偏离目标，合同实施就必须随变化了的情况和目标不断调整。因此合同控制又是动态的。

工程实施控制的内容　　　　　　　　表 7-2

| 序号 | 控制内容 | 控制目的 | 控制目标 | 控制依据 |
|---|---|---|---|---|
| 1 | 成本控制 | 保证按计划成本完成工程,防止成本超支和费用增加 | 计划成本 | 各分项工程、分部工程、总工程计划成本,人力、材料、资金计划,计划成本曲线等 |
| 2 | 质量控制 | 保证按合同规定的质量完成工程,使工程顺利通过验收,交付使用,达到预定的功能 | 合同规定质量标准 | 工程说明、规范、图纸等 |
| 3 | 进度控制 | 按预定进度计划进行施工,按期交付工程,防止因工程拖延受到罚款 | 合同规定的工期 | 合同规定的总工期计划,业主批准的详细的施工进度计划、网络图、横道图等 |
| 4 | 合同控制 | 按合同规定全面完成承包商的义务,防止违约 | 合同规定各项义务 | 合同范围内的各种文件,合同分析资料 |

合同控制的内容包括合同监督、合同跟踪、合同诊断。

2. 合同监督

合同监督是工程管理的日常事务性工作,表现在对工程活动的监督上,即保证按照预先确定的各种计划、设计、施工方案实施工程。工程实际状况反映在原始的工程资料(数据)上,如质量检查报告、分项工程进度报告、记工单、用料单、成本核算凭证等。

合同监督的主要工作包括:

(1) 落实合同计划

合同管理人员与项目的其他职能人员一起落实合同实施计划,为各工程小组、分包商的工作提供必要的保证,并对各工程小组和分包商进行工作指导,作经常性的合同解释,使各工程小组又有全局观念,对工程中发现的问题提出意见和建议。

(2) 协调各方关系

在合同范围内协调业主、工程师、项目管理各职能人员、所属的各工程小组和分包商之间的工作关系,他们之间常常互相推卸一些合同中或合同事件表中未明确划定的工程活动的责任。这会引起争执,对此合同管理人员必须做调解工作,解决争执。

(3) 进行工程变更管理

合同管理工作一经进入施工现场后,合同的任何变更,都应由合同管理人员负责提出。具体内容在后面章节中详细叙述,这里不再赘述。

(4) 负责工程索赔管理

(5) 负责工程文档管理

对向分包商发出的任何指令,向业主发出的任何文字答复、请示,业主方发出的任何指令,都必须经合同管理人员审查,记录在案。还有工程实施中的许多文件,例如业主和工程师的指令、会谈纪要、备忘录、修正案、附加协议等也是合同的一部分，所以它们也应接受合同审查。

(6) 争议处理

承包商与业主、监理人、项目管理各职能人员、各工程小组及总（分）包商之间的任何争议的协商和解决都必须有合同管理人员的参与，由他们对解决结果进行合同和法律方面的审查、分析和评价。

3. 合同跟踪

在工程实施过程中，由于实际情况千变万化，导致合同实施与预定目标（计划和设计）的偏离。如果不采取措施，这种偏差常常由小到大，日积月累。这就需要对合同实施情况进行跟踪，以便及时发现偏差，不断调整合同实施，使之与总目标一致。

合同签订以后，合同中各项任务的执行要落实到具体的项目经理部或具体的项目参与人员身上。承包单位作为履行合同义务的主体，必须对合同执行者（项目经理部或项目参与人）的履行情况进行跟踪、监督和控制，确保合同义务的完全履行。

(1) 施工合同跟踪概念

将收集到的工程资料和实际数据进行整理，得到能够反映工程实施状况的各种信息，如各种实际进度报表，各种成本和费用收支报表等。将这些信息与工程目标（如合同文件、合同分析文件、计划、设计等）进行对比分析，就可以发现工程实施偏离目标的程度。如果没有差异，或差异较小，则可以按原计划继续实施工程。

施工合同跟踪有两个方面的含义。一是承包单位的合同管理职能部门对合同执行者（项目经理部或项目参与人）的履行情况进行的跟踪、监督和检查；二是合同执行者（项目经理部或项目参与人）本身对合同计划的执行情况进行的跟踪、检查与对比。在合同实施过程中二者缺一不可。

(2) 合同跟踪的依据

1) 合同以及依据合同而编制的各种计划文件：各种计划、方案、合同变更文件等合同文件、合同分析的资料、各种计划、设计。

2) 各种实际工程文件如原始记录、工程报表、验收报告等。

3) 管理人员对现场情况的直观了解，如现场巡视、交谈、会议、质量检查等。

(3) 合同跟踪的对象

合同实施情况追踪的对象主要有如下几个方面：

1) 承包的任务

① 工程施工的质量，包括材料、构件、制品和设备等的质量，以及施工或安装质量，是否符合合同要求等；

② 工程进度，是否在预定期限内施工，工期有无延长，延长的原因是什么等；

③ 工程数量，是否按合同要求完成全部施工任务，有无合同规定以外的施工任务等；

④ 成本的增加和减少。

2) 工程小组或分包人的工程和工作

可以将工程施工任务分解交由不同的工程小组或发包给专业分包完成，在实际工程中常常因为某一工程小组或分包商的工作质量不高或进度拖延而影响整个工程施工。合同管理人员必须对这些工程小组或分包人及其所负责的工程进行跟踪检查，协调关系，提出意见、建议或警告，保证工程总体质量和进度。

对专业分包人的工作和负责的工程，总承包商负有协调和管理的责任，并承担由此造成的损失，所以总承包商要严格控制分包商的工作，监督他们按分包合同完成工程，并随时注意将专业分包人的工作和负责的工程纳入总承包工程的计划和控制中，防止因分包人工程管理失误而影响全局。

3) 业主和其委托的工程师的工作

业主和工程师是承包商的主要工作伙伴，对他们的工作进行监督和跟踪十分重要。

①业主和工程师必须正确、及时地履行合同责任，及时提供各种工程实施条件，如及时发布图纸、提供场地、及时下达指令、作出答复、及时支付工程款等。

②业主和工程师是否及时给予了指令、答复和确认等。

通过合同实施情况追踪、收集、整理，能反映工程实施状况的各种工程资料和实际数据，并将这些信息与工程目标等进行对比分析，可以发现两者的差异。根据差异的大小确定工程实施偏离目标的程度。如果没有差异，或差异较小，则可以按原计划继续实施工程。

4. 合同诊断

(1) 合同实施情况偏差分析含义

合同实施情况偏差分析是指通过合同跟踪，可能会发现合同实施中存在着偏差，评价合同实施情况及其偏差，预测偏差的影响及发展的趋势，并分析偏差产生的原因，以便对该偏差采取调整措施，避免损失。

(2) 合同实施情况偏差分析的内容包括

1) 合同执行差异的原因分析

通过对合同执行实际情况与实施计划的对比分析，不仅可以发现合同实施的偏差，而且可以探索引起差异的原因。原因分析可以采用鱼刺图、因果关系分析图(表)、成本量差、价差、效率差分析等方法定性或定量地进行。

2) 合同差异责任分析

即这些原因由谁引起？该由谁承担责任？这常常是索赔的理由。一般只要原因分析详细有根有据，则责任分析自然清楚。责任分析必须以合同为依据，按合同规定落实双方的责任。

3) 合同实施趋向预测

分别考虑不采取调控措施和采取调控措施，以及采取不同的调控措施情况下合同的最终执行结果：

①最终的工程状况，包括总工期的延误、总成本的超支、质量标准、所能达到的生产能力（或功能要求）等。

②承包商将承担什么样的后果,如被罚款、被清算,甚至被起诉,对承包商资信、企业形象、经营战略的影响等。

③最终工程经济效益(利润)水平。

4)合同实施偏差处理

根据合同实施偏差分析的结果,承包商应该采取相应的调整措施,调整措施可以分为:

①组织措施,如增加人员投入,调整人员安排,调整工作流程和工作计划等;

②技术措施,如变更技术方案,采用新的高效率的施工方案等;

③经济措施,如增加投入,采取经济激励措施等;

④合同措施,如进行合同变更,签订附加协议,采取索赔手段等。

其中,合同措施是承包商的首选措施,该措施主要由承包商的合同管理机构来实施。

## 实施 7.3 建筑工程施工合同的变更管理

### 7.3.1 合同变更的概念

合同的变更是指在工程建设项目合同履行过程中,由于施工条件和发包人要求变化以及承包人的合理化建议、暂列金额、计日工、暂估价等原因,导致合同约定的工程材料性质和品种、结构形式、施工工艺和方法以及施工工期等的变动引起的合同调整。

工程变更是一种特殊的合同变更。工程变更一般是指在工程施工过程中,根据合同的约定对施工的程序、工程的数量、质量要求及标准等作出的变更。

合同变更主要是由于工程变更而引起的,合同变更的管理也主要是进行工程变更的管理。

### 7.3.2 合同变更的起因

合同内容频繁变更是工程合同的特点之一。一个工程,合同变更的次数、范围和影响的大小与该工程的招标文件(特别是合同条件)的完备性、技术设计的正确性,以及实施方案和实施计划的科学性直接相关。合同变更一般主要有以下几方面的原因:

1. 业主新的变更指令,对建筑的新要求。如业主有新的意图,业主修改项目总计划,削减预算等。

2. 由于设计人员、工程师、承包商事先没能很好地理解业主的意图,或设计的错误,导致的图纸修改。

3. 工程环境的变化,预定的工程条件不准确,要求实施方案或实施计划变更。

4. 由于产生新的技术和知识,有必要改变原设计、实施方案或实施计划,或由于业主指令及业主责任的原因造成承包商施工方案的改变。

5. 政府部门对工程新的要求,如国家计划变化、环境保护要求、城市规划变动等。

6. 由于合同实施出现问题,必须调整合同目标,或修改合同条款。

### 7.3.3 变更范围和内容

合同变更的范围很广,一般在合同签订后所有工程范围、进度、工程质量要求、合同条款内容、合同双方责权利关系的变化等都可以被看作为合同变更。最常见的变更有两种:

(1) 涉及合同条款的变更,合同条件和合同协议书所定义的双方责权利关系或一些重大问题的变更。这是狭义的合同变更,以前人们定义合同变更即为这一类。

(2) 工程变更,即工程的质量、数量、性质、功能、施工次序和实施方案的变化。

根据《标准施工招标文件》(2007) 中通用合同条款的规定,除专用合同条款另有约定外,在履行合同中发生以下情形之一,应按照本条规定进行变更。

1) 取消合同中任何一项工作,但被取消的工作不能转由发包人或其他人实施;
2) 改变合同中任何一项工作的质量或其他特性;
3) 改变合同工程的基线、标高、位置或尺寸;
4) 改变合同中任何一项工作的施工时间或改变已批准的施工工艺或顺序;
5) 为完成工程需要追加的额外工作。

根据《建设工程施工合同(示范文本)》GF-2013-0201,除专用合同条款另有约定外,合同履行过程中发生以下情形的,应按照以下约定进行变更:

1) 增加或减少合同中任何工作,或追加额外的工作;
2) 取消合同中任何工作,但转由他人实施的工作除外;
3) 改变合同中任何工作的质量标准或其他特性;
4) 改变工程的基线、标高、位置和尺寸;
5) 改变工程的时间安排或实施顺序。

### 7.3.4 合同变更的程序

根据九部委《标准施工招标文件》中通用合同条款的规定,变更指示只能由监理人发出。变更指示应说明变更的目的、范围、变更内容以及变更的工程量及其进度和技术要求,并附有关图纸和文件。在履行合同过程中,经发包人同意,监理人可按合同约定的变更程序向承包人作出变更指示，承包人收到变更指示后，应按变更指示进行变更工作。没有监理人的变更指示，承包人不得擅自变更。

1. 工程变更的提出

承包人、发包人、监理人都可以提出工程变更。

(1) 承包人提出工程变更

承包人收到监理人按合同约定发出的图纸和文件，经检查认为存在变更时，可向监理人提出书面变更建议。变更建议应阐明要求变更的依据，并附必要的图纸和说明。监理人收到承包人书面建议后，应与发包人共同研究，确认存在变更的，应在收到承包人书面建议后的14天内作出变更指示。经研究后不同意作为变更的，应由监理人书面答复承包人。

若承包人收到监理人的变更意向书后认为难以实施此项变更，应立即通知监理人，说明原因并附详细依据。监理人与承包人和发包人协商后确定撤销、改变或不改变原变更意向书。

(2) 发包人提出工程变更

发包人提出变更的，应通过监理人向承包人发出变更指示，变更指示应说明计划变更的工程范围和变更的内容。

(3) 工程师监理人提出工程变更建议

监理人提出变更建议的，需要向发包人以书面形式提出变更计划，说明计划变更工程范围和变更的内容、理由，以及实施该变更对合同价格和工期的影响。发包人同意变更的，由监理人向承包人发出变更指示。发包人不同意变更的，监理人无权擅自发出变更指示。

2. 变更估价原则

除专用合同条款另有约定外，变更估价按照本款约定处理：

(1) 已标价工程量清单或预算书有相同项目的，按照相同项目单价认定；

(2) 已标价工程量清单或预算书中无相同项目，但有类似项目的，参照类似项目的单价认定；

(3) 变更导致实际完成的变更工程量与已标价工程量清单或预算书中列明的该项目工程量的变化幅度超过15%的，或已标价工程量清单或预算书中无相同项目及类似项目单价的，按照合理的成本与利润构成的原则，由合同当事人按照相关商定确定变更工作的单价。

3. 变更估价程序

承包人应在收到变更指示后14天内，向监理人提交变更估价申请。监理人应在收到承包人提交的变更估价申请后7天内审查完毕并报送发包人，监理人对变更估价申请有异议，通知承包人修改后重新提交。发包人应在承包人提交变更估价申请后14天内审批完毕。发包人逾期未完成审批或未提出异议的，视为认可承包人提交的变更估价申请。

承包人提出合理化建议的，应向监理人提交合理化建议说明，说明建议的内容和理由,以及实施该建议对合同价格和工期的影响。合理化建议降低了合同价格或者提高了工程经济效益的,发包人可对承包人给予奖励,奖励的方法和金额在专用合同条款中约定。

## 实施 7.4 建筑工程合同的争议处理

### 7.4.1 施工合同的常见争议

工程合同争议,是指工程合同订立至完全履行前,合同当事人因对合同的条款理解产生歧义或因当事人违反合同的约定,没有履行义务或虽履行了义务但没有达到约定的标准等原因而产生的纠纷。产生工程合同纠纷的原因十分复杂,因此了解建设工程施工合同的主要纠纷类型,有助于建筑企业防范风险、减少纠纷数量,提高企业利润。

1. 施工合同主体纠纷

建设工程施工合同主体包括发包人和承包商。发包人应具有工程发包主体资质和支付工程价款能力;承包商应具有工程承包主体资格并被发包人接受。

造成施工合同主体纠纷原因有以下几个:

(1) 承包商资质不够导致纠纷

承包商应具备一定的资质条件,资质不够的承包商签订的建设工程施工合同是无效合同。发包方应加强对承包商资质的审查,避免与不具备相应资质的承包商订立合同。

(2) 因无权代理与表见代理引发纠纷

施工合同各方应当加强对授权委托书的管理,避免无权代理和表见代理的产生,避免与无权代理人签订合同。

(3) 因联合体承包导致纠纷

联合体各方应当具备一定的条件,联合体以一个投标人的身份参加投标,中标后各方就中标项目向发包人承担连带责任。

(4) 因挂靠问题产生纠纷。

挂靠方式签订的合同违反法律强制性规定,属无效合同。挂靠企业要承担法律责任。

2. 施工合同工程款纠纷

(1) 合同本身存在缺陷

主要表现在：承发包双方之间没有订立书面的施工合同，仅有口头合同；或者订立了书面合同，但内容过于简单；或合同的各个条款之间、不同的协议之间、图纸与施工技术规范之间出现矛盾；合同总价与分项工程单价之和不符，合同缺项等。

(2) 工程进度款支付、竣工结算及审价争议

施工合同中虽然已列出了工程量，约定了合同价款，但实际施工中由于设计变更、工程师签发的变更指令、现场条件变化，以及计量方法等会引起工程量变化，从而导致进度款支付价款发生变更。承包人通常会在工程进度款报表中列出实际已完的工作而未获得付款的金额，希望得到额外付款，而发包人在按进度支付工程款时往往会扣除那些他们未予确认的工程量或存在质量问题的已完工程的应付款项。这样承包人由于未得到足够的应付工程款而放慢工程进度，发包人则会认为在工程进度拖延的情况下更不能多支付给承包人任何款项，这种争议比较多。

另外，发包人利用其优势地位，要求承包人垫资施工、不支付预付款、尽量拖延支付进度款、拖延工程结算及工程审价进程，致使承包人的权益得不到保障，最终引起争议。

(3) 工程价款纠纷

由于建设资金或其他问题，建项项目无法继续施工，从而造成建设项目的停建、缓建，建筑企业的工程款长期被拖欠，对企业本身造成损失，引起争议。

还有一种情况就是工程的发包人并非工程真正的建设单位，发包人通常不具备工程价款的支付能力。这时承包人应向真正工程权利人主张权利，以保证合法权利不受侵害。

3. 施工合同质量争议

造成建设工程质量问题的原因可以分为：

(1) 承包人原因造成的质量问题

1) 未按设计图纸、施工技术规范、经发包方审定的施工组织方案施工。

2) 使用未经检验的或检验不合格的材料、构配件、设备，不符合设计要求、技术标准和合同约定。

3) 施工单位对于在质量保修期内出现的质量缺陷不履行质量保修责任。特别是发包人要求承包人修复工程缺陷而承包人拖延修复，或发包人未经通知承包人就自行委托第三人对工程缺陷进行修复。

4) 分包人的原因。

由于承包人原因造成的工程质量不符合约定，承包人首先应当承担修复义务，具体体现为修理、返工或者改建，以达到约定的质量要求和标准。

(2) 发包人原因造成的质量问题

1) 提供的设计有缺陷，或在设计或施工中提出违反法律、行政法规和建筑工程质量、安全标准的要求；

2) 建设单位提供的建筑材料、建筑构配件和设备不符合标准，或给施工单位指定厂家，明示、暗示使用不合格的材料、构配件和设备；

3) 直接指定分包人分包专业工程或将工程发包给没有资质的单位或者将工程任意肢解进行发包。

(3) 其他原因造成的工程质量问题

主要是不可抗力等原因造成的质量问题。承发包双方均不承担民事责任，而是按照风险分担原则来承担损失。

4. 施工合同工期争议

工期延误往往是由于错综复杂的原因造成的，要分清各方的责任十分困难。通常的情况是：发包人要求承包人承担工程竣工逾期的违约责任，而承包人则提出因诸多发包人的原因及不可抗力等工期应相应顺延，有时承包人还就工期的延长要求发包人承担停工窝工的费用。

工期纠纷通常涉及违约金的计算、工程款计算等问题，而工期纠纷的核心问题是如何确定实际工期？实际工期是指实际开工日期至实际竣工日期的日历天数。因此，确定了实际开工日期、实际竣工日期就可以计算出实际工期，进而解决因工期纠纷而引起的各个问题。

5. 施工合同变更和解除争议

(1) 合同的变更引起的争议

1) 合同的变更，除了法定情形外，应通过当事人的合议来实现。通常情况下，工程量的增减，均有建设单位或施工方的工程变更单，经双方确认后施工。

2) 单方发出变更单或者变更指令的，必须由有相应权限的人签发。

3) 没有发包人的变更令，承包人不能自行增减工程量或变更工程。承包人完成的工作，如既无合同约定，又无发包人的指令，承包人应自行承担其中的风险和费用。

(2) 合同的解除引起的争议

合同解除一般都会给某一方或者双方造成严重的损害。如何合理处置合同终止后双方的权利和义务，往往是这类争议的焦点。合同终止可能有以下几种情况：

1) 承包人责任引起的终止合同。例如，发包人认为并证明承包人不履约，承包人严重拖延工程并证明已无能力改变局面，承包人破产或严重负债而无力偿还致使工程停滞等。

2) 发包人责任引起的终止合同。例如，发包人不履约、严重拖延应付工程款并被证明已无力支付欠款，发包人破产或无力清偿债务，发包人严重干扰或阻碍承包人的工作等。

3) 由于不可抗力导致合同终止。合同中如果没有明确规定这类终止合同的后果处理办法，双方应通过协商处理，若达不成一致则按争议处理方式申请仲裁或诉讼。

4) 任何一方由于自身需要而终止合同。例如，在发包人因自身原因要求终止合同时，可能会承诺给承包人补偿的范围只限于其实际损失，而承包人可能要求还应补偿其失去承包其他工程机会而遭受的损失和预期利润。这就导致在补偿范围和金额方面发生争议。

### 7.4.2 合同争议的解决方式

《合同法》第129条规定：当事人可以通过和解或者调解解决合同争议。当事人不愿和解、调解或者和解、调解不成的,可以根据仲裁协议向仲裁机构申请仲裁。当事人没有订立仲裁协议或者仲裁协议无效的,可以向人民法院起诉。当事人应当履行发生法律效力的判决、仲裁裁决、调解书;拒不履行的,对方可以请求人民法院执行。

在我国,合同争议解决的方式主要有和解、调解、仲裁、诉讼和争议评审五种。

1. 和解

(1) 和解的概念和原则

和解是指在合同发生争议后,合同当事人在自愿互谅基础上,依照法律、法规的规定和合同的约定,自行协商解决合同争议。自行和解达成协议的经双方签字并盖章后作为合同补充文件,双方均应遵照执行。

和解是解决合同争议最常见的一种最简便、最有效、最经济的方法。

和解应遵循合法、自愿平等。互谅互让原则。

(2) 和解的优点

1) 简便易行,能经济、及时地解决纠纷;

2) 有利于维护合同双方的友好合作关系,使合同能更好地得到履行;

3) 有利于和解协议的执行。

2. 调解

(1) 调解的概念及原则

调解,是指合同当事人对合同所约定的权利、义务发生争议,不能达成和解协议的,合同当事人可以就争议请求建设行政主管部门、行业协会或其他第三方进行调解,调解达成协议的,经双方签字并盖章后作为合同补充文件,双方均应遵照执行。

调解一般应遵循自愿、合法、公平的原则。

(2) 调解的优点

合同纠纷的调解往往是当事人经过和解仍不能解决纠纷后采取的方式,因此与和解相比,它面临的纠纷要大一些。与诉讼、仲裁相比,仍具有与和解相似的优点:它能够较经济、较及时地解决纠纷;有利于消除合同当事人的对立情绪,维护双方的长期合作关系。

3. 仲裁

(1) 仲裁的概念和原则

仲裁是指由合同双方当事人自愿达成仲裁协议、选定仲裁机构对合同争议依法作出有法律效力的裁决的解决合同争议的方法。如果当事人之间有仲裁协议,争议发生后又无法通过和解和调解解决,则应及时将争议提交仲裁机构仲裁。

仲裁应该遵循独立、自愿、先行调解、一裁终局的原则。

(2) 仲裁的特点

1) 仲裁具有灵活性

仲裁的灵活性表现在合同争议双方有许多选择的自由,只要是双方事先达成协议的,基本上都能得到仲裁庭的尊重。比如:选择适用的法律、仲裁机构、仲裁规则、仲裁地点和选择仲裁员等。

2) 仲裁程序的保密性

仲裁程序一般都是保密的,除非双方当事人一致同意,仲裁案件的审理并不公开进行,除涉及国家秘密的以外,当事人协议仲裁公开进行的,则可以公开进行。

3) 仲裁效率较高和费用较低

和司法程序相比较,仲裁效率要高一些。民事案件诉讼采用多审制,时间花费较长,而且受到法律程序的限制。而仲裁则是一审终局,立案到最终裁决的持续时间要短得多,仲裁员的专业知识有助于加快审理和裁决进程。

此外,仲裁所花费用也会比诉讼相对要低些。

4. 诉讼

(1) 诉讼的概念

诉讼是指合同当事人按照民事诉讼程序向法院对一定的人提出权益主张并要求法院予以解决和保护的请求。合同双方当事人如果向约定的仲裁委员会申请仲裁,就可以通过向有管辖权的人民法院起诉来解决争议。

(2) 诉讼具有以下特点

1) 任何一方当事人都有权起诉,而无须征得对方当事人的同意。

2) 当事人向法院提起诉讼,适用民事诉讼程序解决。诉讼应当遵循地域管辖、级别管辖和专属管辖的原则。在不违反级别管辖和专属管辖原则的前提下,可以依法选择管辖法院。

3) 法院审理合同争议案件,实行二审终审制度。当事人对法院作出的一审判决、裁定不服的,有权上诉。对生效判决、裁定不服的,可向人民法院申请再审。

5. 争议评审

合同当事人在专用合同条款中约定采取争议评审方式解决争议以及评审规则,并按下列约定执行:

(1) 争议评审小组的确定

合同当事人可以共同选择一名或三名争议评审员,组成争议评审小组。除专用合同条款另有约定外,合同当事人应当自合同签订后28天内,或者争议发生后14天内,选定争议评审员。

选择一名争议评审员的,由合同当事人共同确定;选择三名争议评审员的,各自选定一名,第三名成员为首席争议评审员,由合同当事人共同确定或由合同当事人委托已选定的争议评审员共同确定,或由专用合同条款约定的评审机构指定第三名首席争议评审员。

除专用合同条款另有约定外,评审员报酬由发包人和承包人各承担一半。

(2) 争议评审小组的决定

合同当事人可在任何时间将与合同有关的任何争议共同提请争议评审小组进行评审。争议评审小组应秉持客观、公正原则,充分听取合同当事人的意见,依据相关法律、规范、标准、案例经验及商业惯例等,自收到争议评审申请报告后14天内作出书面决定,并说明理由。合同当事人可以在专用合同条款中对本项事项另行约定。

(3) 争议评审小组决定的效力

争议评审小组作出的书面决定经合同当事人签字确认后,对双方具有约束力,双方应遵照执行。

任何一方当事人不接受争议评审小组决定或不履行争议评审小组决定的,双方可选择采用其他争议解决方式。

### 7.4.3 工程合同的争议管理

对工程合同进行争议管理主要可以采取以下措施:

1. 争取和解或调解

由于工程合同争议情况复杂,专业问题多,而且许多争议法律没有明确规定,施工企业又必须设法解决。因此,处理争议时要深入研究案情和对策,要有理有利有节,能采取和解、调解的,尽量不要采取诉讼或仲裁方式。因为通常情况下,工程合同争议案件经法院几个月的审理,最终还是采取调解方式结案。

2. 重视诉讼、仲裁时效

所谓时效制度,是指一定的事实状态经过一定的期间之后即发生一定的法律后果的制度。

所谓诉讼或仲裁时效,是指权利人请求法院或者仲裁机构保护其合法权益的有效期限。合同当事人在法定提起诉讼或仲裁申请的期限内依法提起诉讼或申请仲裁的,则法院或者仲裁机构对权利人的请求予以保护。

通过仲裁、诉讼的方式解决工程合同争议的,应当特别注意有关仲裁时效与诉讼时效的法律规定,在法定时效内主张权利。在时效期限满后,权利人的请求权就得不到保护,债务人可依法免于履行债务。换言之,若权利人在时效期间届满后才主张权利的,即丧失了胜诉权,其权利不受保护。

《仲裁法》第74条规定,法律对仲裁时效有规定的,适用该规定,法律对仲裁时效没有规定的,适用诉讼时效的规定。《民法通则》第5条规定,向人民法院请求保护民事权利的诉讼时效期间为2年,法律另有规定的除外。

3. 收集全面、充分的证据

证据是指能够证明案件真实情况的事实。《民事诉讼法》第63条将证据规定为书证、物证、视听资料、证人证言、当事人的陈述、鉴定结论、勘验笔录7种。

合同当事人的主张能否成立,取决于其举证的质量。可见,收集证据是一项十分重要的准备工作,收集证据应当注意:

(1) 收集证据的程序和方式必须符合法律规定。

(2) 收集证据必须客观、全面、深入、及时。

收集证据必须尊重客观事实,不能弄虚作假;全面收集证据就是要收集能够收集到的、能够证明案件真实情况的全部证据;只有深入、细致地收集证据,才能把握案件的真实情况,对于某些可能由于外部环境或条件的变化而灭失的证据,要及时予以收集,否则就有可能功亏一篑,后悔莫及。

4. 做好财产保全

为了有效防止债务人转移、隐匿财产,顺利实现债权,应当在起诉或申请仲裁成立之前向人民法院申请财产保全。对合同的当事人而言,提起诉讼的目的,大多数情况下是为了实现金钱债权,因此,必须在申请仲裁或者提起诉讼前调查债务人的财产状况,为申请财产保全做好充分准备。当全面了解保全财产的情况后,即可申请仲裁或提起诉讼。

5. 聘请专业律师

合同当事人遇到案情复杂、难以准确判断的争议时,应当尽早聘请专业律师和专业律师事务所。专业律师熟悉、擅长工程合同争议解决。很多事实证明,工程合同争议的解决不仅取决于行业情况的熟悉,很大程度上取决于诉讼技巧和正确的策略,而这些都是专业律师的专长。

工程实践证明:工程合同的争议呈现逐步上升并愈演愈烈趋势,这是建筑市场不规范,各种主客观原因综合形成的,不以人的意志为转移。因此,合同双方都应该高度重视、密切关注并研究解决争议的对策,从而促使合同争议尽快合理地解决。应该强调,合同各方应该争取尽量在最早的时间、最低的层次,尽最大可能以友好协商的方式解决索赔问题,不要轻易提交仲裁。因为对工程争议的仲裁往往是非常复杂的,要花费大量的人力、物力、财力和精力,对工程建设也会带来不利,有时甚至是严重的影响。

## 实施 7.5 案例分析

**【案例背景】**

某厂房建设场地原为农田。按设计要求,厂房在建造时,厂房地坪范围内的耕植土应清除,基础必须埋在老土层下 2.00m 处。为此,业主在"三通一平"阶段就委托土方施工公司清除了耕植土并用好土回填压实至一定设计标高,故在施工招标文件中指出,施工单位无需再考虑清除耕植土问题。某施工单位通过招投标方式获得了该项施工任务,并与建设单位签订了固定价格合同。然而,施工单位在开挖基坑时发现,相当一部分基础开挖深度虽已达到设计标高,但仍未见老土,且在基坑和场地范围内仍有一部分深层的耕植土和池塘淤泥等必须清除。

【问题】

(1) 在工程中遇到地基条件与原设计所依据的地质资料不符时，承包商应怎么办？

(2) 对于工程施工中出现变更工程价款和工期的事件后，甲、乙双方需要注意哪些时效性问题？

(3) 根据修改的设计图纸，基坑开挖要加深加大，造成土方工程量增加，施工工效降低。在施工中又发现了较有价值的文物，造成承包商部分施工人员和机械窝工，同时承包商为保护文物付出了一定的措施费。请问承包商应如何处理此事

【分析】

因地基变化引起的设计修改属于工程变更的一种。该案例主要考核遇到工程地质条件变化时的工作程序和《建设工程施工合同（示范文本）》对工程变更的有关规定，特别要注意有关时效性的规定，在工程施工中发现出土文物时承包商应该如何处理。

【参考答案】

(1) 在工程中遇到地基条件与原设计所依据的地质资料不符时，承包商应根据《建设工程施工合同（示范文本）》对工程变更的有关规定，及时通知甲方，要求对工程地质重新勘察并对原设计进行变更。

(2) 在出现工程变更价款和工期事件后，主要应注意：

1) 乙方提出变更工程价款和工期的时间。

2) 甲方答复的时间。

3) 双方对变更工程价款和工期不能达成一致意见时的解决方式和时间。

(3) 承包方应该：

1) 在接到设计变更图纸后的 14 天内，向甲方提出变更工程价款和工期顺延的报告，甲方应当在收到书面报告后的 14 天内予以答复，若同意该报告则调整合同；若不同意，应进一步就变更工程价款协商，协商一致后，修改合同。如果协商不一致，按工程承包合同争议的处理方式解决。

2) 发现出土文物后，首先应该在 4 小时内以书面形式通知甲方，同时采取妥善的保护措施；其次向甲方提出措施费用补偿和顺延工期的要求，并提供相应的计算书及其证据。

本单元所给的案例是，在施工过程中承包方因工程地质条件变化向监理工程师和业主提出的改变原施工措施方案。发生这种情况时，承包人可采取下列办法。

第一步，根据《建设工程施工合同（示范文本）》的规定，在工程中遇到地基条件与原设计所依据的土质资料不符时，承包人应及时通知业主（以工作联系单的方式以及报告的形式通知），要求对原设计进行变更。

第二步，在《建设工程施工合同（示范文本）》规定的时限内，向发包人提出设计变更价款和工期顺延的要求。发包人如确认则调整合同；如不同意，应由发包人在合同规定的时限内，通知承包人就变更价格协商，协商一致后修改合同。若协商不一

致，按工程承包合同纠纷处理方式解决。

工作联系单

工程名称：××市××中路地段会所工程　　　　　　　　编号一01

| 施工单位 | ××建筑工程有限公司 | 建设单位 | ××市城市建设发展总公司 |
|---|---|---|---|
| 监理单位 | ××监理公司 | 日期 | 年 月 日 |

致：××市城市建设发展总公司

　　××监理公司

本工程的基坑土方开挖后，根据施工现场实际情况，相当一部分基础开挖深度虽已达到设计标高但未见原土层，且在基础和场地范围内仍有一部分深层的垃圾土必须清除。望业主、监理给予批复。

施工单位（章）：××建筑工程有限公司

××中路地段会所工程项目部

项目负责人：

日　　期：　　　年　月　日

建设单位批复

建设单位（章）

项目负责人：

日　　期：　　　年　月　日

报　　告

××市城市建设发展总公司：

由我××建筑工程有限公司项目部负责施工的××中路地段会所工程，根据施工现场实际情况，本工程的基坑土方开挖后，相当一部分基础开挖深度虽已达到设计标高但未见原土层，且在基础和场地范围内仍有一部分深层的垃圾土必须清除。因此项变更项目须增加的费用和工期，特此申请此项工程费用和工期的补偿，我方已将工程预算书报送给业主。恳请业主尽快给予批复！

后附：预算书一份。

××建筑工程有限公司

××中路地段会所工程项目部

　　年　月　日

## 实施 7.6　能力训练

1. 基础训练

（1）名词解释

合同履行　合同分析　合同交底　合同控制

（2）单选题

1）依据《中华人民共和国合同法》的规定，当合同履行方式不明确，按照（　　）的方式履行。

　　A. 法律规定　　　　　　　　　　B. 有利于实现债权人的目的
　　C. 有利于实现债务人的目的　　　D. 有利于实现合同目的

2）施工合同在履行过程中，因工程所在地发生洪灾所造成的损失中，应由承包人承担的是（　　）。

　　A. 工程本身的损害　　　　　　　B. 因工程损害导致的第三方财产损失
　　C. 承包人的施工机械损坏　　　　D. 工程所需清理费用

3）下列说法错误的是（　　）

　　A. 施工中发包人如果需要对原工程进行设计变更，应不迟于变更前14天以书面形式通知承包人
　　B. 承包人对于发包人的变更要求，有拒绝执行的权利
　　C. 承包人未经工程师同意不得擅自更改、换用图纸，否则承包人承担由此发生的费用，赔偿发包人的损失，延误的工期不予顺延
　　D. 增减合同中约定的工程量不属于工程变更
　　E. 更改有关部分的标高、基线、位置和尺寸属于工程变更

4）承包人具有（　　）情形之一，发包人请求解除合同，法院应予支持。

　　A. 将承包的建设工程非法转包的
　　B. 将承包的建设工程违法分包的
　　C. 已经完成的建设工程质量不合格并拒绝修复的
　　D. 超越资质等级承包的
　　E. 双方约定的其他因素

5）在施工合同履行中，如果工程师口头指令，最后没有以书面形式确认，但承包人有证据证明工程师确实发布过口头指令，此时，可以认定口头指令的效力（　　）。

　　A. 构成合同的组成部分　　　　　B. 不能构成合同的组成部分

C. 成为承包人索赔的证据　　　　D. 无效

6）根据《建筑工程施工合同（示范文本）》的规定，一周内非承包人原因停水、停电、停气造成停工累计超过（　　）时，可由工程师审定后对合同价款进行调整。

A. 47 小时　　　　B. 7 小时　　　　C. 24 小时　　　　D. 17 小时

7）《建设工程施工合同（示范文本）》规定，因不可抗力事件导致的费用，应由承包人承担的有（　　）。

A. 第三方人员伤亡费用　　　　　　B. 承包人机械设备损坏费用

C. 工程所需清理、修复费用　　　　D. 承包人应工程师要求留在施工现场的管理人员费用

8）某施工合同在履行过程中，承包人提出使用专利技术，工程师同意，则下列各个申报手续和费用承担的表述，正确的是（　　）。

A. 发包人办理申报手续并承担费用

B. 发包人办理申报手续，承包人承担费用

C. 承包人办理申报手续，发包人承担费用

D. 承包人办理申报手续并承担费用

9）在合同分析中，应明确工程变更的补偿范围，工程变更补偿范围通常以合同金额一定的百分比表示，百分比越大，则（　　）。

A. 合同金额越高　　　　　　　　　B. 承包商利润越高

C. 承包商风险越大　　　　　　　　D. 对承包商补偿越多

10）在下列情况下，承包人工期不予顺延的是（　　）

A. 发包人未按时提供施工条件

B. 设计变更造成工期延长，但此项有时差可利用

C. 一周内非承包人原因停水、停电、停气造成停工累计超过 8h

D. 不可抗力事件

(3) 多选题

1）依据 FIDIC《土木工程施工分包合同条件》，下列有关分包合同履行管理的说法中，正确的有（　　）。

A. 工程师负责分包商施工的协调管理

B. 业主不参与分包合同履行的管理

C. 承包商有权根据工程实际进展情况不经工程师同意自行发布变更指令

D. 承包商对分包商报送的支付报表审核后支付，工程师不参与审核工作

E. 当分包商的合法权益受到损害时，有权向对其造成损害方提出索赔

2）在实施建设工程合同前，对合同价格的分析内容包括（　　）

A. 合同所采用的计价方法　　　　　B. 工程计量程序

C. 合同价格的调整　　　　　　　　D. 拖欠工程款的合同责任

E. 定额的编制方法

3）根据我国施工合同示范文本的规定，设计变更包括（　　）。

  A. 更改工程有关部分的标高  B. 增减合同中约定的工程量
  C. 改变有关工程的施工时间  D. 改变有关工程的施工顺序
  E. 改变有关工程的质量标准
 4) 在劳务分包合同履行过程中，属于承包人主要义务的有（　　）。
  A. 向劳务分包人提供相应的工程数据  B. 负责编制施工组织设计
  C. 负责协调施工现场的工作关系  D. 严格执行发包人和工程师的指令
  E. 严格按设计图纸组织施工
 5) 在我国，合同争议解决的方式主要有（　　）。
  A. 和解  B. 调解  C. 仲裁  D. 诉讼  E. 争议评审

(4) 简答题
 1) 合同履行有哪些内容？
 2) 合同履行的原则有哪些？
 3) 什么是工程变更？工程产生变更的原因是什么？变更有几类？
 4) 常见的合同纠纷有哪些？产生原因分别是什么？
 5) 针对不同的合同纠纷，在合同履行过程中应采取哪些控制措施？

## 2. 实务训练

(1) 案例一

**【案例背景】**

××建筑公司在与发包人签订了学校体育馆项目的施工承包合同后，就要进入建设工程施工合同履行及项目的施工建造阶段，××建筑公司针对学校体育馆项目进行相关人员培训，在培训中，项目部人员提出来以下问题。

**【问题】**

 1) 合同管理人员在建设工程施工合同履行前要做哪些准备工作？
 2) 如何在合同履行过程中保护自身的合法利益？
 3) 在工程中遇到地基条件与原设计所依据的地质资料不符时，作为承包人应怎样处理？
 4) 谁有权利提出更改设计图纸，承发包双方是否应注意变更的时效性问题？
 5) 合同有效，但是履行中存在约定不明确的条款应如何处理？

(2) 案例二

**【案例背景】**

1999年12月3日，某房地产开发公司（以下简称房地产公司）与某建设工程公司（以下简称建设公司）签订一份建设施工合同。合同约定：房地产公司开发的1、2号楼由建设公司承建；质量等级为优良；建筑面积为13453m²；承包范围是土建工程，水、暖、电安装及装饰工程；承包方式为包工包料；合同价款为3000万元；给付方式为建设公司进场后给付工程总造价的5%，主体工程完工给付工程总价款的65%，竣工验收后给付工程总价款的95%，留工程总价款的5%作为工程质量保修金，保修期限为1年。合同约定工程造价一次包死。合同签订后，建设公司进场进行施工，2001年3月6日该工程竣工，并经四方验收。

2001年3月9日，建设公司将该工程交付给房地产公司使用。在施工过程中，建设公司发现需要增加工程量，于是与监理、房地产公司协商，房地产公司对建设公司提交的增加的工程量进行确认。

2001年3月12日，建设公司向房地产公司提交工程款结算报告，结算报告称该工程总价款为4300万元，而房地产公司未予答复。2001年8月6日，建设公司向法院提起诉讼。要求房地产公司支付工程价款。而房地产公司则认为，工程总价款已经合同约定，并且一次包死，只愿意承担3000万元的工程价款。

【问题】

实际工程量增加部分建设方是否该支付工程价款？

(3) 案例三

【案例背景】

某厂与某建筑公司于××年×月签订了建造厂房的建设工程承包合同。开工后1个月，厂方因资金紧缺，口头要求建筑公司暂停施工，建筑公司亦口头答应停工1个月。工程按合同规定期限验收时，厂方发现工程质量存在问题，要求返工。两个月后，返工完华。结算时，厂方认为建筑公司迟延工程，应偿付逾期违约金。建筑公司认为厂方要求临时停工并不得顺延完工日期，建筑公司为抢工期才出现了质量问题，因此迟延交付的责任不在建筑公司。厂方则认为临时停工和不顺延工期是建筑公司当时答应的，其应当履行承诺，承担违约责任。

【问题】此争议依据合同法律规范应如何处理？

工作任务 8

# 建设工程合同的索赔

**工作任务提要**

本任务对建设工程合同索赔的概念、分类作了简要说明,对索赔文件编制的内容、方法、格式作了详细阐述,并对索赔费用计算提出要求。

## 工 作 任 务 描 述

| 任务单元 | 工作任务8：建设工程合同的索赔 | | 参考学时 | 8 |
|---|---|---|---|---|
| 职业能力 | 担任项目管理岗位，处理一般的工程合同索赔事件。 | | | |
| 学习目标 | 素质 | 培养实事求是、科学严谨的工作态度；培养诚实守信的职业道德；培养团队协作、勇于创新精神。 | | |
| | 知识 | 掌握：索赔的概念、分类；索赔工作的程序；索赔文件编制的内容、方法。<br>熟悉：熟悉索赔证据的种类。<br>了解：索赔文件的格式 | | |
| | 技能 | 能进行索赔费用计算；能编写施工项目索赔文件。 | | |
| 任务描述 | 给出某工程案例背景，组织同学们学习有关工程合同索赔的专业知识，针对合同执行过程中出现的相关问题，能提出正确处理索赔事件。 | | | |
| 教学方法 | 角色扮演、项目驱动、启发引导、互动交流。 | | | |
| 组织实施 | 1. 资讯（明确任务、资料准备）<br>结合工程实际布置施工合同索赔案例→施工合同索赔专业知识学习。<br>2. 决策（分析并确定工作方案）<br>分组讨论，依据收集到的相关资料，确定施工索赔的工作分工。<br>3. 实施（实施工作方案）<br>分析施工合同索赔案例。<br>4. 检查<br>提交分析处理结果。<br>5. 评估<br>教师扮演发包人代表，学生扮演监理人代表、承包单位管理人员，对施工合同索赔的具体内容进行答辩。 | | | |
| 教学手段 | 教学场所 | | 考核方式 | 其他 |
| 实物、多媒体 | 本班教室（外出参观施工单位项目部） | | 自评、互评、教师考评 | 介绍各方合同索赔的重点 |

## 实施 8.1　建设工程合同索赔概述

### 8.1.1　工程索赔概述

1. 索赔的定义

施工索赔通常是指在工程合同履行过程中，合同当事人一方因非自身因素或对方不履行或未能正确履行合同而受到经济损失或权利损害时，通过一定的合法程序向对方提出经济或时间补偿的要求。

2. 索赔的特点

（1）索赔是双向的。在合同的实施过程中，不仅承包商可以向业主索赔，业主也同样可以向承包商索赔。通常将承包商向业主的索赔称为"索赔"，业主向承包商的索赔称为"反索赔"。

（2）索赔是一种正当的权利要求，它是业主方、监理工程师和承包方之间一项正常的、大量发生而且普遍存在的合同管理业务，是一种以法律和合同为依据的、合情合理的行为。只有一方有违约或违法事实，受损方才能向违约方提出索赔。

（3）索赔必须建立在损失已客观存在的基础上，不论是经济损失或权利损害。经济损失是指因对方因素造成合同外的额外支出，如人工费、机械费、材料费、管理费等额外开支；权利损害是指虽然没有经济上的损失，但造成了一方权利上的损害，如由于恶劣气候条件对工程进度的不利影响，承包商有权要求工期延长等。

（4）索赔应该有书面文件，索赔的内容和要求应该明确而肯定。

（5）当合同一方向另一方提出索赔时，要有正当索赔理由，且有索赔事件发生时的有效证据。

3. 施工索赔产生的原因

索赔的原因非常多而且复杂，主要有：

（1）工程项目的特殊性。现代工程规模大、技术性强、投资额大、工期长、材料设备价格变化快。工程项目的差异性大、综合性强、风险大，使得工程项目在实施过程中存在许多不确定变化因素，而合同则必须在工程开始前签订，它不可能对工程项目所有的问题做合理的预见和规定，而且发包人在实施过程中还会有许多新的决策，这一切使得合同变更极为频繁，而合同变更必然会导致项目工期和成本的变化。

（2）工程项目内外部环境的复杂性和多样性。工程项目的技术环境、经济环境、社会环境、法律环境的变化，如地质条件变化、材料价格上涨、货币贬值、国家政策、法规的变化等，会在工程实施过程中经常发生，使得工程计划实施过程与实际情况不一致，这些因素同样会导致工程工期和费用的变化。

(3) 参与工程建设主体的多元性。由于工程参与单位多，一个工程项目往往会有发包人、总包人、工程师、分包人、指定分包人、材料设备供应商等众多参加单位。各方面的技术、经济关系错综复杂，既相互联系，又相互影响，只要一方失误，不仅会造成自己的损失，而且会影响其他合作者，造成他人损失，索赔不可避免。

(4) 工程合同的复杂性及容易出错性。建设工程合同文件多，而且复杂，经常会出现措辞不当、条理有缺陷、图纸错误等情况，因而索赔在所难免。

4. 索赔的分类

从不同的角度，按不同的标准，索赔有如下几种分类方法，见表8-1

索 赔 的 分 类  表8-1

| 分类标准 | 索赔类别 | 说 明 |
| --- | --- | --- |
| 索赔的目的 | 工期延长索赔 | 由于非承包商方面原因造成工程延期时，承包商向业主提出的推迟竣工日期的索赔 |
| | 费用损失索赔 | 承包商向业主提出的，要求补偿因索赔事件发生而引起的额外开支和费用损失的索赔 |
| 索赔的原因 | 延期索赔 | 由于业主原因不能按原定计划的时间进行施工所引起的索赔。主要有：发包人未按照约定的时间和要求提供材料设备、场地、资金、技术资料，或设计图纸的错误和遗漏等原因引起停工、窝工 |
| | 工程变更索赔 | 由于业主或工程师指令修改设计、增加或减少工程量、增加或删除部分工程、修改实施计划、变更施工次序，造成工期延长和费用损失或由于对合同中规定工程变更、工作范围的变化而引起的索赔 |
| | 施工加速索赔<br>(赶工索赔、劳动生产率损失索赔) | 由于业主要求比合同规定工期提前，或因前段的工程拖期，要求后一阶段弥补已经损失工期，使整个工程按期完工，需加快施工速度而引起的索赔。一般是延期或工程变更索赔的结果 |
| | 不利现场条件索赔 | 由于合同的图纸和技术规范中所描述的条件与实际情况有实质性不同，或合同中未作描述，但发生的情况是一个有经验的承包商无法预料的时候，所引起的索赔 |
| 索赔的合同依据 | 合同内索赔 | 索赔依据可在合同条款中找到明文规定的索赔。这类索赔争议少，监理工程师即可全权处理 |
| | 合同外索赔 | 索赔权利在合同条款内很难找到直接依据，但可来自普通法律，承包商须有丰富的索赔经验方能实现。<br>索赔表现多为违约或违反担保造成的损害，此项索赔由业主决定是否索赔、监理工程师无权决定 |
| | 道义索赔<br>(额外支付) | 承包商对标价估计不足，虽然完成了合同规定的施工任务，但由于克服了巨大困难而蒙受了重大损失，为此向业主寻求优惠性质额外付款。这是以道义为基础的索赔，既无合同依据，又无法律依据。<br>这类索赔监理工程师无权决定，只是在业主通情达理，出于同情时才会超越合同条款给予承包商一定的经济补偿 |
| 索赔的处理方式 | 单项索赔 | 在一项索赔事件发生时或发生后的有效期间内，立即进行的索赔。索赔原因单一、责任单一、处理相对容易 |
| | 总索赔<br>(一揽子索赔) | 承包商在竣工之前，就施工中未解决的单项索赔，综合起来提出的总索赔。总索赔中的各单项索赔常常是因为较复杂而遗留下来的，加之各单项索赔事件相互影响，使总索赔处理难度大 |

## 实施 8.2 索赔证据

### 8.2.1 索赔证据

索赔证据是当事人用来支持其索赔成立或和索赔有关的证明文件和资料。任何索赔事件的确立,其前提条件是必须有正当的索赔理由。对正当索赔理由的说明必须具有证据,没有证据或证据不足,索赔是难以成功的。因此索赔证据在很大程度上关系到索赔的成功与否。

1. 对索赔证据的要求

(1) 真实性。索赔证据必须是在实施合同过程中确定存在和发生的,必须完全反映实际情况,能经得住推敲。

(2) 全面性。所提供的证据应能说明事件的全过程。索赔报告中涉及的索赔理由、事件过程、影响、索赔值等都应有相应证据,不能零乱和支离破碎。

(3) 关联性。索赔的证据应当能够互相说明,相互具有关联性,不能互相矛盾。

(4) 及时性。索赔证据的取得及提出应当及时。

(5) 具有法律证明效力。一般要求证据必须是书面文件,有关记录、协议、纪要必须是双方签署的;工程中重大事件、特殊情况的记录、统计必须由工程师签证认可。

2. 证据的种类

在工程项目的实施过程中,会产生大量的工程信息和资料,这些信息和资料是开展索赔的重要依据。如果项目资料不完整,索赔就难以顺利进行。因此在施工过程中应始终做好资料积累工作,建立完善的资料记录和科学管理制度,认真系统地积累和管理施工合同文件、质量、进度及财务收支等方面的资料。对于可能会发生索赔的工程项目,从开始施工时就要有目的地收集证据资料,系统地拍摄施工现场,妥善保管开支收据,有意识地为索赔文件积累所必要的证据材料。

在工程项目实施过程中,常见的索赔证据主要有:

(1) 各种工程合同文件。招标文件、合同文本及附件,其他的各种签约(备忘录,修正案等),业主认可的工程实施计划,各种工程图纸(包括图纸修改指令),技术规范等。

(2) 施工日志。

(3) 工程照片及声像资料。照片上应注明日期。索赔中常用的有:表示工程进度的照片、隐蔽工程覆盖前的照片、业主责任造成返工和工程损坏的照片等。

(4) 来往信件、电话记录。如业主的变更指令，各种认可信、通知、对承包商问题的答复信等。

(5) 会谈纪要。在标前会议上和在决标前的澄清会议上，业主对承包商问题的书面答复，或双方签署的会谈纪要；在合同实施过程中，业主、工程师和各承包商定期会商，以研究实际情况，作出的决议或决定。它们可作为合同的补充。但会谈纪要须经各方签署才有法律效力。

(6) 气象报告和资料。

(7) 工程进度计划。包括总进度计划，开工后业主的工程师批准的详细的进度计划，每月进度修改计划，实际施工进度记录，月进度报表等。

(8) 投标前业主提供的参考资料和现场资料。

(9) 工程备忘录及各种签证。包括施工现场的工程文件，如施工记录、施工备忘录、施工日报、工长或检查员的工作日记、监理工程师填写的施工记录和各种签证等。

(10) 工程结算资料和有关财务报告。

(11) 各种检查验收报告和技术鉴定报告。包括工程水文地质勘探报告、土质分析报告、文物和化石的发现记录、地基承载力试验报告、隐蔽工程验收报告、材料试验报告、材料设备开箱验收报告、工程验收报告等。

(12) 其他。包括分包合同、订货单、采购单、工资单、官方的物价指数、国家法律、法规等。

(13) 市场行情资料。包括市场价格、官方的物价指数、工资指数、中央银行的外汇比率等公布材料。

(14) 各种会计核算资料。包括工资单、工资报表、工程款账单、各种收付款原始凭证、总分类帐、管理费用报表、工程成本报表等。

(15) 国家法律、法令、政策文件。如因工资税增加，提出索赔，索赔报告中只需引用文号、条款号即可，而在索赔报表后附上复印件。

### 8.2.2 索赔文件

1. 索赔文件的内容

索赔文件也称索赔报告，它是合同一方向另一方提出索赔的正式书面文件。它全面反映了一方当事人对一个或若干个索赔事件的所有要求和主张。

索赔文件通常包括三个部分：

(1) 索赔信

索赔信是一封承包商致业主或其代表的简短的信函，应包括说明索赔事件、列举索赔理由、提出索赔金额与工期、附件说明。

(2) 索赔报告

索赔报告是索赔材料的正文，一般包含：报告的标题、事实与理由、损失计算与要求赔偿金额及工期。

1) 题目。索赔报告的标题应该能够简要准确地概括索赔的中心内容。

2) 事件。详细描述事件过程，主要包括：事件发生的工程部位、发生的时间、原因和经过、影响的范围以及承包人当时采取的防止事件扩大的措施、事件持续时间、承包人已经向业主或工程师报告的次数及日期、最终结束影响的时间、事件处置过程中的有关主要人员办理的有关事项等。

3) 理由。是指索赔的依据，主要是法律依据和合同条款的规定。合理引用法律和合同的有关规定，建立事实与损失之间的因果关系，说明索赔的合理合法性。

4) 结论。指出事件造成的损失或损害及其大小，主要包括要求补偿的金额及工期，这部分只需列举各项明细数字及汇总数据即可。

5) 详细计算书（包括损失估价和延期计算两部分）。为了证实索赔金额和工期的真实性，必须指明计算依据及计算资料的合理性，包括损失费用、工期延长的计算基础、计算方法、计算公式及详细的计算过程及计算结果。

(3) 附件

附件包括索赔报告中所列举事实、理由、影响等的证明文件和证据。

2. 索赔文件编写要求

索赔文件是双方进行索赔谈判或调解、仲裁、诉讼的依据，因此索赔文件的表达与内容对索赔的解决有重大影响，索赔方必须认真编写索赔文件。

编写索赔文件的基本要求有：

(1) 符合实际

索赔事件要真实、证据确凿。索赔的根据和款额应符合实际情况，不能虚构和扩大，更不能无中生有，这是索赔的基本要求。

(2) 说服力强

1) 索赔文件中责任分析应清楚、准确。在索赔报告中要善于引用法律和合同中的有关条款，详细、准确地分析并明确指出索赔事件的发生应由对方负全部责任，并附上有关证据材料，不可在责任分析上模棱两可、含糊不清。

2) 强调事件的不可预见性和突发性。说明即使一个有经验的承包人对它不可能有预见或有准备，也无法制止，并且承包人为了避免和减轻该事件的影响和损失已尽了最大的努力，采取了能够采取的措施，从而使索赔理由更加充分，更易于对方接受。

3) 论述要有逻辑。明确阐述由于索赔事件的发生和影响，使承包人的工程施工受到严重干扰，并为此增加了支出，拖延了工期。应强调索赔事件、对方责任、工程受到的影响和索赔之间有直接的因果关系。

(3) 计算准确

索赔文件中应完整列入索赔值的详细计算资料，指明计算依据、计算原则、计算方法、计算过程及计算结果的合理性，必要的地方应作详细说明。

(4) 简明扼要

索赔文件在内容上应组织合理、条理清楚，各种定义、论述、结论正确，逻辑性强，既能完整地反映索赔要求，又要简明扼要，使对方很快地理解索赔的本质。

## 实施 8.3　索赔程序

由于索赔工作涉及双方的众多经济利益，因而是一项繁琐、细致、耗费精力和时间的过程。因此，合同双方必须严格按照合同规定办事，按合同规定的索赔程序工作，才能获得成功的索赔。

索赔程序是指从索赔事件产生到最终处理全过程所包括的工作内容和工作步骤。

我国《建设工程施工合同（示范文本）》对索赔的程序和时间要求有明确而严格的限定。

### 8.3.1　承包人的索赔程序

1. 承包人的索赔

业主未能按合同约定履行自己的各项义务或发生错误以及应由业主承担责任的其他情况，根据合同约定，承包人认为有权得到追加付款和（或）延长工期的，应按以下程序向发包人提出索赔：

(1) 承包人应在知道或应当知道索赔事件发生后 28 天内，向监理人递交索赔意向通知书，并说明发生索赔事件的事由。承包人未在前述 28 天内发出索赔意向通知书的，丧失要求追加付款和（或）延长工期的权利；

(2) 承包人应在发出索赔意向通知书后 28 天内，向监理人正式递交索赔通知书。索赔通知书应详细说明索赔理由以及要求追加的付款金额和（或）延长的工期，并附必要的记录和证明材料；

(3) 索赔事件具有连续影响的，承包人应按合理时间间隔继续递交延续索赔通知，说明连续影响的实际情况和记录，列出累计的追加付款金额和（或）工期延长天数；

(4) 在索赔事件影响结束后的 28 天内，承包人应向监理人递交最终索赔通知书，说明最终要求索赔的追加付款金额和延长的工期，并附必要的记录和证明材料。

2. 对承包人索赔的处理

(1) 监理人应在收到索赔报告后 14 天内完成审查并报送发包人。监理人对索赔报告存在异议的，有权要求承包人提交全部原始记录副本；

(2) 发包人应在监理人收到索赔报告或有关索赔的进一步证明材料后的 28 天内，由监理人向承包人出具经发包人签认的索赔处理结果。发包人逾期答复的，则视为认可承包人的索赔要求；

(3) 承包人接受索赔处理结果的，索赔款项在当期进度款中进行支付；承包人不接受索赔处理结果的，按照对争议解决的约定处理。

3. 承包人提出索赔的期限

(1) 承包人按合同约定接受了竣工付款证书后，应被认为已无权再提出在合同工程接收证书颁发前所发生的任何索赔。

(2) 承包人按合同约定提交的最终结清申请单中，只限于提出工程接收证书颁发后发生的索赔。提出索赔的期限自接受最终结清证书时终止。

### 8.3.2 发包人的索赔程序

1. 发包人的索赔

根据合同约定，发包人认为有权得到赔付金额和（或）延长缺陷责任期的，监理人应向承包人发出通知并附有详细的证明。

发包人应在知道或应当知道索赔事件发生后 28 天内通过监理人向承包人提出索赔意向通知书，发包人未在前述 28 天内发出索赔意向通知书的，丧失要求赔付金额和（或）延长缺陷责任期的权利。发包人应在发出索赔意向通知书后 28 天内，通过监理人向承包人正式递交索赔报告。

2. 对发包人索赔的处理

(1) 承包人收到发包人提交的索赔报告后，应及时审查索赔报告的内容、查验发包人证明材料。

(2) 承包人应在收到索赔报告或有关索赔的进一步证明材料后 28 天内，将索赔处理结果答复发包人。如果承包人未在上述期限内作出答复的，则视为对发包人索赔要求的认可。

(3) 承包人接受索赔处理结果的，发包人可从应支付给承包人的合同价款中扣除赔付的金额或延长缺陷责任期；发包人不接受索赔处理结果的，按照对争议解决的约定处理。

### 8.3.3 索赔工作程序实例

具体工程的索赔工作程序，应根据双方签订的施工合同产生。图 8-1 给出了国内某工程项目承包人的索赔工作程序，可供参考。

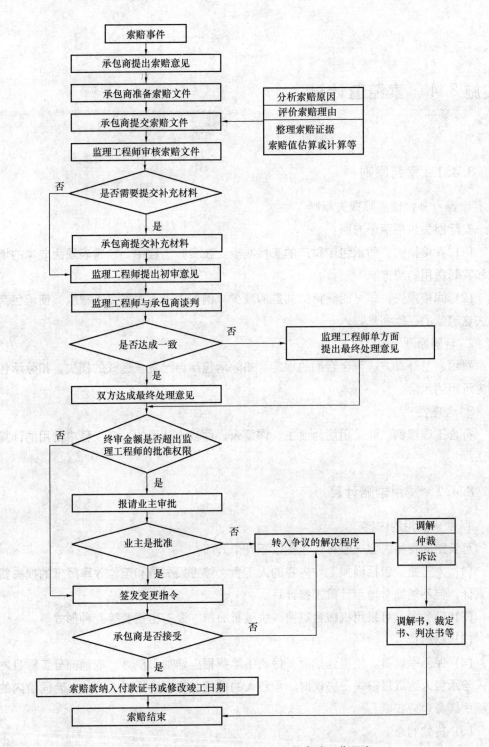

图 8-1 国内某工程项目承包人的索赔工作程序

## 实施 8.4 索赔值计算

### 8.4.1 索赔原则

1. 赔（补）偿实际损失原则

实际损失包括两个方面：

(1) 直接损失，即承包商财产的直接减少。在实际工程中，常常表现为成本的增加和实际费用的超支。

(2) 间接损失，即可能获得的利益的减少。例如由于业主拖欠工程款，使承包商失去这笔款的存款利息收入。

2. 合同原则

费用索赔计算方法符合合同的规定。扣除承包商自己责任造成的损失，扣除承包商应承担的风险。

3. 合理性

符合工程惯例，即采用能为业主、调解人、仲裁人认可的，在工程中常用的计算方法。

### 8.4.2 费用索赔计算

1. 索赔费用的内容

可索赔的费用内容一般可以包括以下几个方面：

(1) 人工费。包括增加工作内容的人工费、停工损失费和工作效率降低的损失费等累计，但不能简单地用计日工费计算。

(2) 设备费。可采用机械台班费、机械折旧费、设备租赁费等几种形式。

(3) 材料费。

(4) 保函手续费。工程延期时，保函手续费相应增加，反之，取消部分工程且发包人与承包人达成提前竣工协议时，承包人的保函金额相应折减，则计入合同价内的保函手续费也应扣减。

(5) 贷款利息。

(6) 保险费。

(7) 利润。

(8) 管理费。此项又可分为现场管理费和公司管理费两部分，由于二者的计算方法不一样,所以在审核过程中应区别对待。

2. 索赔费用的计算方法

索赔费用的计算方法有:实际费用法、总费用法和修正的总费用法。

(1) 实际费用法

实际费用法是计算工程索赔时最常用的一种方法。这种方法的计算原则是以承包商为某项索赔工作所支付的实际开支为根据,向业主要求费用补偿。

用实际费用法计算时,在直接费的额外费用部分的基础上,再加上应得的间接费和利润,即是承包商应得的索赔金额。由于实际费用法所依据的是实际发生的成本记录或单据,所以在施工过程中,系统而准确地积累记录资料是非常重要的。

(2) 总费用法

总费用法又叫总成本法。当发生多次索赔事件以后,重新计算该工程的实际总费用,实际总费用减去投标报价时的估算总费用,为索赔金额,即:

$$索赔金额 = 实际总费用 - 投标报价估算总费用$$

(3) 修正的总费用法

修正的总费用法是对总费用法的改进,即在总费用计算的原则上,去掉一些不合理的因素,使其更合理。

修正的内容如下:

1) 将计算索赔款的时段局限于受到外界影响的时间,而不是整个施工期;

2) 只计算受影响时段内的某项工作所受影响的损失,而不是计算该时段内所有施工工作所受的损失;

3) 与该项工作无关的费用不列入总费用中,对投标报价费用重新进行核算;

4) 按受影响时段内该项工作的实际单价进行核算,乘以实际完成的该项工作的工程量,得出调整后的报价费用。

按修正后的总费用计算索赔金额的公式如下:

$$索赔金额 = 某项工作调整后的实际总费用 - 该项工作的报价费用$$

修正的总费用法与总费用法相比,有了实质性的改进,它的准确程度已接近于实际费用法。

### 8.4.3 工期索赔计算

1. 工期延误的概念

工期延误也称为工程延误或进度延误,是指工程实施过程中任何一项或多项工作的实际完成日期迟于计划规定的完成日期,从而可能导致整个合同工期的延长。工期延误对合同双方一般都会造成损失。工期延误的后果是形式上的时间损失,实质上造成经济上的损失。

2. 工期索赔的依据和条件

工期索赔一般是指承包商依据合同对于非自身的原因而导致的工期延误向业主提

出的工期顺延要求。

(1) 因业主和工程师原因导致的延误：

1) 业主未能及时交付合格的施工现场；

2) 业主未能及时交付设计图纸；

3) 业主或工程师未能及时审批图纸/施工方案/施工计划等；

4) 业主未能及时支付预付款和工程款；

5) 业主或工程师设计变更导致工程延误或工程量增加；

6) 业主或工程师提供的数据错误导致的延误；

7) 业主或工程师拖延关键线路上工序的验收时间导致下道工序延误；

8) 其他（包括不可抗力原因导致的延误）。

(2) 因承包商原因引起的延误。这种情况下的索赔属于工期反索赔，是业主根据合同对于非自身的原因而导致的工期延误向承包商提出的工期赔偿要求。因承包商原因引起的延误一般是由于其管理不善所引起，主要包括：

1) 计划不周密；

2) 施工组织不当，出现窝工或停工待料的情况；

3) 质量不符合合同要求而返工；

4) 资源配置不足；

5) 开工延误；

6) 劳动生产率低；

7) 分包商或供货商延误等。

3. 工期索赔的分析和计算方法

(1) 网络分析法

网络分析法是通过分析干扰事件发生前后的网络计划，对比两种工期的计算结果，从而计算出索赔工期。

网络分析法是利用进度计划的网络图，分析其关键线路。如果延误的工作为关键工作，则总延误的时间为批准顺延的工期；如果延误的工作为非关键工作，当该工作由于延误超过时差限制而成为关键工作时，可以批准延误时间与时差的差值；若该工作延误后仍为非关键工作，则不存在工期索赔问题。

(2) 比例法

在工程实施中因业主原因影响的工期，通常可直接作为工期的延长天数。但是，当提供的条件能满足部分施工时，应按比例法来计算工期索赔值

1) 对于已知部分工程的延期的时间：

$$工程索赔值 = \frac{受干扰部分工程的合同价}{原合同总价} \times 该受干扰部分工期拖延时间$$

2) 对于已知额外增加工程量的价格：

$$工程索赔值 = \frac{额定增加的工程量}{原合同总价} \times 原合同工期$$

比例计算法简单方便，但有时不尽符合实际情况。比例计算法不适用于变更施工顺序、加速施工、删减工程量等事件的索赔。

### 8.4.4 反索赔

1. 反索赔的概念

反索赔是由于承包商不履行或不完全履行合同约定的任务，或是由于承包商的行为使业主受到损失，业主为了维护自己的利益，对承包商提出的索赔。

2. 反索赔的基本原则

反索赔的原则是：以事实为根据，以法律（合同）为准绳，实事求是地认可合理的索赔要求，反驳、拒绝不合理的索赔要求，按合同法原则公平合理地解决索赔问题。

3. 反索赔的基本内容

反索赔的工作内容可包括两个方面：

（1）防止对方提出索赔

首先是自己严格履行合同中规定的各项义务，防止自己违约，并通过加强合同管理，使对方找不到索赔的理由和根据，使自己处于不被索赔的地位。

其次如果在工程实施过程中发生了干扰事件，则应立即着手研究和分析合同依据，收集证据，为提出索赔或反击对手的索赔做好两手准备。

（2）反击或反驳对方的索赔要求

如果对方先提出了索赔要求或索赔报告，则自己一方应采取各种措施来反击或反驳对方的索赔要求。常用的措施有：

第一是抓住对方的失误，直接向对方提出索赔，以对抗或平衡对方的索赔要求，达到最终解决索赔时互作让步或互不支付的目的。如业主常常通过找出工程中的质量问题、工程延期等问题，对承包人处以罚款，以对抗承包人的索赔要求，达到少支付或不支付的目的。

第二是针对对方的索赔报告，进行仔细、认真的研究和分析，找出理由和证据，证明对方索赔要求或索赔报告不符合实际情况和合同规定、没有合同依据或事实证据、索赔值计算不合理或不准确等问题，反击对方不合理的索赔要求或索赔要求中的不合理部分，减轻自己的赔偿责任，使自己不受或少受损失。

4. 业主向承包商提出的索赔类型

（1）工期延误索赔。承包商支付误期损害赔偿费的前提是：这一工期延误的责任属于承包商方面。施工合同中的误期损害赔偿费，通常是由业主在招标文件中确定的。

（2）质量不满足合同要求索赔。当承包商的施工质量不符合合同的要求，或使用的设备和材料不符合合同规定，或在缺陷责任期未满以前完成应该负责修补的工程时，业主有权向承包商追究责任，要求补偿所受的经济损失。

（3）承包商不履行的保险费用索赔。如果承包商未能按照合同条款指定的项目投保,并保证保险有效。业主可以投保并保证保险有效,业主所支付的必要的保险可在应付给承包商的款项中扣回。

(4) 对超额利润的索赔。如果工程量增加很多,使承包商预期的收入增大,因工程量增加承包商并不增加任何固定成本,合同价应由双方讨论调整,收回部分超额利润。

(5) 对指定分包商的付款索赔。在承包商未能提供已向指定分包商付款的合理证明时,业主可以直接按照监理工程师的证明书,将承包商未付给指定分包商的所有款项(扣除保留金)付给这个分包商,并从应付给承包商的任何款项中如数扣回。

(6) 业主合理终止合同或承包商不正当地放弃工程的索赔。如果业主合理地终止承包商的承包,或者承包商不合理放弃工程,则业主有权从承包商手中收回由新的承包完成工程所需的工程款与原合同未付部分的差额。

## 实施8.5 案例分析

**【案例背景】**

业主与施工单位对某工程建设项目签订了施工合同。合同中规定,在施工过程中,如因业主原因造成窝工,则人工窝工费和机械的停工费可按工日费和台班费的50%结算支付。业主还与监理单位签订了施工阶段的监理合同,合同中规定监理工程师可直接签证、批准5天以内的工期延期和5000元人民币以内的单项费用索赔。工程按下列网络计划进行。其关键线路为A-E-H-I-J。在计划执行过程中,出现了下列一些情况,影响一些工作暂时停工(同一工作由不同原因引起的停工时间都不在同一时间)。

1. 因业主不能及时供应材料,使E延误3天,G延误2天,H延误3天。
2. 因机械发生故障检修,使E延误2天,G延误2天。
3. 因业主要求设计变更,使F延误3天。
4. 因公网停电,使F延误1天,I延误1天。

施工单位及时向监理工程师提交了一份索赔申请报告,并附有有关资料、证据和下列要求:

1. 工期顺延

E停工5天,F停工4天,G停工4天,H停工3天,I停工1天,总计要求工期顺延17天。

2. 经济损失索赔

(1) 机械设备窝工费

E 工序吊车 (3+2) 台班×240元/台班=1200元

F 工序搅拌机 (3+1) 台班×70元/台班=280元

G 工序小型机械 (2+2) 台班×55元/台班=220元

H 工序搅拌机 3 台班×70元/台班=210元

合计机械设备窝工费 1910元

(2) 人工窝工费

E 工序 5天×30人×28元/工日=4200元

F 工序 4天×35人×28元/工日=3920元

G 工序 4天×15人×28元/工日=1680元

H 工序 3天×35人×28元/工日=2940元

I 工序 1天×20人×28元/工日=560元

合计人工窝工费 13300元

(3) 间接费增加（1910+13300）×16%=2433.6元

(4) 利润损失（1910+13300+2433.6）×5%=882.18元

总计经济索赔额 1910+13300+2433.6+882.18=18525.78元

【问题】

1. 施工单位索赔申请书提出的工序顺延时间、停工人数、机械台班数和单价的数据等，经审查后均真实。监理工程师对所附各项工期顺延、经济索赔要求，如何确定认可？

2. 监理工程师对认可的工期顺延和经济索赔金如何处理？

【分析】

1. 关于工期顺延和经济索赔

(1) 工期顺延

由于非施工单位原因造成的工期延误，应给予补偿；

1) 因业主原因：E 工作补偿 3 天，H 工作补偿 3 天，G 工作补偿 2 天；

2) 因业主要求变更设计：F 工作补偿 3 天；

3) 因公网停电：F 工作补偿 1 天，I 工作补偿 1 天。

应补偿的工期：131-124=7天

监理工程师认可顺延工期 7 天。

(2) 经济索赔

1) 机械闲置费：(3×240+4×70+2×55+3×70)×50%=660元

2) 人工窝工费：(3×30+4×35+2×15+3×35+1×20)×50%=5390元

3) 因属暂时停工，间接费损失不予补偿。

4) 因属暂时停工，利润损失不予补偿。

经济补偿合计：660+5390=6050元

2. 关于认可的工期顺延和经济索赔处理因经济补偿金额超过监理工程师 5000 元

的批准权限，以及工期顺延天数超过了监理工程师5天的批准权限，故监理工程师审核签证经济索赔金额及工期顺延证书均应报业主审查批准。

## 实施8.6　能力训练

1. 基础训练

（1）名词解释

索赔　反索赔索　赔报告

（2）单选题

1）在工程索赔的分类中，属于按索赔事件的性质分类的是（　　）。

A. 工期索赔和费用索赔　　　　　　B. 费用索赔和工程加速索赔

C. 工程加速索赔和工程变更索赔　　D. 工程变更索赔和工期索赔

2）下列有关工程师对索赔作出决定的说法中，正确的是（　　）。

A. 在授权范围内，工程师与承包人就费用补偿额达不成一致时，有权单方面作出决定

B. 工程师在授权范围内所作出的索赔处理决定，对发包人具有强制性的约束力

C. 工程师的索赔处理决定对承包人是最终的决定

D. 工程师的索赔处理决定不需通知发包人

3）某工程项目施工现场出现了图纸中未标明的地下障碍物，需要作清除处理。按照合同条款的约定，承包人应在索赔事件发生后28天内向工程师递交（　　）。

A. 索赔报告　　　　　　　　　　　B. 索赔意向通知

C. 索赔依据和资料　　　　　　　　D. 工期和费用索赔的具体要求

4）业主的索赔主要根据（　　）提出。

A. 施工质量缺陷　　　　　　　　　B. 设计变更

C. 工程量减少　　　　　　　　　　D. 施工进度计划修改

5）不论监理工程师与承包人协商达成一致，还是他单方面作出的处理决定，批准给予补偿的款额和顺延工期的天数若在授权范围之内，则可（　　），并抄送业主。

A. 决定工期延长　　　　　　　　　B. 提前终止合同

C. 将此结果通知承包人　　　　　　D. 支付索赔款

6）关于建设工程索赔成立的条件，下列说法中正确的是（　　）。

A. 导致索赔的事件必须是对方的过错，索赔才能成立

B. 只要对方有过错，不管是否造成损失，索赔都成立

C. 只要索赔事件的事实存在，在合同有效期内任何时候提出索赔都可以成立

D. 不按照合同规定的程序提交索赔报告，索赔不能成立

7) 建设工程索赔中，承包商计算索赔费用时最常用的方法是（　　）

 A. 总费用法　　　　　　　　　　B. 修正的总费用法

 C. 实际费用法　　　　　　　　　　D. 修正的实际费用法

8) 某工程采用实际费用法计算承包商的索赔金额，由于主体结构施工受到干扰的索赔事件发生后，承包商应得的索赔金额中除可索赔的直接费外，还应包括（　　）。

 A. 应得的措施费和间接费

 B. 应得的间接费和利润

 C. 应得的现场管理费和分包费

 D. 应得的总部管理费和分包费

9) 索赔文件的关键部分是（　　）。

 A. 总述部分

 B. 证据部分

 C. 计算部分

 D. 论证部分

10) 当发生索赔事件时，按照索赔的程序，承包人首先应（　　）。

 A. 向政府建设主管部门报告

 B. 收集索赔证据、计算经济损失和工期损失

 C. 以书面形式向工程师提出索赔意向通知

 D. 向工程师提出索赔报告

11) 建设工程中的反索赔是相对索赔而言的，反索赔的提出者（　　）

 A. 仅限发包方

 B. 仅限承包方

 C. 发包方和承包方均可

 D. 仅限监理方

12) 某工程由于业主方提供的施工图纸有误，造成施工总包单位人员窝工75工日，增加用工8工日；由于施工分包单位设备安装质量不合格返工处理造成人员窝工60工日，增加用工6工日。合同约定人工费日工资标准为50元，窝工补偿标准为日工资标准的70%，则业主应给予施工总包单位的人工费索赔金额是（　　）元。

 A. 5425　　　　B. 4150　　　　C. 3025　　　　D. 2905

(3) 多选题

1) 按索赔的目的分类，通常可将索赔分为（　　）

 A. 工期索赔　　　　B. 时间索赔　　　　C. 经济索赔

 D. 利润索赔　　　　E. 费用索赔

2) 经工程师确认后工期相应顺延的情况包括（　　）。

A. 发包人未按约定提供图纸

B. 发包人未按约定支付进度款

C. 季节性大雨导致现场停工

D. 设计变更导致工程量增加

E. 一周内停电累计超过8小时

3) 按照工期延误的原因划分，工期延误可分为（　　）。

A. 工程师责任引起的延误

B. 承包商责任引起的延误

C. 关键线路导致的延误

D. 非关键线路导致的延误

E. 交叉事件造成的延误

4) 在建设工程项目施工索赔中，可索赔的材料费包括（　　）。

A. 非承包商原因导致材料实际用量超过计划用量而增加的费用

B. 因政策调整导致材料价格上涨的费用

C. 因质量原因进行工程返工所增加的材料费

D. 因承包商提前采购材料而发生的超期储存费用

E. 由业主原因造成的材料损耗费

5) 在建设工程项目施工索赔中，可索赔的人工费包括（　　）。

A. 完成合同之外的额外工作所花费的人工费用

B. 施工企业因雨季停工后加班增加的人工费用

C. 法定人工费增长费用

D. 非承包商责任造成的工期延长导致的工资上涨费

E. 不可抗力造成的工期延长导致的工资上涨费

6) 在建设工程项目施工过程中，施工机械使用费的索赔款项包括（　　）。

A. 因机械故障停工维修而导致的窝工费

B. 因监理工程师指令错误导致机械停工的窝工费

C. 非承包商责任导致工效降低增加的机械使用费

D. 因机械操作工患病停工而导致的机械窝工费

E. 由于完成额外工作增加的机械使用费

7) 某工程实行施工总承包模式，承包人将基础工程中的打桩工程分包给某专业分包单位施工，施工过程中发现地质情况与勘察报告不符而导致打桩施工工期拖延。在此情况下，（　　）可以提出索赔。

A. 承包人向发包人　　B. 承包人向勘察单位　　C. 分包人向发包人

D. 分包人向承包人　　E. 发包人向监理

8) 在承包商提出的费用索赔中，可以列入利润的情况包括（　　）。

A. 工程范围的变更　　B. 文件有技术性错误　　C. 业主未能提供现场

D. 场外停电导致停工　　E. 不可抗力导致窝工

9) 下列对索赔的表述，正确的是（　　）。
A. 索赔要求的提出不需经对方同意
B. 索赔依据应在合同中有明确根据
C. 应在索赔事件发生后的 28 天内递交索赔报告
D. 监理工程师的索赔处理决定超过权限时应报发包人批准
E. 承包人必须执行监理工程师的索赔处理决定

10) 下列事件中，承包商可以向业主提出费用索赔的有（　　）。
A. 业主指定的分包商违约，造成承包商费用的增加
B. 货币出现贬值，导致承包商实际费用的增加
C. 业主延期支付工程款，造成利润损失
D. 由于不可抗力造成停工损失
E. 施工中出现了承包商难以预计的地下暗河导致费用增加

(4) 简答题
1) 简述索赔的种类。
2) 简述索赔的程序。
3) 费用索赔的内容包括几部分？
4) 列举索赔的证据有哪些？

2. 实务训练
(1) 案例一
【案例背景】
　　某大型工程，由于技术难度大，对施工单位的施工设备和同类工程施工经验要求比较高，而且对工期的要求比较紧迫。业主在对有关单位和在建工程考察的基础上，邀请了 3 家国有一级施工企业投标，通过正规的开标评标后，择优选择了其中一家作为中标单位，并与其签订了工程施工承包合同，承包工作范围包括土建、机电安装和装修工程。该工程共 15 层，采用框架结构，开工日期为 2002 年 4 月 1 日，合同工期为 18 个月。

　　在施工过程，发生如下几项事件：

　　事件 1：2002 年 4 月，在基础开挖过程中，个别部位实际土质与甲方提供的地质资料不符造成施工费用增加 2.5 万元，相应工序持续时间增加了 4 天。

　　事件 2：2002 年 5 月施工单位为保证施工质量，扩大基础地面，开挖量增加导致费用增加 3.0 万元，相应工序持续时间增加了 3 天。

　　事件 3：2002 年 8 月份，进入雨期施工，恰逢 20 天大雨（特大暴雨），造成停工损失 2.5 万元，工期增加了 4 天；

　　事件 4：2003 年 2 月份，在主体砌筑工程中，因施工图设计有误，实际工程量增加导致费用增加 3.8 万元，相应工序持续时间增加了 2 天。

　　事件 5：外墙装修抹灰阶段，一抹灰工在五层贴抹灰用的分格条时，脚手板滑脱发生坠落事故，坠落过程中将首层兜网系结点冲开，撞在一层脚手架小横杆上，抢救

无效死亡。

事件6：屋面工程施工过程中，部分卷材有轻微流淌和200mm左右的鼓泡，流淌部位并未出现渗漏。

上述事件中，除第3项外，其他工序均未发生在关键线路上，并对总工期无影响。针对事件1、事件2、事件3、事件4，施工单位及时提出如下索赔要求：

(1) 增加合同工期13天；

(2) 增加费用11.8万元。

【问题】

(1) 施工单位对施工过程中发生的事件1、事件2、事件3、事件4可否索赔？为什么？

(2) 如果在工程保修期间发生了由于施工单位原因引起的屋顶漏水、墙面剥落等问题，业主在多次催促施工单位修理而施工单位一再拖延的情况下，另请其他施工单位维修，所发生的维修费用该如何处理？

(2) 案例二

【案例背景】

某施工单位根据领取的某2000m²。两层厂房工程项目招标文件和全套施工图纸，采用低报价策略编制了投标文件，并获得中标。该施工单位（承包商）于2000年3月1日与建设单位（业主）签订了该工程项目的固定价格施工合同，合同期为8个月。工程招标文件参考资料中提供的使用砂地点距工地4km，但是开工后，检查该砂质量不符合要求，承包商只得从另一距工地20km的供砂地点采购。由于供砂距离的增大，必然引起费用的增加，承包商经过仔细认真计算后，在业主指令下达的第3天，向业主提交了将原用砂单价每吨提高5元人民币的索赔要求。工程进行了一个月后，业主因资金紧缺，无法如期支付工程款，口头要求承包商暂停施工一个月，承包商亦口头答应。恢复施工后，在一个关键工作面上又发生了几种原因造成的临时停工：5月20日～5月24日承包商的施工设备出现了从未有过的故障；6月8日～6月12日施工现场下了罕见的特大暴雨，造成了6月13日～6月14日该地区的供电全面中断。针对上述两次停工，承包商向业主提出要求顺延工期，共计42天。

【问题】

(1) 该工程采用固定价格合同是否合适？

(2) 该合同的变更形式是否妥当？为什么？

(3) 承包商的索赔要求成立的条件是什么？

(4) 上述事件中承包商提出的索赔要求是否合理？说明其原因。

# 参 考 文 献

[1] 李启明. 建筑工程合同管理. 南京：东南大学出版社，2002.

[2] 成虎. 建筑工程合同管理与索赔. 南京：东南大学出版社，2000.

[3] 危道军，胡永骁. 工程项目承揽与合同管理. 北京：高等教育出版社，2013.

[4] 杨甲奇，陈浆. 工程招投标与合同管理实务. 北京：北京大学出版社，2011.

[5] 杨锐. 工程投标与合同管理. 北京：中国建筑工业出版社，2010.

[6] 本书编委会. 合同员一本通. 北京：中国建材工业出版社，2008.

[7] 何佰洲，刘禹. 工程建设合同与合同管理. 大连：东北财经大学出版社，2008.

[8] 刘晓勤，董平. 建设工程招投标与合同管理实务. 杭州：浙江大学出版社，2010.

[9] 杨志中. 建设工程招投标与合同管理实务. 北京：机械工业出版社，2008.

[10] 李洪军，源军. 建设工程招投标与合同管理实务. 北京：北京大学出版社，2009.

[11] 余群舟. 工程建设合同管理. 北京：中国计划出版社，2008.

[12] 刘钟莹. 建筑工程工程量清单与计价. 南京：东南大学出版社，2004.

[13] 一级注册监理工程师执业资格考试用书编委会. 一级注册监理工程师执业资格考试用书. 北京：中国建筑工业出版社，2007.

[14] 一级注册建造师执业资格考试用书编委会. 一级注册建造师执业资格考试用书. 北京：中国建筑工业出版社，2007.

[15] 全国造价工程师执业资格考试培训教材编审委员会. 工程造价案例分析. 北京：中国城市出版社，2006.

[16] 中华人民共和国标准施工招标文件，2007.

[17] 建设工程施工合同（示范文本），2013.

[18] 张晓丹. 建筑工程施工项目承揽与合同管理. 北京：中国建筑工业出版社，2010.